[개정판]

WASTEWATER TREATMENT

폐수처리공학

| 라덕관 저 |

지우북스

머리말

물은 모든 생물이 생명을 유지하는 데 필수불가결한 것이다. 그러나 급속한 산업화, 도시화 및 국민생활 수준의 향상과 생활양식의 변천에 따라 물 수요가 급등하고, 그로 인하여 생활하수나 산업폐수의 배출량이 증가하여 수질환경은 날로 악화되고 있는 실정이다. 이러한 물 수요에 대처하고, 수질오염을 방지하여 수자원을 보전하는 것이 필요한 시점에 이르렀다.

이 책은 환경공학을 전공하는 학생들의 교과서는 물론 폐수처리 관련 전문가들의 지침서로 활용될 수 있도록 각각의 폐수처리 단위조작을 정리하여 소개하였고, 간단한 실험방법을 기술하였다. 이러한 단위조작 기술을 이용하여 요구되는 폐수처리 정도에 따라 폐수처리 시스템을 구성하는 데 도움이 되도록 서술하였다.

이 책에서는 폐수의 특성, 시료채취, 유량측정 등 단위조작의 개념과 중화, 응집, 침전, 여과, 소독, 흡착, 부상, 포기 등 물리화학적 폐수처리 기술을 포함하여 활성슬러지 공정, 살수여상, 혐기성처리 등 생물학적 폐수처리 기술에 대하여 상세하게 소개하였다.

끝으로 이 책의 집필과정에서 지도 편달을 아끼지 않은 동료 여러분에게 감사드리고, 출판에 도움을 주신 지우북스 서철종 대표님과 직원 여러분께 깊이 감사드린다. 그리고 자료를 정리하고 교정을 해주신 순천대학교 대학원 박사과정 배수현 님에게 감사드리며, 이 책이 폐수처리 분야의 전문서로서 일익을 담당할 수 있게 되기를 희망한다.

2018. 2

전남 순천 향림골에서

저자

목 차

CHAPTER 1. 폐수의 특성

1.1 유기물 ········ 15
1.1.1. 생물화학적 산소요구량(BOD) ········ 15
1.1.2. 화학적 산소요구량(COD) ········ 24
1.1.3. 총유기탄소량(TOC) ········ 25
1.1.4. 총산소요구량(TOD) ········ 26
1.1.5. 이론적 산소요구량(ThOD) ········ 26
1.1.6. 유기물 분석의 비교 ········ 27
1.1.7. 기타 유기물 ········ 29

1.2 무기물 ········ 30
1.2.1. pH ········ 30
1.2.2. 산도 ········ 31
1.2.3. 알칼리도 ········ 31
1.2.4. 용존 고형물 ········ 31
1.2.5. 암모니아성 질소 ········ 31
1.2.6. 황화합물 ········ 32
1.2.7. 중금속 ········ 32

1.3 슬러지 ········ 33
1.3.1. 공정별 슬러지의 특성 ········ 34
1.3.2. 슬러지 발생량 및 함수율 ········ 35
1.3.3. 슬러지 처리방법 ········ 37

CHAPTER 2. 시료채취

2.1 시료채취 방법 ······ 39
2.1.1. 임의채취 ······ 40
2.1.2. 종합채취 ······ 40
2.1.3. 연속채취 ······ 40

2.2 시료채취 지점 ······ 41
2.2.1. 폐수 ······ 41
2.2.2. 하천수 ······ 41

2.3 시료의 보관 ······ 42
2.3.1. 시료채취 빈도와 기간 ······ 42
2.3.2. 시료의 취급 및 보존 ······ 43

2.4 시료채취 장치 ······ 45
2.4.1. 폐수의 시료채취 ······ 46
2.4.2. 하천, 호수, 저수지의 시료채취 ······ 48
2.4.3. 자동감시 시스템 ······ 50

CHAPTER 3. 유량측정

3.1 관(管)내 유량측정 ······ 51
3.1.1. 벤츄리 미터 ······ 51
3.1.2. 유량측정용 노즐 ······ 53
3.1.3. 오리피스 ······ 54
3.1.4. 피토관 ······ 55
3.1.5. 자기식 유량 측정기 ······ 56

3.2 수로에 의한 유량측정 ······ 57
3.2.1. 위어 ······ 57
3.2.2. 파샬 플룸 ······ 58

3.3 기타 유량측정 ···· 62
3.3.1. 용기에 의한 측정 ···· 62
3.3.2. 개수로에 의한 측정 ···· 63
3.3.3. 자유낙하 관수로(토구)의 유량측정 ···· 63
3.3.4. 만수가 아닌 하수관의 수심 및 유속 측정법 ···· 64
3.3.5. 염분농도 측정법 ···· 65
3.3.6. 초음파 유량계 ···· 65

CHAPTER 4. 중화

4.1 산성 폐수의 중화 ···· 67
4.2 알칼리성 폐수의 중화 ···· 69
4.3 폐수의 완충효과 ···· 69
4.4 pH 제어시스템 ···· 71
4.4.1. Two-position(on-off) 제어 시스템 ···· 72
4.4.2. Multimode(or Proportional) 제어 시스템 ···· 72
4.4.3. Cascade 제어 시스템 ···· 72
4.4.4. Feedforward 제어 시스템 ···· 72
4.5 생물학적 시스템 내의 pH 제어 ···· 72
4.5.1. 포기조의 pH 감소 ···· 73
4.5.2. 포기조의 pH 증가 ···· 73
4.6 실험방법 ···· 73
4.6.1. 회분식 산 또는 알칼리의 중화 ···· 73
4.6.2. 연속식 산 또는 알칼리의 중화 ···· 75

CHAPTER 5. 응집

5.1 응집의 원리 ······ 79

5.2 콜로이드의 성질 ······ 82

5.3 응집의 조건 ······ 84

5.3.1. 교반 ······ 84

5.3.2. pH의 영향 ······ 85

5.3.3. 알칼리도의 영향 ······ 85

5.4 응집제의 종류 ······ 85

5.4.1. 무기 응집제 ······ 85

5.4.2. 응집 보조제 ······ 89

5.4.3. 유기 고분자응집제 ······ 91

5.5 약품응집 시설의 설치 및 관리 ······ 92

5.5.1. 무기 응집제 ······ 92

5.5.2. 유기 고분자응집제 ······ 93

5.6 실험 방법 ······ 94

5.6.1. 실험기구 ······ 94

5.6.2. 실험과정 ······ 94

CHAPTER 6. 침전

6.1 독립침전 ······ 98

6.1.1. 독립입자의 침전속도 ······ 98

6.1.2. 이상적인 독립입자의 침전이론 ······ 100

6.2 응집침전 ······ 106

6.3 간섭침전(또는 계면침전) ······ 111

6.4 압밀침전 ········ 115

6.5 실험방법 ········ 116

6.5.1. 실험기구 ········ 116

6.5.2. 실험과정 ········ 117

6.5.3. 결과정리 및 계산 ········ 117

CHAPTER 7. 여과

7.1 여과의 분류 ········ 119

7.2 입상층 여과 ········ 120

7.2.1. 여과 메커니즘 ········ 120

7.2.2. 입상층 여과의 종류 ········ 123

7.2.3. 여과의 기본식 ········ 131

7.2.4. 여과지 설계 ········ 136

7.2.5. 여과지에서 발생하는 현상 ········ 141

7.3 케이크 여과 ········ 144

7.3.1. 중력여과기 ········ 144

7.3.2. 가압여과기 ········ 145

7.3.3. 진공여과기 ········ 146

7.3.4. 원심여과기 ········ 146

7.4 실험방법 ········ 147

7.4.1. 실험기구 ········ 147

7.4.2. 실험과정 ········ 148

7.4.3. 결과정리 및 계산 ········ 148

7.4.4. 관련 지식 ········ 149

CHAPTER 8. 소독

8.1 소독의 원리 ········ 151

8.2 소독작용에 영향을 미치는 인자 ········ 152
8.2.1. 접촉시간 ········ 152
8.2.2. 소독제의 농도 ········ 152
8.2.3. 물리적 수단의 강도와 성질 ········ 156
8.2.4. 온도 ········ 156
8.2.5. 미생물의 종류 및 개체수 ········ 157
8.2.6. 부유액의 성질 ········ 158
8.3 염소에 의한 소독 ········ 158
8.3.1. 수중에서의 반응 ········ 159
8.3.2. 암모니아와의 반응 ········ 160
8.3.3. 파과점 반응 ········ 160
8.3.4. 탈염소화 ········ 163
8.4 이산화염소에 의한 소독 ········ 164
8.4.1. 이산화염소의 제조 ········ 165
8.4.2. 환경에 대한 영향 ········ 165
8.5 브롬화염소에 의한 소독 ········ 165
8.5.1. 브롬화염소의 제조 ········ 165
8.5.2. 환경에 대한 영향 ········ 166
8.6 오존에 의한 소독 ········ 166
8.6.1. 오존의 제조 ········ 166
8.6.2. 환경에 대한 영향 ········ 167
8.7 자외선에 의한 소독 ········ 167
8.7.1. 자외선 발생장치 ········ 167
8.7.2. 환경에 대한 영향 ········ 167
8.8 실험방법 ········ 168
8.8.1. 실험기구 ········ 168
8.8.2. 실험과정 ········ 169
8.8.3. 결과정리 및 계산 ········ 169

CHAPTER 9. 흡착

9.1 흡착의 원리 ··· 173

9.2 흡착평형 ··· 175

9.2.1. 흡착평형 이론 ··· 175

9.2.2. 단일성분의 흡착평형 ··· 176

9.2.3. 흡착속도 ··· 182

9.3 흡착제 ··· 185

9.3.1. 흡착제의 선택 ··· 185

9.3.2. 흡착제의 특성 ··· 186

9.3.3. 흡착제의 종류 ··· 187

9.3.4. 흡착제의 응용 분야 ··· 189

9.3.5. 흡착제의 전망 ··· 190

9.4 실험방법 ··· 190

9.4.1. 실험기구 ··· 190

9.4.2. 실험과정 ··· 191

9.4.3. 결과정리 및 계산 ··· 192

9.4.4. 관련 지식 ··· 193

CHAPTER 10. 부상

10.1 부상법의 분류 ··· 195

10.1.1. 분산공기 부상법 ··· 195

10.1.2. 용존공기 부상법 ··· 195

10.1.3. 전해 부상법 ··· 196

10.1.4. 미생물학적 부상법 ··· 196

10.2 분산공기 부상법(또는 포말 부상법) ··· 196

10.2.1. 분산공기 부상법의 종류 ··· 197

10.2.2. 분산공기 부상실험 장치 ··· 199

10.3 용존공기 부상법(DAF) 201
10.3.1. 진공 부상법 201
10.3.2. 가압 부상법 201
10.3.3. 일반적인 부상 조건 202
10.3.4. 부상 이론 205
10.3.5. 가압 부상법의 분류 207
10.3.6. 부상처리에 이용되는 약품(부상제) 209
10.3.7. 가압부상 분리장치 210
10.3.8. 가압부상 분리의 Flow-sheet 212

10.4 유수(油水) 분리장치 213
10.4.1. API 오일 분리기 213
10.4.2. PPI 오일 분리기 213
10.4.3. CPI 오일 분리기 214

10.5 실험방법 214
10.5.1. 용존공기 부상법(전원수 가압법) 214
10.5.2. 용존공기 부상법(순환수 가압법) 216
10.5.3. 결과정리 및 계산 216
10.5.4. 관련 지식 218

CHAPTER 11. 포기

11.1 산소의 전달 219
11.1.1. 이중막 이론 219
11.1.2. 산소의 주입 220

11.2 산소전달계수의 결정 222
11.2.1. 깨끗한 물에서의 산소전달 222
11.2.2. 폐수에서의 산소전달 222

11.3 산소전달에 영향을 미치는 인자 223
11.3.1. 온도의 영향 223

11.3.2. 교반 강도와 탱크 형상에 따른 영향 ···· 224
11.3.3. 폐수 특성에 따른 영향 ···· 225
11.3.4. 보정계수의 적용 ···· 225

11.4 포기시스템 ···· 226
11.4.1. 산기식 포기시스템 ···· 226
11.4.2. 터빈식 포기시스템 ···· 228
11.4.3. 기계식 포기시스템 ···· 229

11.5 실험방법 ···· 231
11.5.1. 깨끗한 물에서의 산소전달계수 측정 ···· 231
11.5.2. 폐수에서의 산소전달계수 측정 ···· 234
11.5.3. α를 결정하기 위한 실험 ···· 238

CHAPTER 12. 활성슬러지 공정

12.1 활성슬러지 공정의 원리 ···· 241

12.2 유기물 제거 ···· 242

12.3 산소필요량 ···· 244

12.4 슬러지 생산량 ···· 245

12.5 유기물 부하 ···· 247

12.6 생물학적 질산화 ···· 248

12.7 활성슬러지 공정의 종류와 변법 ···· 250
12.7.1. 재래식 플러그 흐름 활성슬러지 공정 ···· 251
12.7.2. 완전혼합식 활성슬러지 공정 ···· 251
12.7.3. 점감포기식 활성슬러지 공정 ···· 252
12.7.4. 단계주입식 포기 활성슬러지 공정 ···· 252
12.7.5. 접촉안정식 활성슬러지 공정 ···· 253
12.7.6. 장기포기식 활성슬러지 공정 ···· 253
12.7.7. 순산소식 활성슬러지 공정 ···· 253
12.7.8. 고율포기식 활성슬러지 공정 ···· 254

12.7.9. 산화구식 활성슬러지 공정 ······ 254
12.7.10. 연속회분식 반응조 ······ 255
12.7.11. 심층포기식 반응조 ······ 255

12.8 운전특성 및 설계변수 ······ 256

12.9 실험방법 ······ 257
12.9.1. 실험기구 ······ 258
12.9.2. 실험과정 ······ 258
12.9.3. 결과정리 및 계산 ······ 259

CHAPTER 13. 살수여상

13.1 살수여상의 원리 ······ 262
13.1.1. 여재 ······ 263
13.1.2. 살수시설 ······ 263
13.1.3. 하부배수시설 ······ 263

13.2 살수여상의 분류 ······ 264
13.2.1. 저율 살수여상 ······ 265
13.2.2. 고율 살수여상 ······ 265
13.2.3. 초고율 살수여상 ······ 265
13.2.4. 초벌여상 ······ 267

13.3 유기물 제거 ······ 267

13.4 살수여상 운영의 문제점 및 대책 ······ 271
13.4.1. 연못화 ······ 271
13.4.2. 파리의 번식 ······ 272
13.4.3. 냄새 ······ 272
13.4.4. 동결 ······ 272

13.5 고정여재 시스템의 변형 ······ 273
13.5.1. 회전원판법 ······ 273

13.5.2. 호기성 침지여상 ········ 276
13.5.3. 유동상 ········ 277

13.6 실험방법 ········ 279
13.6.1. 실험기구 ········ 279
13.6.2. 실험과정 ········ 280
13.6.3. 결과정리 및 계산 ········ 281

CHAPTER 14. 혐기성 처리

14.1 유기성 폐수의 혐기성 처리 ········ 284
14.2 생물학적 탈질화 ········ 291
14.3 혐기성 반응에 영향을 미치는 인자 ········ 292
14.3.1. 온도 ········ 292
14.3.2. pH ········ 293
14.3.3. 암모니아와 황화물 ········ 294
14.3.4. 영양소 ········ 294
14.3.5. 독성물질 ········ 295
14.4 혐기성 반응조의 형태 ········ 296
14.4.1. 혐기성 부유성장 반응조 ········ 296
14.4.2. 혐기성 슬러지 브랭킷 반응조 ········ 298
14.4.3. 혐기성 부착성장 반응조 ········ 301
14.5 실험방법 ········ 303
14.5.1. 실험기구 ········ 303
14.5.2. 실험과정 ········ 304
14.5.3. 결과정리 및 계산 ········ 305
14.5.4. 관련 지식 ········ 305

참고도서 ········ 306
찾아보기 ········ 308

CHAPTER

1 폐수의 특성

Characteristics of Wastewater

폐수처리 공정을 분석하기 위해서는 폐수(하수)의 성상과 특성을 평가하는 것이 필수 사항이다. 폐수 내 오염물질은 유기 및 무기화합물이 복잡하게 혼합된 상태이므로, 폐수의 특성을 파악하기 위해서는 유기물과 무기물에 관련된 인자들을 파악해야 한다.

1.1 유기물(Organic matter)

폐수 내 부유고형물의 약 75%와 여과한 고형물의 약 40%가 유기물이다. 유기화합물은 일반적으로 탄소, 수소, 산소, 질소의 결합으로 이루어지고, 황, 인, 철 등의 원소가 포함되기도 한다. 폐수에 들어있는 유기물의 주성분은 단백질(40~60%), 탄수화물(25~50%), 지방질과 유지(10%)로 구성되어 있다.

유기물의 함량을 측정하는 방법에는 생물화학적 산소요구량(BOD), 화학적 산소요구량(COD), 총유기탄소량(TOC) 등이 있고, 보조수단으로 이론적 산소요구량(ThOD)이 있다.

1.1.1. 생물화학적 산소요구량(Biochemical Oxygen Demand : BOD)

BOD는 시료에 존재하는 생물학적으로 분해 가능한 유기물을 종속영양미생물(Heterotrophs)이 안정화시키는 데 필요한 산소량이다.

BOD 실험결과는 유기물의 생물학적 분해에 필요한 산소량의 측정, 폐수처리 시설의 규모와 처리효율의 산정, 처리된 방류수의 수질이 법적규제를 충족시키는지를 판단하는 자료로 사용되기 때문에 중요한 요소이다.

유기물의 호기성 생물학적 분해과정에서 산소가 충분히 존재한다면, 유기물이 모두 소비될 때까지 3가지 반응이 진행된다.

첫째, 일부 유기물이 최종산물로 산화되어 세포의 유지나 새로운 세포조직의 합성에 필요한 에너지를 얻는다(산화).

둘째, 일부 유기물은 산화과정에서 발생되는 에너지의 일부를 이용하여 새로운 세포조직으로 전환된다(합성).

셋째, 유기물이 모두 소진되면 새로운 세포는 자신의 세포조직으로부터 세포유지에 필요한 에너지를 얻는다(내생호흡).

이러한 과정을 폐수의 유기성분을 나타내는 COHNS와 세포조직을 나타내는 $C_5H_7NO_2$를 이용하여 표현하면 다음 식들과 같다.

산 화 :

$$\mathrm{COHNS} + \mathrm{O_2} + \text{박테리아} \rightarrow \mathrm{CO_2} + \mathrm{H_2O} + \mathrm{NH_3} + \text{다른 최종산물} + \text{에너지} \quad (1.1)$$

합 성 :

$$\mathrm{COHNS} + \mathrm{O_2} + \text{박테리아} + \text{에너지} \rightarrow \mathrm{C_5H_7NO_2}(\text{합성된 세포}) \quad (1.2)$$

내생호흡 :

$$\mathrm{C_5H_7NO_2} + 5\mathrm{O_2} \rightarrow 5\mathrm{CO_2} + \mathrm{NH_3} + 2\mathrm{H_2O} \quad (1.3)$$

만약 폐수에 포함된 유기탄소의 산화만을 고려한다면, 최종 BOD는 상기 반응이 완결되는 데 필요한 산소량으로서 탄소성 BOD로 나타낸다.

BOD 실험은 많은 변수와 제한요소가 있으며, 특히 산업폐수를 분석할 경우에는 다음 사항들을 고려하여야 한다.

(1) 배양시간

표준 BOD 실험은 20℃에서 5일 동안 배양(유기물의 산화가 60~70% 진행된 상태)하며, 그 결과는 BOD_5로 나타낸다. 폐수 내 유기물의 완전한 안정화 또는 최종 산소요구량(BOD_u)은 폐수의 성상에 따라 다르나, 일반적으로 20일 동안 분해된 값(유기물의 산화가 95~99% 진행된 상태)을 BOD_u로 정의한다.

BOD의 제거속도는 대개 1차 반응으로 나타낸다.

$$\frac{dL}{dt} = -kL \tag{1.4}$$

식 (1.4)을 적분하면, 식 (1.5)와 같다.

$$L_t = L_o e^{-kt} \tag{1.5}$$

여기서, L_t = 임의시간 t에서 잔류하는 산소요구량

L_o = 최종 산소요구량(BOD_u)

식 (1.5)을 다음과 같이 나타낼 수 있다.

$$y = L_o(1 - e^{-kt}) \tag{1.6}$$

여기서, y = 시간 t까지 제거된 BOD

$$y = L_o(1 - 10^{-kt}) \tag{1.7}$$

식 (1.7)에서 상수 k가 일정하다면, L_o의 특정비율이 L_5가 된다.

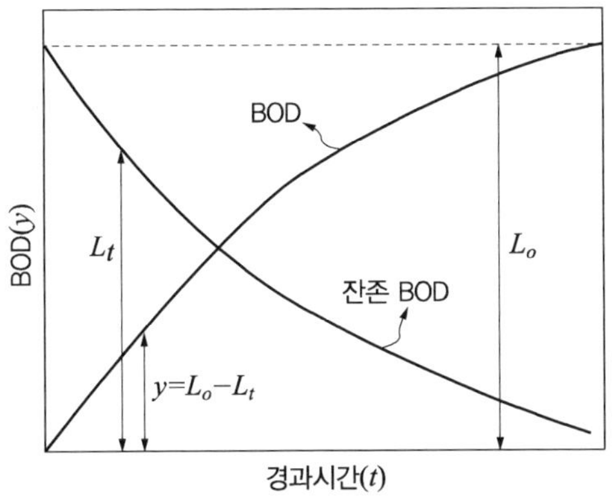

[그림 1.1] BOD와 잔존 BOD

예제 1.1

20℃, 5일의 BOD 값이 200 mg/L인 폐수의 1일 BOD 및 최종 산소요구량(L_o)을 구하시오. 단, 탈산소계수 $k = 0.23\ day^{-1}$이다.

풀이

① L_o의 계산

$$y_5 = L_o - L_5 = L_o(1 - e^{-5k})$$

$$200 = L_o(1 - e^{-5 \times 0.23}) = L_o(1 - 0.316)$$

$$\therefore\ L_o = 293\ mg/L$$

② 1일 BOD의 계산

$$L_1 = L_o e^{-kt} = 293\, e^{-0.23 \times 1} = 293 \times 0.795 = 233\ mg/L$$

$$\therefore\ y_1 = L_o - L_1 = 293 - 233 = 60\ mg/L$$

(2) 질산화

BOD 실험은 일반적으로 탄소성 물질을 측정하지만, 배양기간에 따라 질소성 물질의 산화가 일어나는 경우에는 산소요구량에 영향을 미친다.

질소성 물질의 산화는 식 (1.8)과 같다.

$$NH_3^+ \xrightarrow[\text{Nitrosomonas}]{O_2} NO_2^- \xrightarrow[\text{Nitrobacter}]{O_2} NO_3^- \qquad (1.8)$$

질산화 속도상수는 두 반응이 동시에 일어나도 탄소 분해속도 보다 훨씬 낮으며, 질산화는 탄소요구가 부분적으로 만족된 다음에 발생하게 된다. 이 반응은 [그림 1.2]와 같고, 수학적으로는 식 (1.9)와 같이 설명할 수 있다.

$$Y = S(1 - 10^{-k_1 t}) + S_n(1 - 10^{-k_2 t}) \qquad (1.9)$$

여기서, Y = t일에서의 BOD(mg/L)

S = 최종 탄소성 BOD(mg/L)

S_n = 최종 질소성 BOD(mg/L)

t = 배양시간(day)

k_1 = 탄소성 속도상수(day^{-1})

k_2 = 질소성 속도상수(day^{-1})

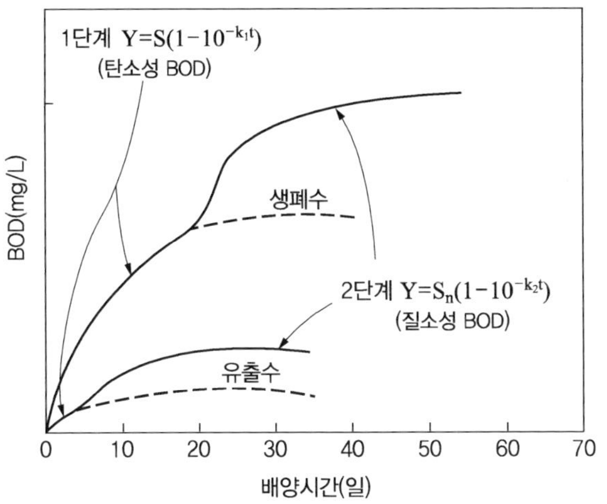

[그림 1.2] 생물화학적 산소요구량 (BOD)

(3) pH와 온도

정확한 BOD 값을 얻기 위한 폐수의 pH 범위는 6~9가 바람직하다. 표준 실험에서는 배양 온도를 20℃로 요구하지만, 현장조건은 종종 다른 온도에서 배양된다.

따라서 탄소성 BOD의 속도상수는 식 (1.10)으로 보정해야 한다.

$$K_1 = K_{20}\,\theta^{(T-20)} \tag{1.10}$$

여기서, θ (4~20℃) = 1.135, θ (20~30℃) = 1.056

(4) 식종(Seeding)

식종은 시료 내 유기물을 산화시킬 수 있는 미생물의 양이 충분하지 못할 경우에 미생물을 시료에 넣어 주는 조작이다. BOD 실험에서 순양되지 않은 식종 미생물을 이용하면 잘못된 BOD 값을 나타낸다. 식종 미생물의 순양을 위해서는 회분식 공정이 종종 이용되지만, 연속식 반응기에서 대상 폐수를 순양시키는 것이 좋다.

산업폐수에 미생물의 난분해성 성분이 들어 있으면 해당 폐수에 순양된 미생물을 사용하도록 해야 한다. 그렇지 않으면 지연기(Lag period)가 생겨서 BOD_5 해석이 잘못될 수 있다. 합성 유기화합물의 BOD_5는 식종 미생물의 순양정도에 따라서 크게 달라진다. 유기물에 대한 미생물의 순양 특성은 <표 1.1>과 같다.

〈표 1.1〉 유기화합물의 구조특성이 미생물의 순양에 미치는 영향

① 카복실기, 에스테르기, 히드록실기가 있는 무독성 지방족 화합물은 쉽게 순양된다. (순양기간 < 4일)
② 카보닐기, 이중결합이 있는 독성 화합물에 대한 순양기간은 7~10일 정도, 순양되지 않은 아세트산은 배양균에 대해 독성을 미친다.
③ 아미노 작용기에는 순양되기 어려우며, 분해속도가 느리다.
④ 디카복실기에 대한 미생물의 순양은 카복실기에 비하여 느리다.
⑤ 작용기의 위치에 따라 순양 지연기간이 달라진다. (제1부탄올 = 4일, 제2부탄올 = 14일, 제3부탄올 = 순양이 안 됨)

BOD 식종수의 제조에는 다음과 같은 방법들이 사용되고 있다.

① 하수를 사용할 경우에는 가정하수와 같이 신선한 생하수를 24~36시간 방치한 후, 상등수 5~10 ml/L을 첨가한다.
② 하천수를 사용할 경우에는 폐수 방류지점으로부터 500~1,000 m 하류의 하천수 10~50 ml/L을 첨가한다.
③ 토양추출액을 사용할 경우에는 식물이 살고 있는 토양 200 g을 물 2 L에 넣고 교반한 후, 약 25시간 방치한 다음 상등액 20~30 ml/L을 첨가하는 것이 바람직하다.

대표적인 BOD 특성곡선을 [그림 1.3]에 나타내었다. 곡선 A는 전형적인 BOD 값을 나타낸 것이고, 곡선 B는 폐수에 대한 순양이 느릴 때 예상되는 곡선이다. 곡선 C와 D는 순양되지 않은 미생물이나 독성폐수의 특성을 나타낸 것이다.

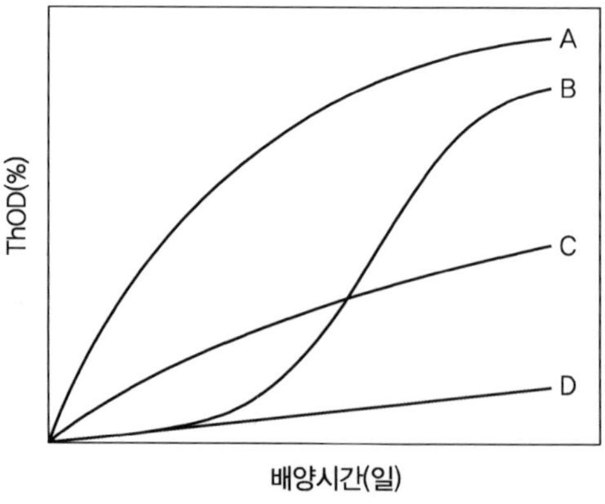

[그림 1.3] BOD 특성곡선

(5) 독성

폐수 내 독성물질이 존재하면 식종 미생물에 대한 생물독성을 나타낸다. 폐수의 독성 여부는 BOD 값의 슬라이딩(Sliding) 현상으로부터 알 수 있다. 시료의 희석배수가 증가할수록 BOD 값이 증가하는 슬라이딩 현상이 나타나면 희석률을 고정하고, BOD를 측정하도록 해야 한다.

독성실험을 수행하는 가장 중요한 기준은 순양시킨 미생물을 식종해야 한다는 것이다. 독성폐수에 순양된 식종 미생물을 개발하기 위해서는 연속식 공정을 사용하는 것이 최선의 방법이나 어떤 독성화합물을 포함하거나 또는 정해진 희석배율에서 독성을 나타낼 수 있는 예외적인 폐수에 대해서는 회분식 공정에서 순양할 필요가 있다. 회분식 공정은 순양시킬 미생물에 대한 개략적인 최대 농도를 알 수 있다.

잠재적인 독성폐수에 대한 회분식 공정의 순양 방법은 다음과 같다.

① [그림 1.4]와 같은 10 L 용량의 회분식 반응조를 7개 준비하고, MLVSS 농도를 2,500 mg/L으로 조절한다.

② 1～2 시간 포기한 후, 공기를 차단하고 미생물을 침강시킨다.

③ (10% 폐수 + 90% 물)용액을 준비하고, pH를 7～8로 조절하고, 필요하다면 N와 P를 보충한다[그림 1.5 참조].

④ 회분식 반응조의 F/M비를 0.3 mg BOD/mg MLVSS로 조절한 후, 10% 폐수 혼합액을 10 L 반응기에 주입한다. 항상 총용량이 10 L가 되도록 ②단계의 침강과정을 반복하여 상등액을 버린다.

⑤ 1～2분 동안 공기를 주입하여 혼합한 후, 시료를 채취하여 MLVSS, BOD, COD, TOC, 산소 소모율 등을 측정한다.

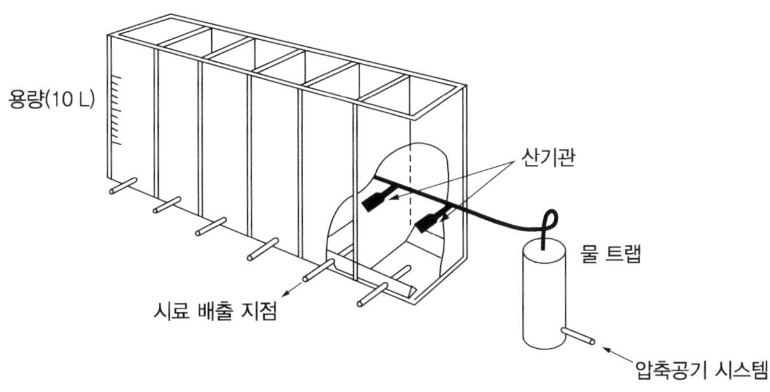

[그림 1.4] 독성평가 실험을 위한 회분식 반응조

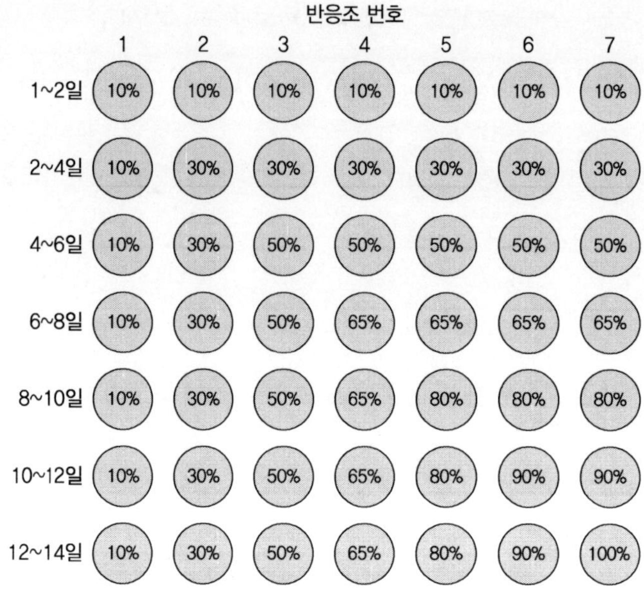

[그림 1.5] 독성폐수의 회분식 순양과정

⑥ 1～2일 포기한 후, ⑤단계에서 측정한 실험을 다시 수행하여 결과를 분석한다.

⑦ 다시 용액(30% 폐수 + 70% 물)을 만들어 반응조 2～7에 주입하고, ③～⑥단계의 조작을 반복한다. 반응조 1에는 10% 폐수 혼합액을 첨가한다.

⑧ ⑤, ⑥, ⑦단계를 반복하여 결과를 분석한다.

⑨ 계속하여 폐수량을 50%에서 100%까지 증가시키면서 시스템의 운전이 중지되거나 또는 폐수농도가 100%될 때까지 실험을 계속 반복한다.

⑩ 폐수량이 많아져서 유기물 제거효율이 현저히 저하되어 순양에 실패하면 마지막으로 성공한 희석액으로 돌아가 더 작은 간격으로 폐수농도를 증가시키면서 실험한 후, 최적의 폐수 농도를 결정한다.

회분식 공정은 저농도(유입수 BOD가 3,000 mg/L 이하)에서는 반응조 용량이 커져야 하기 때문에 적합한 방법은 아니다.

회분식 실험 결과는 [그림 1.6]과 [그림 1.7]에 나타낸 바와 같이, 순양시간의 경과에 대한 유기물 제거율과 산소 소모율의 상관관계를 찾는 것이다.

[그림 1.6]은 폐수의 종류별 독성을 파악하기 위한 실험의 결과로서 폐수 A가 독성의 영향으로 다른 폐수들이 분해되는 동안 유기물 제거율 및 산소 소모율이 적게 나타나고 있다.

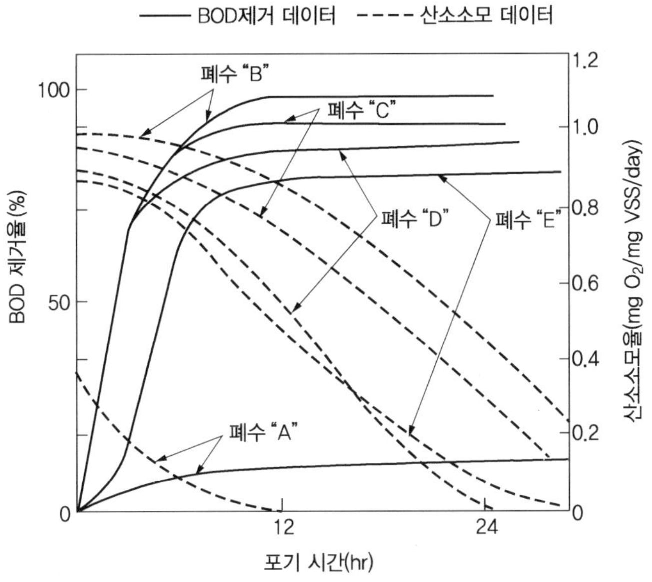

[그림 1.6] 폐수 종류별 BOD 제거율과 산소 소모율 관계

[그림 1.7]은 독성이 나타난 폐수 A의 희석배율을 결정하기 위한 실험의 결과이다. [그림 1.7]에서 알 수 있는 바와 같이 폐수 A의 20% 희석액이 독성이 일어나지 않는 최소의 희석배율이다. 이것은 산소 소모율 자료를 통해서도 입증되고 있다.

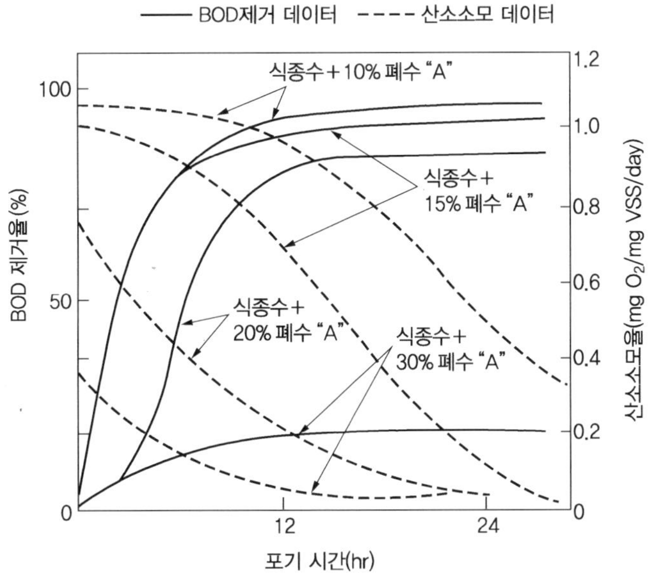

[그림 1.7] 폐수 A(그림 1.6)의 희석율에 따른 BOD 제거율과 산소 소모율 관계

1.1.2. 화학적 산소요구량(Chemical Oxygen Demand : COD)

COD는 산성용액에서 중크롬산칼륨($K_2Cr_2O_7$)이나 과망간산칼륨($KMnO_4$)에 의하여 산화될 수 있는 시료 내 유기물의 산소당량을 측정하는 것이다.

산화제로서 중크롬산을 사용하였을 경우, 주반응은 식 (1.11)과 같이 나타낼 수 있다.

$$\text{유기물}(C_aH_bO_c) + Cr_2O_7^{2-} + H^+ \xrightarrow[\text{가열}]{\text{촉매}} Cr^{3+} + CO_2 + H_2O \tag{1.11}$$

일반적으로 폐수의 COD는 BOD보다 크다. 이것은 유기물이 생물학적으로 산화되는 것보다 화학적으로 산화되는 화합물이 많기 때문이다. BOD는 5일 걸려야 측정할 수 있지만 COD는 3시간이면 측정할 수 있기 때문에 폐수 중의 BOD와 COD 사이의 관계를 파악하면 매우 편리하다. 폐수의 최종 BOD(BOD_u)가 COD에 근접할 것으로 기대하나, 특히 산업폐수의 경우에는 이러한 사실을 부정할 수 있는 인자들이 존재한다.

시료의 COD에 영향을 미치는 인자들에는 다음과 같은 것들이 있다.

① 중크롬산칼륨($K_2Cr_2O_7$)에 의하여 산화되는 많은 유기화합물들은 생물화학적으로 산화되지 않을 수 있다.

② 황화물, 아황산염, 티오황산염, 아질산염, 철이온과 같은 무기물은 중크롬산칼륨에 산화되어 무기 COD로 나타나므로, 폐수 내 유기물 함량을 측정하는 데 오차를 일으킨다.

③ BOD 측정결과는 식종 미생물의 순양 부족으로 인하여 낮은 값을 나타낼 수 있으나, COD 측정결과는 식종 미생물의 순양과는 독립적인 변수이다.

④ 직쇄(Straight chain), 포화지방산, 알코올 등과 같은 유기화합물은 중크롬산칼륨에 효과적으로 산화되지 않는다. 이러한 화합물의 효과적인 산화를 위해서는 황산은(Ag_2SO_4) 촉매가 첨가되어야 한다.

⑤ 염화물은 COD 측정을 방해하고, 중크롬산칼륨에 의하여 염화물이 산화되어 높은 값을 나타낼 수 있으므로 황산수은($HgSO_4$)을 첨가하여 염화물을 제거해야 한다.

산화제로서 과망간산을 사용하였을 경우, 유기물의 산화반응은 식 (1.12)과 같이 나타낼 수 있다.

$$\text{유기물}(C_aH_bO_c) + MnO_4 + H^+ \xrightarrow[\text{가열}]{\text{촉매}} MnO_2 + CO_2 + H_2O \tag{1.12}$$

이 방법은 1983년에 우리나라 공정시험법으로 제정되었는데, 과망간산칼륨의 산화력이 낮기 때문에 주로 중크롬산칼륨 방법이 사용된다.

1.1.3. 총유기탄소량(Total Organic Carbon : TOC)

TOC는 유기물을 연소시켜서 CO_2와 H_2O로 완전히 산화시킨 후, CO_2의 농도를 측정하여 유기탄소 함량을 구한 것이다.

최근 개발된 탄소분석기는 시료 내 유기탄소량을 빠르고 간단하게 측정할 수 있어서 TOC의 중요성을 강조하고 있다. 탄소분석기는 기본적으로 촉매연소관을 통하여 시료를 완전산화시킨다. 수송가스가 연소관에서 발생된 CO_2와 증기를 운반하는데, 냉각기에서 증기는 제거되고, 적외선 분석기에 의하여 CO_2가 검출된다. CO_2의 양은 초기시료의 탄소 농도에 비례하기 때문에 결과를 보정곡선과 비교할 수 있어서 총탄소를 결정할 수 있다.

유기탄소를 분석하기 전에 모든 무기탄소를 제거하거나, 총탄소 분석을 위한 고온연소관과 무기탄소 분석을 위한 저온연소관 등 이중연소관을 설치하여 그 차이로 총유기탄소량을 구할 수 있다.

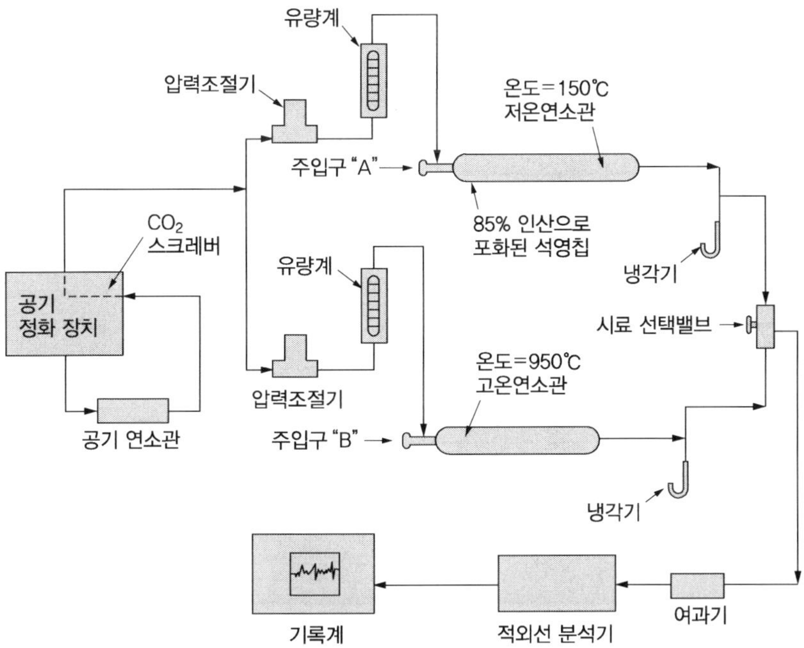

[그림 1.8] TOC 측정 시스템

1.1.4. 총산소요구량(Total Oxygen Demand : TOD)

TOD는 N_2/O_2 혼합가스가 백금 촉매실에서 유기물을 산화시킬 때 소모되는 산소량의 변화를 측정한 것이다.

TOD 분석기로는 3분 이내에 총산소요구량을 측정할 수 있다. 시료가 공기 자동식 흡입기로 액 분사밸브에 전달되어 연소실로 주입된다. 운반체인 질소가스는 시료와 동시에 연소실로 유입되고, 시료는 기화되고 가연성 성분은 연소관 내에서 산화된다. 연소과정에서 산소가 이용되면 불활성 기류 내에서 일시적인 산소의 감소가 발생하는데, 이것을 감지기로 측정한 후 산소농도로 변환하여 총산소요구량을 측정한다.

여러 가지 화합물에 대한 TOD 분석결과에 의하면 측정된 산소요구량은 보통 화학적 방법의 경우보다 이론적으로 계산 값에 더 접근하고 있다. TOD에는 유기물뿐만 아니라 무기물의 산소요구량도 포함되며, 기기 내에서 산화되는 물질은 탄소, 수소, 질소, 황산이온, 아황산이온 등이다. 이러한 이유로 TOD는 생물학적 폐수처리에 잘 이용되지 않는다.

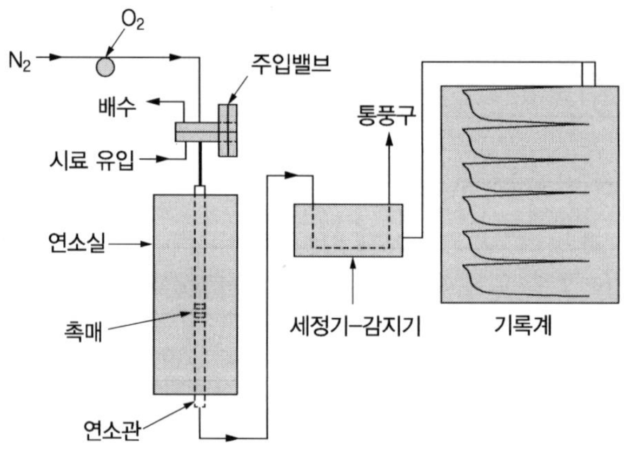

[그림 1.9] TOD 측정 시스템

1.1.5. 이론적 산소요구량(Theoretical Oxygen Demand : ThOD)

폐수 중의 유기물은 일반적으로 탄소, 수소, 산소, 질소로 구성되어 있다. 폐수에는 이들 원소가 탄수화물, 단백질, 지방 및 이들의 분해 생성물 형태로 들어 있다. 유기물의 화학식이 파악되면 ThOD를 계산할 수 있다.

ThOD는 어떤 화합물을 완전히 산화하는 데 요구되는 양론적 산소량에 해당하는 것으로 폐수를 완전히 화학적으로 분해하였을 경우에만 평가될 수 있다. 그러나 폐수를 완전히 화학적으로 분해하는 일은 어려우므로, 그 이용도는 매우 제한되어 있다.

예제 1.2

다음 가정 하에 Glycine[$CH_2(NH_2)COOH$]의 ThOD를 계산하시오.

① 1단계에서 유기탄소는 CO_2, 유기질소는 암모니아로 전환한다.

② 2단계와 3단계에서 암모니아는 산화되어 아질산염 및 질산염이 된다.

③ ThOD는 이상의 3단계에서 필요한 산소의 총량이다.

풀이

① 탄소성 산소요구량에 대한 물질수지 반응식을 수립한다.

$$CH_2(NH_2)COOH + \frac{3}{2}O_2 \rightarrow NH_3 + 2CO_2 + H_2O$$

② 질산성 산소요구량에 대한 물질수지 반응식을 수립한다.

$$NH_3 + \frac{3}{2}O_2 \rightarrow HNO_2 + H_2O$$

$$HNO_2 + \frac{1}{2}O_2 \rightarrow HNO_3$$

$$\text{Total} : NH_3 + 2O_2 \rightarrow HNO_3 + H_2O$$

③ ThOD의 계산

$$ThOD = (\frac{3}{2} + \frac{4}{2})\text{ mol } O_2 / \text{mol Glycine} = 112\text{ g } O_2 / \text{mol Glycine}$$

1.1.6. 유기물 분석의 비교

산업폐수를 분석할 경우에는 다양한 종류의 화합물에 대하여 BOD와 COD를 비교하는 것이 반드시 필요하다.

산업폐수에 대하여 BOD, COD, TOC의 상관관계를 파악하고자 할 경우에는 여과시료(용해성 유기물)를 사용하여 측정 때마다 달라지는 휘발성 부유물질(VSS)의 영향을 배제해야 하고, 다음과 같은 상관관계를 제한하거나 부정하는 요인들에 대하여 알아야 한다.

① 많은 산업폐수의 COD는 제1철, 질소, 아황산염, 황화합물, 기타 산소 요구물질 등이 중크롬산에 의하여 산화반응이 일어날 수 있다. 그러나 TOC는 이러한 화합물의 산화를 포함하지 않는다.

② BOD와 COD는 부분적 또는 총체적으로 생물화학적 또는 중크롬산의 산화에 저해되는 많은 유기 화합물을 포함하지 않는다. 그러나 이들 화합물의 유기탄소는 TOC 분석에서 측정된다.

③ BOD 시험은 식종 순양, 희석, 온도, pH, 독성물질 등 많은 변수들을 고려해야 한다.

폐수의 화학양론적 COD/TOC의 비는 산소의 탄소에 대한 분자량의 비(32 / 12 = 2.66)이며, 계산값과 측정값의 차이는 화합물의 COD에 기인하므로, 이러한 물질을 포함한 폐수는 구성 성분의 농도변화에 따라 COD/TOC의 비가 크게 차이가 나게 된다. 산업폐수의 COD/TOC의 비는 대략 1.75~6.65의 범위이다.

하수에 대한 BOD/TOC의 상관관계는 1.35~2.62의 범위인데, 대략 1.85로 계산한다.

$$\frac{BOD_5}{TOC} = \frac{O_2}{C} = \left(\frac{32}{12}\right)(0.90)\,(0.77) = 1.85$$

여기서 ① 최종 BOD는 대략 이론적인 산소요구량의 90%로 나타낸다.
② BOD_5는 가정하수에 대하여 최종 BOD의 77%이다.

하수의 COD/TOC, BOD/TOC의 비는 산업폐수의 분석에서처럼 뚜렷하지는 않으나, 일반적으로 상관관계가 잘 나타나고 있다.

폐수의 구성 성분이 일정하지 않으면 TOD, TOC, COD 등을 BOD와 연계하여 생각하는 것은 타당하지 않다. TOD, TOC, COD, BOD 등의 인자들을 종합하여 이용하면 알지 못하는 폐수의 유기물을 평가하는 데 도움을 줄 수 있으며, 이러한 인자들의 관계는 [그림 1.10]과 같다.

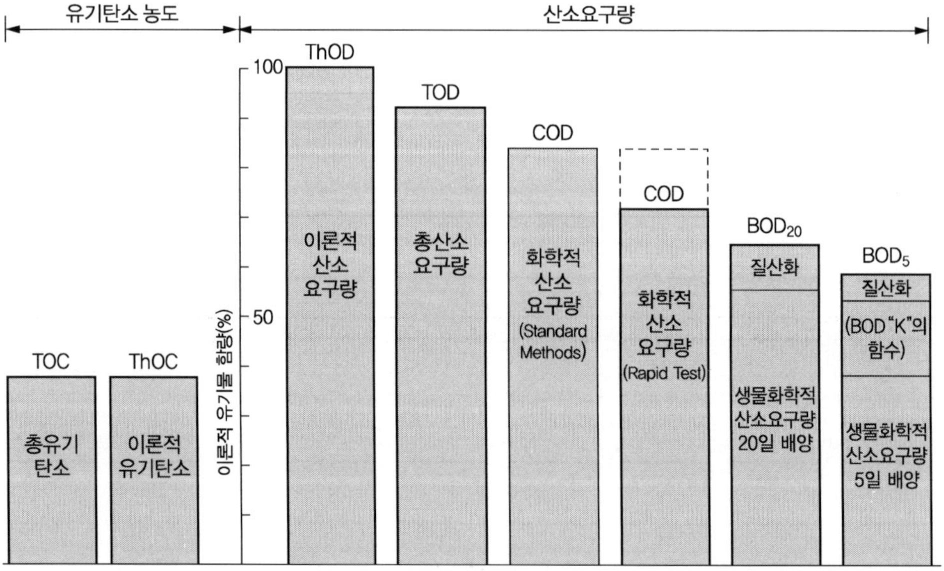

[그림 1.10] 산소와 탄소 인자간의 관계

BOD, COD, TOC의 실험값은 유기물 함량의 간접적인 척도이므로, 다양한 생물처리법에 대한 폐수의 반응을 직접 반영하는 것은 아니다. 따라서 [그림 1.11]에 나타낸 것처럼 폐수를 몇 가지로 구분할 필요가 있다. 슬러지의 질을 관리하기 위한 적절한 공정구성을 선정할 때는 수착성(Sorbable) BOD와 비수착성(Nonsorbable) BOD를 구분하는 것이 중요하다.

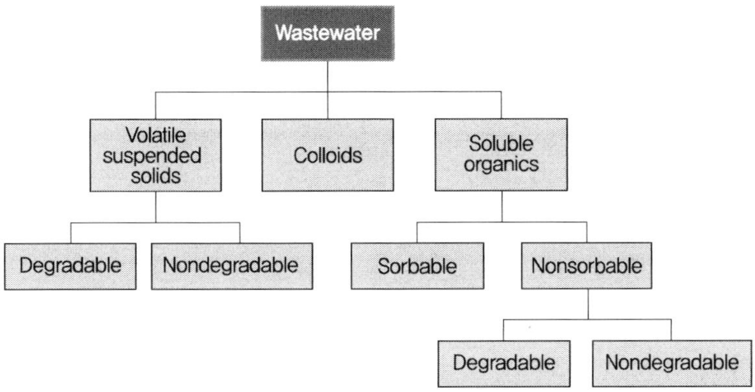

[그림 1.11] 폐수 중 유기성분의 구성

1.1.7. 기타 유기물

오일, 그리스, 페놀, 독성물질 등을 포함하는 특수 유기물의 분석도 중요하다. 오일과 그리스라는 용어는 폐수에서 발견되는 지방, 왁스, 그리고 이들과 관련된 물질들이 포함된다. 처리된 폐수를 배출하기 전에 그리스를 제거하지 않으면 지표수 내 생물의 활동을 방해하고, 잘 보이지 않게 하는 막을 형성한다.

오일은 주차장, 도로 등에서 상당한 양이 하수거에 유입된다. 이들의 대부분은 하수 위에 떠 있으나, 일부는 침전 고형물에 묻어서 슬러지에 포함된다.

광유는 지방, 오일, 비누에 비하여 수표면을 덮는 경향이 더 크기 때문에 생물학적 분해를 방해하여 시설유지에 문제를 야기한다.

오일과 페놀의 분석은 화학적, 석유화학적 정제폐수처리를 위한 단위조작을 평가할 경우에 중요하다.

1.2 무기물(Inorganic matter)

폐수와 자연수의 무기물 중에는 수질관리상 중요한 것들이 있다. 암석이나 광물질이 용해되면 무기물의 농도가 증가하고, 특정 산업폐수를 제외하고는 폐수처리 과정에서 무기물을 제거하는 일은 거의 없다. 그러나 물 이용에 크게 영향을 미치는 경우에는 무기물의 특성을 조사할 필요가 있다.

1.2.1. pH

수소이온 농도(pH)는 수질의 주요 지표이며, 생물이 생존하는데 적절한 pH의 범위는 아주 좁아서 pH가 적절하지 못한 폐수는 생물학적으로 처리하기 어렵다. 또한 처리수의 pH를 조정하여 방출하지 않으면 자연수에 영향을 미치게 된다.

수소이온 농도는 물 분자의 해리 정도와 밀접한 관계가 있고, 물은 수소이온과 수산화이온으로 해리한다.

$$H_2O \leftrightarrow H^+ + OH^- \tag{1.13}$$

수소이온 농도는 일반적으로 pH로 나타내는데, 용액 1 L 중에 존재하는 수소이온의 몰수이며 $[H^+]$로 나타낸다. 수소이온이 많아질수록 용액은 산성에 가까워지며, 폐수처리를 할 경우 중화, 응집 등의 화학적 처리에서는 중요한 인자이고, 식 (1.14)과 같이 표기된다.

$$pH = \log \frac{1}{[H^+]} \tag{1.14}$$

수산화이온 농도를 pOH라 하는데, 25℃에서 pH와 pOH의 관계는 식 (1.15)과 같다.

$$pH + pOH = 14 \tag{1.15}$$

1.2.2. 산도(Acidity)

산도는 강알칼리를 지정된 pH까지 중화하기 위한 정량적 용량을 의미한다. 산도는 약하게 이온화하는 산, 가수분해 되는 염, 유리 무기산의 이온화되지 않는 부분에서 기인한다. 유리 무기산이 중요한데, 무기 산도의 변형된 형태가 존재할 경우에는 중성화 요구량을 예측하기 어렵다. 미생물 계통은 유기산과 염의 생물학적 분해를 통하여 미리 산도를 줄일 수 있다.

1.2.3. 알칼리도(Alkalinity)

알칼리도는 강산을 지정된 pH까지 중화하기 위한 정량적 용량을 의미한다. 생물학적 분해 공정에서 시스템의 최종산물로서 이산화탄소를 공급함으로써 다소 완충능력을 줄 수 있다.

폐수의 알칼리도는 칼슘, 마그네슘, 나트륨, 칼륨, 암모니아와 같은 성분의 수산화물(OH^-), 탄산염(CO_3^{2-}), 중탄산염(HCO_3^-)의 존재에 기인하는데, 이 중에서 일반적인 것은 칼슘중탄산염, 마그네슘중탄산염이다. 알칼리도는 산의 첨가에 의해 pH의 변화를 저지하는 데 도움을 주고, 폐수는 상수, 지하수, 생활용수 등의 사용 과정에서 첨가되는 물질로 인한 알칼리도 때문에 대개 알칼리성이다.

폐수의 화학적 처리, 생물학적 영양염류의 제거, 물리적인 방법으로 암모니아를 제거하고자 할 경우에는 폐수의 알칼리도가 중요하다.

1.2.4. 용존 고형물

용존 고형물은 폐수처리 시스템에 포함된 대부분의 단위공정에 해로운 영향을 미치며, 공극의 크기가 2.0 μm 이하의 여과지를 통과한 여과수에 포함된 고형물로 정의한다.

효과적인 생물학적 처리를 위해서 용존염의 농도를 16,000 mg/L로 제한하고 있다.

1.2.5. 암모니아성 질소

암모니아성 질소는 자연수 중에 100 μg/L 이하로 존재하나, 산업폐수에는 종종 고농도로 존재한다. 암모니아성 질소는 pH 7.5에서 생물학적 처리공정의 포기조 내 미생물의 존재를 방해한다.

수용액 중의 암모니아성 질소는 pH에 따라서 암모늄이온이나 암모니아로 존재한다. 식 (1.16)에서 pH가 7 이상이면 평형이 왼쪽으로 이동하며, 7 이하이면 암모늄이온이 대부분이다.

$$NH_3 + H_2O \rightleftarrows NH_4^+ + OH^- \quad (1.16)$$

1.2.6. 황화합물

황은 pH에 따라서 $H_2S_{(aq)}$, HS^-, S^{2-}의 형태로 존재하며, 술폰화 유기화합물, 금속 황화합물로도 존재한다. 황화물은 100 mg/L이하에서 냄새를 유발하며, 박테리아에는 100 mg/L까지는 방해 또는 생물독성에 영향이 없다고 알려져 있으나, 200 mg/L가 넘으면 생물학적 처리과정에 지장이 있을 수 있다. 일부 조류는 황화합물 7～10 mg/L에서 부차적인 영향을 받는다.

황산염은 혐기성 조건에서 미생물의 작용으로 황화물로 환원되며, 수소이온과 결합하여 황화수소로 될 수 있다.

$$\text{유기물} + SO_4^{-2} \xrightarrow{\text{박테리아}} S^{-2} + H_2O + CO_2 \quad (1.17)$$

$$S^{-2} + 2H^+ \rightarrow H_2S \quad (1.18)$$

황화수소는 하수관거 내 폐수로부터 대기 중에 배출되어 관거의 상부에 축척되는 경향이 있는데, 이것이 생물학적으로 산화되어 황산이 되면 하수관거를 부식시킨다(관정부식).

$$H_2S + 2O_2 \rightarrow H_2SO_4 \quad (1.19)$$

1.2.7. 중금속

생물학적 단위공정에서 중금속의 영향에 대하여 많은 연구를 진행하였다. 니켈, 망간, 납, 크롬, 카드뮴, 아연, 구리, 철, 수은 등의 금속은 대부분 물의 중요한 성분이다. 이들 중 상당수는 특정오염물질로 분류되어 있고, 또 생물성장에 필요한 금속도 있으며, 충분한 양이 없으면 조류의 성장이 제한을 받기도 한다. 그러나 그 양이 한계 이상으로 존재하면 독성을 나타내므로 규제되어야 한다.

폐수관리에서 중요한 금속성분들이 종속생물에 저해효과를 주는 임계농도는 비소 0.05 mg/L, 카드뮴 1.0 mg/L, 구리 1.0 mg/L, 납 0.1 mg/L, 수은 0.1 mg/L, 니켈 1.0 mg/L, 아연 1.0 mg/L 등이다.

슬러지 소화조의 경우, 구리는 100 mg/L이상, 크롬과 니켈은 500 mg/L이상, 칼륨 및 암모늄은 4,000 mg/L에서 독성을 나타낸다.

1.3 슬러지(Sludge)

일반적으로 폐수처리 공정에서 물로부터 분리되어 침전된 고형물을 슬러지라고 하며, 침전지의 표면에 부상한 스컴(Scum)과 스크린에 의해 제거된 스크린 찌꺼기(Screenings)도 이 슬러지와 함께 처리 및 처분되므로 넓은 의미에서 이들도 폐수슬러지로 분류되고 있다.

폐수처리 공정에서 발생되는 슬러지는 다량의 유기물 및 병원균이 포함되어 있어 부패로 인한 악취, 병원균의 전염 등 위생상 문제를 일으킬 수 있다. 슬러지는 고형물이 소량이고 대부분이 수분으로 구성되어 있는데, 이 소량의 고형물을 물로부터 분리한다는 것은 어려운 일이다. 따라서 슬러지 처리의 목적은 유기물을 무기물로 전환시키는 안정화(유기물 제거), 병원균이 존재하지 않는 상태로 만드는 안전화(살균), 처리 및 처분 대상 물질의 양을 줄이는 감량화(부피 감소) 등이다.

슬러지의 생물학적 특성은 슬러지의 성분 및 오염특성을 고려할 때 중요한 인자이다. 폐수처리 공정에서 발생되는 슬러지는 다음과 같이 대별할 수 있다.

① 처리되지 않은 폐수를 1차 침전시킬 때 생기는 생슬러지(Raw sludge) 또는 1차 슬러지(Primary sludge)

② 활성슬러지 공정으로부터 생성되는 폐활성슬러지(Waste activated sludge)

③ 활성슬러지나 살수여상을 이용한 폐수처리 장치의 2차 침전지에서 생성되는 활성슬러지(Activated sludge)

④ 처리되지 않은 유기성 슬러지인 미처리 슬러지(Fresh sludge)

⑤ 생물학적 산화가 끝난 소화슬러지(Digested sludge)

⑥ 대부분의 수분이 제거된 탈수슬러지(Dewatered sludge)

슬러지 내의 유기물과 질소, 인산, 칼륨의 농도는 슬러지를 비료로 이용할 수 있는지를 판단하는 가치의 지표이다. 슬러지 처리는 슬러지 내의 질소와 처리 가능한 유기물을 감소시켜 비료로서 이용할 수 있게 하는 것이다<표 1.2>.

〈표 1.2〉 슬러지의 유기물 구성(건조 무게, %)

조성	침전슬러지	소화슬러지	활성슬러지	생슬러지	15% 소화 슬러지	80% 소화 슬러지
유기물질	60~80	45~60	62~75	67	64	23.4
총 회분	20~40	40~55	25~38	33	36	-
Pentosan	1.0	1.6	2.1	7.2	2.4	0
Grease & Fat	7~35	3.17	5~12	21.0	19.2	1.8
헤미셀룰로오스	3.2	1.6	-	-	-	-
셀룰로오스	3.8	0.6	7.0	-	-	-
리그닌	5.8	8.4	-	-	-	-
단백질	22~28	16~21	32~41	12.4	8.4	0.5

1.3.1. 공정별 슬러지의 특성

슬러지 처리를 위해서는 슬러지 발생량뿐 만아니라 공정별 발생 슬러지의 특성을 파악해야 한다. 폐수처리 공정에서 발생되는 각 슬러지의 특성은 <표 1.3>과 같다.

〈표 1.3〉 각종 폐수처리공정에서 발생하는 슬러지의 특성

처리공정	슬러지 발생량(kg/1000 m^3, 건조중량)		함수율 (%)	비중
	범위	전형적인 발생량		
1차 슬러지	108~169	151	92~95	1.020
활성슬러지	72~96	84	98~99	1.005
살수여상 슬러지	60~96	72	92~95	1.025
부유성장식 탈질공정슬러지	12~30	18	-	1.005

(1) 1차 슬러지

1차 침전지에서 발생하는 슬러지는 유기고형물, 그릿(grit), 무기성 미세입자로 구성되며, 고형물중 휘발성 고형물의 함량이 50~60% 정도이고, 비교적 탈수성이 용이하다. 또한 침전성 유기물이 주성분이므로 침전지 체류시간이 길어지면 악취 발생의 원인이 된다.

(2) 활성슬러지

생물학적 2차 처리공정의 2차 침전지에서 발생되는 슬러지로 다갈색을 띠며, 1차 슬러지나 약품응집 슬러지에 비하여 악취 발생의 우려는 적으나 유기물 함량이 높고, 소화과정을 거치지 않을 경우에는 탈수가 곤란하다. 휘발성 고형물의 함량은 70~85% 정도이고, 함수량은 98~99% 정도이다.

(3) 약품응집 슬러지

부유성 고형물이나 인 등을 화학적으로 처리하기 위하여 약품을 주입함으로써 발생하는 슬러지로 농축과 탈수성은 주입약품, 폐수의 pH, 반응시간 등에 따라 달라진다. 주입약품으로 석회를 사용할 경우, 발생되는 슬러지의 양은 증가하지만 농축과 탈수성은 양호해진다.

(4) 소화슬러지

혐기성 소화슬러지는 흑회색을 띠며, 함수율은 87~90% 정도로 탈수성이 양호하다. 그러나 소화과정에서 발생되는 소화가스로 인하여 악취가 발생할 가능성이 크다. 반면 호기성 소화슬러지는 혐기성 슬러지에 비하여 상대적으로 수분도 많고, 탈수성도 떨어진다.

1.3.2. 슬러지 발생량 및 함수율

슬러지 발생량은 공정에 따라 1차 침전지의 침전슬러지와 2차 침전지의 생물학적 처리슬러지로 구분할 수 있다.

$$\text{침전슬러지(g/day)} = S_1\, Q\, E_1 \tag{1.20}$$

여기서, S_1 = 1차 침전지에 유입되는 부유물질의 농도(mg/L)

Q = 유입 하수량(m^3/day)

E_1 = 1차 침전지의 부유물질 제거효율

2차 침전지에서 발생하는 생물학적 처리슬러지는 1차 침전지에서 유출된 부유물질에 대한 2차 침전지의 제거량과 포기조에서 유기물 분해로 인하여 증식한 활성슬러지가 포함된다.

$$\text{생물학적 처리슬러지(g/day)} = S_1\,Q\,(1-E_1)E_2 + \Delta X \tag{1.21}$$

여기서, E_2 = 2차 침전지의 부유물질 제거효율

ΔX = 1일당 미생물 증식량(g/day)

따라서 1일당 슬러지 발생량은 다음과 같다.

$$\text{1일당 슬러지 발생량(g/day)} = \text{침전슬러지} + \text{생물학적 처리슬러지}$$

$$= S_1\,Q\,E_1 + S_1\,Q(1-E_1)E_2 + \Delta X \tag{1.22}$$

슬러지의 함수율, 고형물 함유율, 용적은 다음 식들로 계산한다.

$$\text{슬러지의 수분 함유율 : } P_w = \frac{W}{W+S} \times 100\ (\%) \tag{1.23}$$

$$\text{슬러지의 고형물 함유율 : } P_s = \frac{S}{W+S} \times 100 = 100 - P_w\ (\%) \tag{1.24}$$

$$W = \frac{S(100-P_s)}{P_s} \tag{1.25}$$

$$\text{슬러지의 수분 용적 : } V_w = \frac{W}{r_w} \tag{1.26}$$

$$\text{슬러지의 고형물 용적 : } V_s = \frac{S}{r_s} \tag{1.27}$$

$$\text{슬러지의 전체 용적 : } V = \frac{W}{r_w} + \frac{S}{r_s} = S\left(\frac{100}{P_s\ r_w} - \frac{1}{r_w} + \frac{1}{r_s}\right)$$

$$\text{또는 } V = \frac{S}{r_w\ r_s\ (P_s/100)} \tag{1.28}$$

여기서, W = 슬러지 중의 수분 중량(kg)

S = 슬러지 중의 건조고형물 중량(kg)

r_w = 슬러지 중의 수분 밀도(kg/m^3)

r_s = 슬러지 중의 건조고형물 비중(kg/m^3)

소화 또는 탈수 후의 슬러지 함수율과 부피와의 관계는 식 (1.29)와 같다. 즉, 슬러지의

함수율이 99%에서 98%로 소폭 변화해도 슬러지의 부피는 1/2로 감소함을 알 수 있다. 따라서 슬러지 처리에서 함수율을 낮추는 것이 중요하며, 슬러지 함수율은 슬러지 펌프의 능력, 건조상의 크기 등 슬러지 처리시설이나 운영비 등에 큰 영향을 미친다.

$$\frac{V_1}{V_2} = \frac{100 - P_2}{100 - P_1} \tag{1.29}$$

여기서, V_1 = 함수율 $P_1(\%)$인 슬러지의 부피

V_2 = 함수율 $P_2(\%)$인 슬러지의 부피

1.3.3. 슬러지 처리방법

슬러지 처리는 매우 어렵고, 많은 비용이 소요되는 복잡한 공정이므로 처리방법을 결정하기 위해서는 먼저 슬러지 처분방법을 결정한 후, 이 처분방법에 적합한 처리방법을 선택해야 한다.

폐수처리장의 슬러지를 처리할 경우에는 유기성 슬러지와 무기성 슬러지를 혼합하는 것은 피해야 한다. 슬러지가 혼합될 경우, 슬러지 처리에 어려움이 뒤따르기 때문에 각각의 슬러지를 별개의 처리시설에서 분류하여 처리하는 것이 바람직하다.

슬러지 처리의 기본 목적은 안정화, 안전화, 감량화에 있는데, 이러한 목적을 달성하기 위해서는 슬러지의 농축, 소화, 탈수, 소각 등의 각종 단위조작이 이용된다.

[그림 1.12]는 슬러지 처리 및 처분의 흐름도를 나타낸 것이며, 슬러지의 최종처분 또는 재이용 방법에 따라 처리 순서가 달라질 수 있으며, 그 순서는 경제성, 안정성, 환경성 등을 검토하여 결정해야 한다.

슬러지의 최종처분 방법에는 비료, 퇴비, 토양개량제 등으로 토양에 환원하는 방법, 소각 후 매립, 소각재의 재이용(또는 매립) 등이 있는데, 어느 경우에나 경제성과 자원의 재이용 및 환경적인 측면을 고려해야 한다.

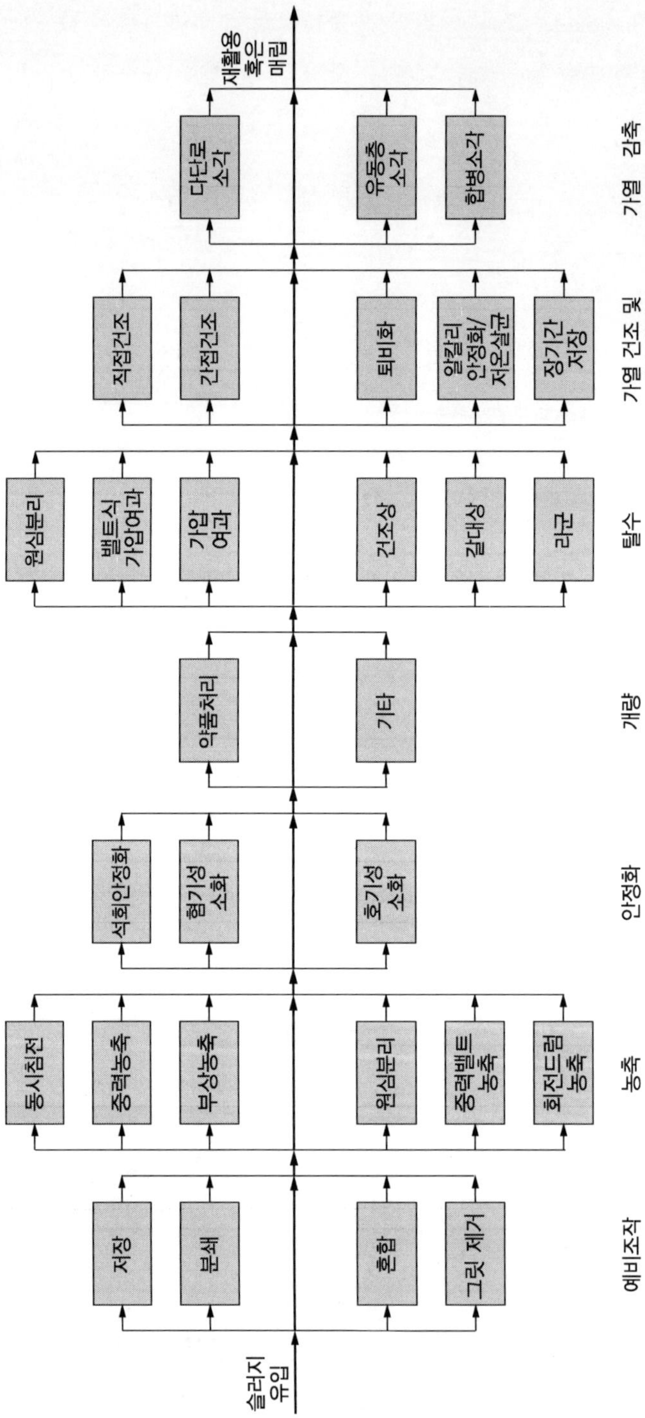

[그림 1.12] 슬러지 처리와 처분 흐름도

CHAPTER

2 시료채취

Sampling

상수, 폐수(하수) 등의 수질분석을 위해서는 시료가 필요한데, 시료채취는 현장조건을 조사한 후 현장관찰과 분석을 통하여 수행되어야 한다. 시료채취 과정에서 얻어진 자료들은 폐수처리 시설의 설계기준을 결정하는 데 이용되기 때문에 시료채취가 정확하게 수행되지 못할 경우에는 잘못된 정보를 제공하게 되므로 시료채취의 기본원칙을 충실히 준수하여야 한다.

시료채취는 처리장 전체에 대한 운전자료, 주어진 처리장치나 공정의 성능을 증명하는 자료, 새로운 프로그램을 수행하는 데 사용되는 자료, 규제기준을 준수하기 위해 필요한 자료 등을 얻기 위하여 수행된다. 따라서 시료채취 과정에서 수집된 자료는 채취된 폐수나 채취 시의 환경을 대표해야 하며(대표성), 동일한 시료채취와 분석방법을 사용한 타인에 의해 재현될 수 있어야 하고(재현성), 정확성과 정밀성이 있어야 하며, 유용성이 있어야 한다. 폐수의 유량과 농도 변화에 대응하여 시료를 채취하는 과정이 시료의 분석과정에서 발생되는 오차보다 중요하기 때문에 가능하면 많은 양의 시료를 채취하는 것이 오차를 감소시킬 수 있는 방안이다.

그러나 인력을 이용하여 많은 시료를 채취하는 것은 힘들기 때문에 자동 시료채취기를 사용하는데, 이 경우에는 채취기의 유지보수를 철저히 해야 한다.

2.1 시료채취 방법

시료는 유량, 유속 등이 시간에 따라 변화하는 것을 고려하여 현장의 성질을 대표할 수 있도록 채취하여야 한다. 수질 또는 유량의 변화가 심하다고 판단될 경우에는 오염상태를 잘 파악할 수 있도록 시료채취 횟수를 늘려야 하며, 시료채취 시 유량에 비례하여 시료를 혼합한 후 단일시료로 해야 한다.

2.1.1. 임의채취(Grab sampling)

임의채취는 어느 시간에 임의로 시료를 채취하는 방법으로 채취된 시료는 그 시점의 수질특성을 나타낸다. 이 방법은 폐수의 유량과 농도가 일정한 경우 이외에는 신뢰도가 적다.

임의채취는 대상폐수가 연속류가 아닐 경우, 폐수의 특성이 비교적 일정할 경우, 폐수의 극단상태(최젓값, 최곳값)를 판단할 필요가 있을 경우에는 종합채취에 비하여 유리한 방법이다. 용존가스, 잔류염소, 용존화합물, 온도, pH 등 시료를 혼합하면 특성이 변화하는 성분을 분석할 때 사용된다.

2.1.2. 종합채취(Composite sampling)

종합채취는 일정한 시간 간격으로 시료를 채취하여 종합한 후, 수질을 분석하는 방법으로 임의채취보다 신뢰도가 높다. 폐수의 유량과 농도가 시간에 따라 변화되는 경우에는 시료채취의 양을 시간에 따라 변화시키면 신뢰도는 높아진다.

종합채취는 유량과 관계없이 시간에 따라 일정량을 채취하여 종합하는 방법과 시간에 따라 유량에 비례하여 시료를 채취하는 방법이 있다.

종합시료는 개별시료 용량과 총 유량의 비율이 일정할 때 적합하며, 시간과 폐수처리 시설의 운전특성에 따라 2, 4, 8, 16, 24 시간의 종합시료로 수집한다.

2.1.3. 연속채취(Continuous sampling)

연속채취는 시간 간격 없이 시료를 연속적으로 채취하여 종합한 후, 수질을 분석하는 방법이다. 이 방법도 폐수의 유량과 농도 변화에 따라 시료채취량을 조절하면 신뢰도가 더 높아진다.

2.2 시료채취 지점

2.2.1. 폐수

시료채취는 [그림 2.1]과 같이 폐수의 성상을 대표할 수 있는 지점에서 수행해야 한다. 폐수의 방류수로가 1개 지점 이상일 경우에는 각 수로별로 시료를 채취하여 별개의 시료로 해야 하며, 필요에 따라서 부지경계선 외부의 배출구에서도 시료를 채취할 수 있다. 시료채취 시 우수나 조업목적 이외의 물이 포함되지 않아야 한다.

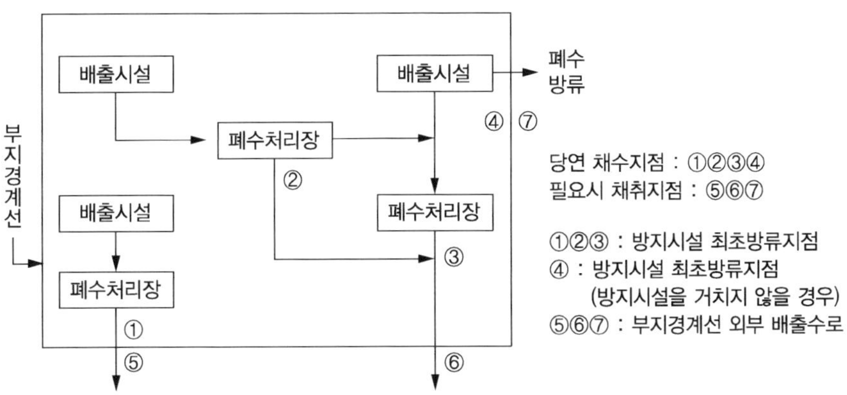

[그림 2.1] 시료채취 지점의 예

2.2.2. 하천수

하천수는 오염 및 용수의 목적에 따라 채수지점을 선정한다. 하천 본류와 지류가 합류하는 경우에는 [그림 2.2]과 같이 합류 이전의 각 지점과 합류 이후 충분히 혼합된 지점에서 각각 시료를 채수한다.

시료의 채취는 [그림 2.3]과 같이 하천의 단면에서 수심이 가장 깊은 지점을 중심으로 좌우 수면 폭을 2등분하고, 각 지점에서 수면의 수심이 2 m 미만인 경우에는 수심의 1/3에서, 수심이 2 m 이상일 경우에는 수심의 1/3 및 2/3에서 각각 채수한다.

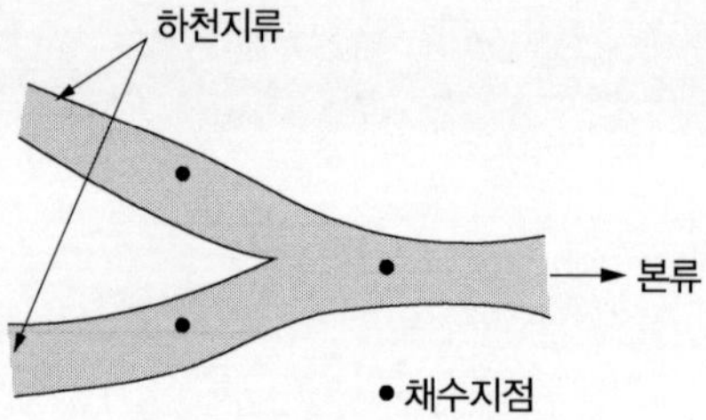

[그림 2.2] 하천수의 채수 지점

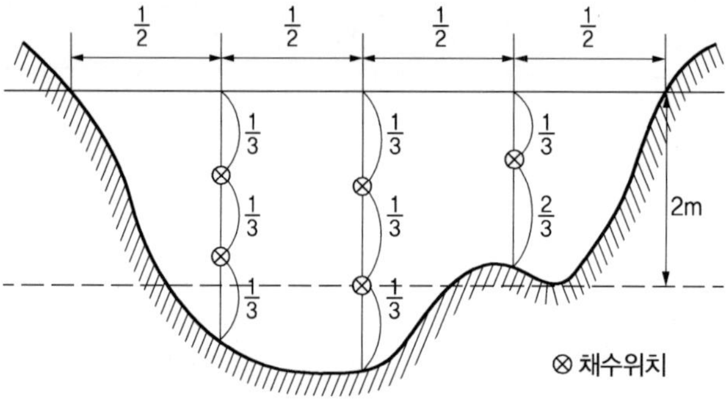

[그림 2.3] 하천수의 채수 위치

2.3 시료의 보관

시료의 채수에는 무색경질 유리병이나 폴리에틸렌 병이 사용된다. 무색경질 유리병은 무색투명하여 시료의 관찰은 쉬우나 시료가 변질될 우려가 있고, 파손될 염려가 있으므로 많은 양의 시료를 채취하여 운반하는 데는 불편하다. 미량의 요소를 측정하는 경우에는 Na, K, Si, B, As, Pb, Zn, Al, Sb 등이 용출될 수 있으므로 주의가 요구된다.

폴리에틸렌 병은 가볍고 내약품성이 우수하기 때문에 많이 사용된다. 그러나 제품에 따라서 Mo, Cr, Ti 등이 용출될 우려가 있다. 특히 n-Hexane, Phenol, 유기인, PCB 등이 포함된 시료를 채취할 경우에는 반드시 유리병을 사용해야 한다.

2.3.1. 시료채취 빈도와 기간

시료채취 빈도는 <표 2.1>과 같이 유량과 폐수의 특성에 따라 다르며, 예비조사 기간에 예상되는 폐수의 유량과 농도를 결정해야 한다.

임의채취의 빈도는 일반적으로 1시간에 1회가 적합하나, 유량이나 농도의 변동 폭이 거의 없을 경우에는 2, 4, 8, 16, 24시간 등의 간격으로 채취할 수 있다.

종합채취의 빈도는 폐수의 변동 폭에 의존하나, 변동이 심할 경우에는 1시간에 1개의 종합시료를 만들기 위하여 매 3분마다 개별시료를 채취하여 종합해야 한다. 시료를 종합할 수 있는 최대 시간 간격은 24시간을 넘을 수 없고, 종합시료는 처리시설이 안정적으로 운전될 경우에는 2시간 미만의 간격은 의미가 없다. 연속채취는 시간 간격 없이 시료를 계속 채취하여 종합한 후 분석한다. 일반적으로 폐수처리시설을 집중적으로 조사하기 위해서는 정상적인 운전조건에서 5~10일 정도 지속적으로 조사를 수행해야 하며, 처리시설이 가변적이고 변동이 심한 경우에는 몇 개월 동안 제한된 일정으로 조사가 계속될 수도 있다.

〈표 2.1〉 수질분석 항목에 따른 시료채취 빈도

분석항목	수질 변동이 심할 경우	수질 변동이 심하지 않을 경우
BOD[a]	4 hr	12 hr
COD or TOC[a]	2 hr	8 hr
SS	8 hr	24 hr
Alkalinity or Acidity	1 hr Grab	8 hr Grab
pH	Continuous	4 hr Grab
N & P[b]	24 hr	24 hr
Heavy metals	4 hr	24 hr

a : 연속 채취기가 있고, 종합 일정은 변동에 따르지 않고, 변동이 심할 때는 15분, 변동이 심하지 않을 때는 1시간임

b : 비료와 같은 질소, 인 폐기물에는 적용하지 않는다.

2.3.2. 시료의 취급 및 보존

대표 시료를 채취하기 위해서는 많은 주의를 기울여야 하며, 채취된 시료는 신속하게 분석하는 것이 좋다. 그러나 분석을 즉시 수행한다는 것은 거의 불가능하므로 분석을 방해하지 않도록 보존재를 시료채취 직후에 첨가해야 한다. 특정 항목에 대한 시료 보존방법은 <표 2.2>와 같고, 일반적인 시료채취 방법은 다음과 같다.

① 시료는 폐수가 잘 혼합되는 곳에서 채취해야 하며, 위어의 상・하류에서는 시료채취를 피해야 한다.

② 시료는 유속이 빠르고 고형물이 침전될 가능성이 적은 관거의 중심에서 채취하고, 채취수심은 관거 깊이의 1/3지점을 선택한다.

③ 시료채취 시 공기의 유입으로 인하여 용존가스나 휘발성 물질의 성분 분석에 영향을 미칠 우려가 있으므로 시료는 공기와 접촉이 없도록 용기에 가득 채워야 한다.

〈표 2.2〉 시료의 보존방법

Parameter	Preservative	Max. holding period
Total Acidity and Total Alkalinity	None required	Indefinite*
BOD	Refrigeration at 4℃	6 hrs
Bactria	Refrigeration at 4℃	24 hrs
Ca	None required	Indefinite*
COD	2 mL C-H_2SO_4/L	7 days
Chloride	None required	Indefinite*
Chlorine	Determine on site	None
Color	Refrigeration at 4℃	24 hrs
CN	NaOH to pH 10	24 hrs
DO	Determine on site	None
F	None required	Indefinite*
Hardness	None required	Indefinite*
Total metal	5 mL HNO_3/L	Indefinite*
Dissolved metal	Filtrate, 3 mL 1:1 HNO_3/L	Indefinite*
Ammonia Nitrogen	40 mg $HgCl_2$/L, 4℃	1 days
Kjedahl Nitrogen	40 mg $HgCl_2$/L, 4℃	1 days
Nitrate-nitrite Nitrogen	40 mg $HgCl_2$/L, 4℃	6 hrs
Oil & Grease	2 mL C-H_2SO_4/L, 4℃	24 hrs
pH	Determine on site	none
Phenolics	Adjust pH to 4.0 with H_3PO_4 at 4℃ and add 1.0 g $CuSO_4$/L	24 hrs
T-P	40 mg $HgCl_2$/L, 4℃	24 hrs
TS	None available	1 days
Specific Conductance	None required	Indefinite*
Sulfate	Refrigeration at 4℃	7 days
Total Sulfide	2 mL Zn acetate/L, N_2 flushed container	7 days
Threshold Odor	Refrigeration at 4℃	1 day
Turbidity	None available	1 day

* as long as no precipitates form
** Only polyethylen bottle : n-Hex, phenol, 유기인, PCB etc.
*** Only glass bottle : F

④ 기름과 물이 혼합된 시료를 채취하여 분석할 때는 주의해야 한다.
⑤ 임의채취에 필요한 시료의 양은 1～2 L, 종합채취에 필요한 시료의 양은 1회에 50 ml 이상, 전체는 2～4 L 정도가 적합하다.
⑥ 종합시료를 채취하기 위해서는 작업환경을 고려하여 시료를 채취해야 하며, 개개의 시료는 균질성과 대표성이 있어야 한다.
⑦ 채취된 시료는 수질특성이 변화하지 않도록 보존해야 한다.
⑧ 시료채취 용기는 오염되지 않은 것을 사용하고, 채취하기 전에 시료로 3회 이상 씻은 다음 채수한다.
⑨ 각 시료에는 시료채취 지점이나 위치, 채취 시간과 날짜, 용량에 대한 정보와 임의채취인지 종합채취인지를 기록하고, 분석하기 전에 온도, pH, 외관 등에 관한 정보를 기록해야 한다.

시료채취 후에는 시료 내에서 발생할 수 있는 화학물질의 변화와 미생물의 활성도에 따른 시료의 변화 특성을 확인할 필요가 있다.
① 금속의 양이온은 수산화물과 탄산염으로 침전되거나 착화합물을 형성할 수 있다.
② 몇 가지 종류의 화학물질은 산화(예, S^{2-}가 SO_4^{2-}로)나 환원(예, Fe(III)에서 Fe(II)로)이 될 수 있다.
③ 금속 양이온이나 인산염 등은 유리나 플라스틱 용기 표면에 흡착될 수 있다.
④ 세포의 용해는 용존 BOD와 용존 COD를 증가시키고, 부유고형물을 감소시킬 수 있다.
⑤ 세포의 생성은 총 BOD와 총 COD를 변화시킬 수 있다.
⑥ 미생물에 의하여 질소와 인의 형태와 함량은 변화될 수 있다.

2.4 시료채취 장치

시료채취는 수동과 자동 채취방법이 있는데, 수동 시료채취는 시료채취자가 돌발적인 상황을 관찰할 수 있는 이점이 있고, 자동 시료채취는 여러 지점을 조밀한 시간 간격으로 조사할 경우에 유리하다. 자동 시료채취기는 상품화되어 있으므로 조사대상의 폐수 특성에 적합한지를 주의 깊게 검토한 후 사용해야 한다.

2.4.1. 폐수의 시료채취

[그림 2.4]는 연속 시료채취 장치로서 유량이 거의 일정할 경우에 이용하면 편리하다. 폐수가 유리병 위쪽으로부터 유입되고, 사이펀 작용에 의하여 폐수가 시료병으로 이동한다. 유량조절은 사이펀 튜브를 죔나사(크램프)로 조절한다. 이 방식은 원시적이기는 하지만 시료채취 지점에서 동력을 이용할 수 없는 경우에 매우 유용하다.

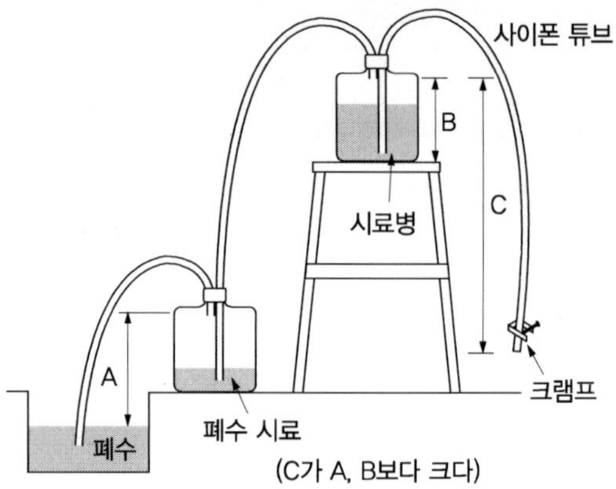

[그림 2.4] 연속채취기

[그림 2.5]는 Scoop 시료채취기이다. Scoop가 일정한 속도로 회전하고, 미리 결정한 시간 동안 폐수에 잠겨 시료를 채취한다. 시료의 양은 수로를 흐르는 유량에 의해 정해지며, 이 장치는 부유고형물이 있으면 제약을 받기 때문에 유량과 깊이가 인지되는 지점에 설치해야만 한다.

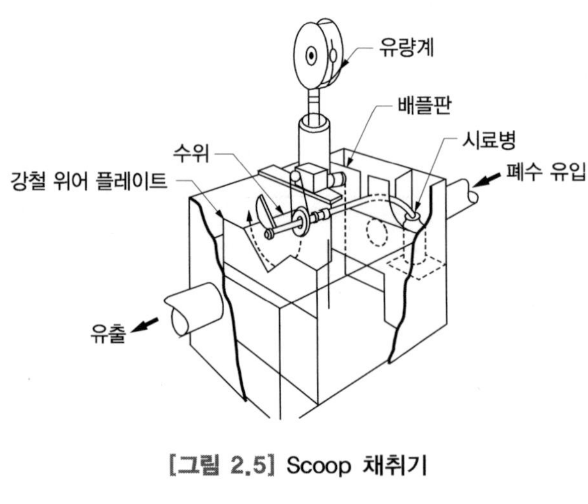

[그림 2.5] Scoop 채취기

[그림 2.6]은 솔레노이드 밸브가 달린 유량 채취장치이다. 일정한 시료채취량이 관이나 호스 꼭지를 통하여 양수된다. 예정된 유량이 유량계를 통과한 후에 솔레노이드 밸브가 열려서 시료가 채취된다.

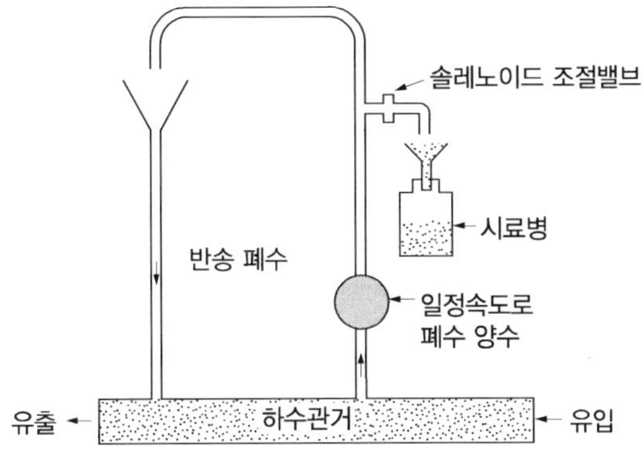

[그림 2.6] 일정유량 채취시스템(Solenoid valve control)

[그림 2.7]은 진공형태의 자동채취기이다. 고농도의 부유고형물을 포함하고 있거나 펌프를 통하여 폐수를 흘려 보내기 어려운 시료를 채수하기 위하여 진공이 이용된다. 흡입 라인을 통하여 시료실로 폐수를 보내는 진공시스템이 간헐적으로 작동하고, 시료가 채워지면 진공이 자동적으로 차단된다.

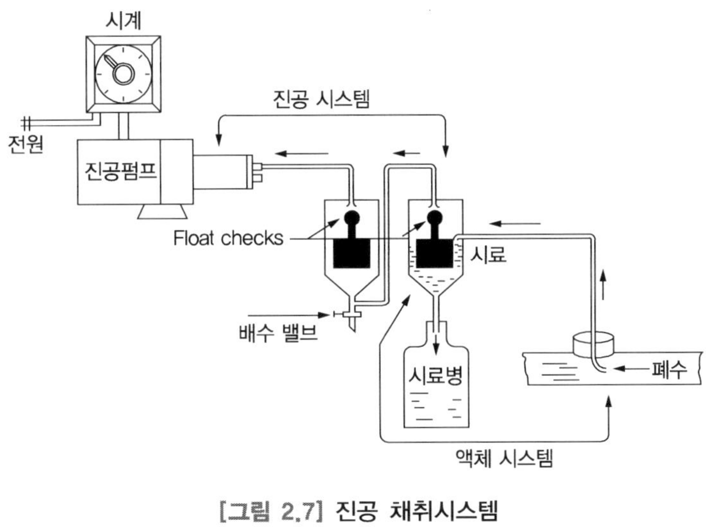

[그림 2.7] 진공 채취시스템

2.4.2. 하천, 호수, 저수지의 시료채취

하천이나 호수의 시료채취는 시험목적에 따라 채수 위치가 다르지만 수심의 중층부에서 채수기를 이용하여 채수한다. 일반적으로 하천이나 호수의 시료를 채취할 경우에는 하이로드(Hyeroth) 채수기([그림 2.9])를 이용하는 것이 간편하다. 호수, 해양 등 특정 깊이의 물을 채수할 경우에는 Ekman 전도식 채수기, 기타하라(北原)식 절연 채수기 [그림 2.11]가 사용된다.

[그림 2.8] 간이 채수기

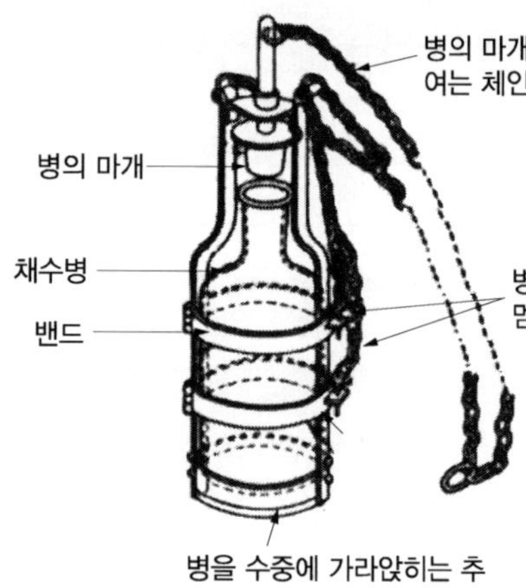

[그림 2.9] 하이로드 채수기

① 전도 채수기(Reversing water bottle)

채수기의 초기 형태로 위와 아래가 열려있는 원통형 채수기를 원하는 수심에 잠기게 한 후, 메신저(로프를 따라 낙하하는 추)의 충격으로 채수기의 윗 부분이 로프에서 분리되어, 채수기가 회전하면서 뚜껑이 닫히게 고안된 채수기이다.

② 반돈 채수기(van Dorn water sampler)

합성수지제 원통의 위와 아래에 합성 고무의 덮개를 달아맨 채수기이다. 달아맨 끈으로 채수기를 시료채취 위치까지 잠기게 한 후 메신저를 떨어뜨려 그 충격으로 합성수지제 원통의 위 아래를 합성고무의 덮개로 막아서 시료를 채취한다[그림 2.10].

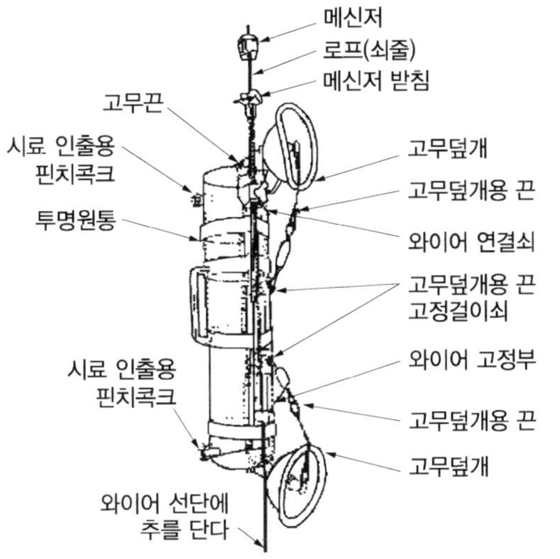

[그림 2.10] 반돈 채수기

③ 절연 채수기

와이어로 원하는 깊이의 수중에 떨어뜨리고 메신저를 와이어에 끼워 미끄러뜨려서 채수기 상단의 용수철을 작동시키고 수중에서 뚜껑을 닫아 시험수를 밀봉한 것을 끌어올려 구멍에 꽂아 넣은 온도계로 온도를 측정하고, 시료수를 취수병에 채취하는 기구이다.

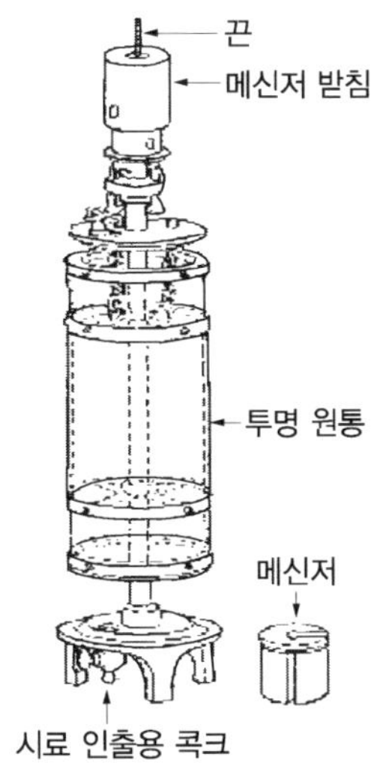

[그림 2.11] 기타하라(北原)식 절연 채수기

2.4.3. 자동감시 시스템(Automatic monitering system)

자동감시 시스템의 정상적인 자료는 기록계를 이용하여 수집할 수도 있으나, 펌프와 밸브 같은 다른 장치를 sensor로 이용할 수도 있다.

자동감시 시스템의 장점은 다음과 같다.
① 관심이 있는 항목의 연속측정이 가능하다.
② 수동에 비하여 시료채취와 분석 사이에 걸리는 시간을 줄일 수 있다.
③ 바람직하지 못한 농도가 유입될 때를 대비하여 alarm시스템과 조합할 수 있다.

자동감시 시스템의 단점은 다음과 같다.
① Sensor가 시료채취 장소의 돌발 상황에 대처할 수 없다.
② 자동감시 시스템의 초기설치 비용이 고가이다.
③ 자동감시 시스템을 설치하기 전에 폐수의 특성을 파악해야 한다.
④ 연속측정은 pH, 온도, 전도도, DO 등 간단한 항목만을 신뢰할 수 있다.

자동감시 시스템을 이용할 경우에 예상되는 문제점은 다음과 같다.
① 보정 손실오차를 방지하기 위해서 정기적인 점검이 필요하다.
② Sensor의 손상을 방지하기 위한 보호 장치가 필요하다.
③ 전력절단, 조작실수, 펌프고장 · 파손 등 잡다한 문제들이 발생할 수 있다.
④ 전파간섭이 문제를 야기할 수 있으므로 시스템을 설치하기 전에 파악해야 한다.

CHAPTER

3 유량측정

Flow Measurement

시료의 채취, 정수장이나 폐수처리장의 적절한 운영, 급수계획의 수립 등을 위해서는 정확한 유량측정이 필요하다.

유량(중량유량 또는 체적유량)은 측정시간 동안 모여진 유체의 중량 또는 체적을 계측하여 환산한다. 중량유량의 측정은 저울 위에 용기를 올려놓고 어떤 시간 동안에 축적된 액체의 무게를 계량하여 계측하고, 체적유량은 측정시간 동안 내부 치수가 정확히 알려진 용기에 축적된 액체의 상승 높이를 계측하여 계산한다.

하천이나 수로 등의 유량은 어떤 횡단면을 단위시간에 흐르는 수량으로 표시하며, 일반적으로 유량은 평균유속에 면적을 곱하여 계산한다.

3.1 관(管)내 유량측정

3.1.1. 벤츄리 미터(Venturi meter)

벤츄리 미터는 [그림 3.1]과 같으며, 배관계와 압력계에 연결된 점 1과 점 2의 압력차를 측정한다. 점 1의 관 직경을 D_1, 유체의 평균 유속을 v_1, 점 2의 관 직경을 D_2, 유체의 평균 유속을 v_2라 하면, 관의 직경이 D_1에서 D_2로 서서히 좁아졌다가 다시 D_1으로 확대될 때 유로의 축소, 확대에 의한 마찰손실이 발생하지만 갑작스런 축소, 확대의 경우에 비하여 마찰손실을 크게 줄일 수 있다.

벤츄리 미터에 관한 식을 유도하는 경우에는 마찰손실은 무시하고, 관은 수평상태의 원형관을 대상으로 한다. 유체의 흐름을 난류로 가정하고, 비압축성 유체에 대하여 점 1과 점 2사이의 에너지 수지식을 수립하면 식 (3.1)과 같다.

$$\frac{v_1^2}{2}+\frac{p_1}{\rho}=\frac{v_2^2}{2}+\frac{p_2}{\rho} \tag{3.1}$$

밀도(ρ)가 일정한 유체에 대하여 연속식을 적용하면 식 (3.2)와 같다.

$$v_1\frac{\pi D_1^2}{4}=v_2\frac{\pi D_2^2}{4} \tag{3.2}$$

식 (3.1)과 식 (3.2)를 결합하고, v_1을 소거한 후 벤츄리 계수 C_v을 도입하면 식 (3.3)과 같다.

$$v_2=\frac{C_v}{\sqrt{1-(D_2/D_1)^4}}\sqrt{\frac{2(p_1-p_2)}{\rho}} \tag{3.3}$$

대부분 벤츄리 미터에서 관 직경이 20 cm(8 in) 이하일 경우에 C_v는 약 0.98이며, 더 큰 관경에서는 0.99 정도이다. 그러나 이러한 계수들은 경우에 따라 다를 수 있으므로 제조회사가 그 값을 제시하지 않을 경우에는 개별적으로 보정한 후 사용해야 한다.

유량(Q)은 식 (3.4)와 같이 계산한다.

$$Q=A\frac{C_v}{\sqrt{1-(D_2/D_1)^4}}\sqrt{\frac{2(p_1-p_2)}{\rho}} \tag{3.4}$$

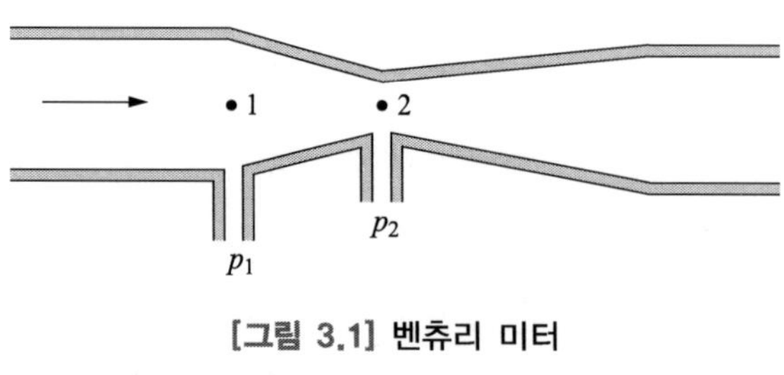

[그림 3.1] 벤츄리 미터

3.1.2. 유량측정용 노즐

유량측정용 노즐은 벤츄리 미터와 오리피스의 특성을 고려하여 만든 유량측정용 기구로서 측정의 기본은 정수압이 유속으로 변화하는 원리를 이용하여 만든 것이다. 따라서 벤츄리 미터의 유량공식을 유량측정용 노즐에도 이용할 수 있으며, 노즐은 약간의 부유형 부유물질이 포함된 폐수에도 이용할 수 있다.

$$Q = A\frac{C}{\sqrt{1-(D_2/D_1)^4}}\sqrt{2\,g\,H} \tag{3.5}$$

여기서, Q = 유량(m^3/sec)

C = 유량계수

A = 노즐 부분의 단면적(cm^2)[$A = \frac{\pi d_2^2}{4}$]

H = 수두차(cm)[$H_1 - H_2$]

H_1 = 유입부 관중심부에서의 수두(cm)

H_2 = 목(throat)부의 수두(cm)

g = 중력가속도(980 cm/sec^2)

d_1 = 유입부의 직경(cm)

d_2 = 목(throat)부의 직경(cm)

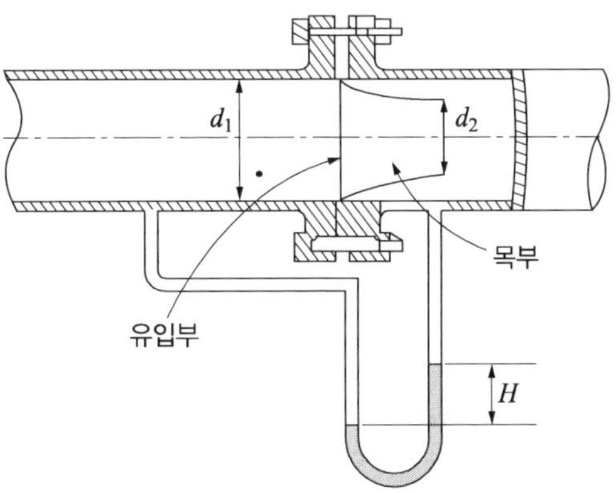

[그림 3.2] 유량측정용 노즐

3.1.3. 오리피스(Orifice)

전형적인 오리피스 유량계는 [그림 3.3]과 같고, 직경 D_2인 둥근 원판을 직경 D_1인 관의 두 플렌지 사이에 끼운다. 상류점 1과 하류점 2에서 압력측정구를 설정하여 그 압력차를 측정한다. 압력측정구의 위치는 보통 오리피스 관에서 관 직경의 1배만큼 상류쪽과 0.3~0.8배만큼 하류쪽 지점으로 정한다.

$$v_2 = \frac{C_0}{\sqrt{1-(D_2/D_1)^4}}\sqrt{\frac{2(p_1-p_2)}{\rho}} \tag{3.6}$$

$$Q = A\frac{C_0}{\sqrt{1-(D_2/D_1)^4}}\sqrt{\frac{2(p_1-p_2)}{\rho}} \tag{3.7}$$

여기서 계수 C_0는 실험적으로 정하지만, Re가 20,000 이상이고, D_2/D_1 = 0.33일 경우에는 C_0 = 0.61로 거의 일정하다.

오리피스는 벤츄리 미터에 비하여 설치공간이 좁고, 가격이 저렴하며, 유량측정 범위가 크다는 장점이 있으나, 유체가 축소부를 지나서 제트가 확대되면서 소용돌이가 많이 생성되기 때문에 압력손실이 크다는 단점이 있다. 이 압력손실은 D_2/D_1값이 커지면 감소하는데, D_2/D_1 = 0.5인 경우에는 P_2/P_1의 73%, D_2/D_1 = 0.65인 경우에는 P_2/P_1의 56%, D_2/D_1= 0.8인 경우에는 P_2/P_1의 38% 손실이 발생한다.

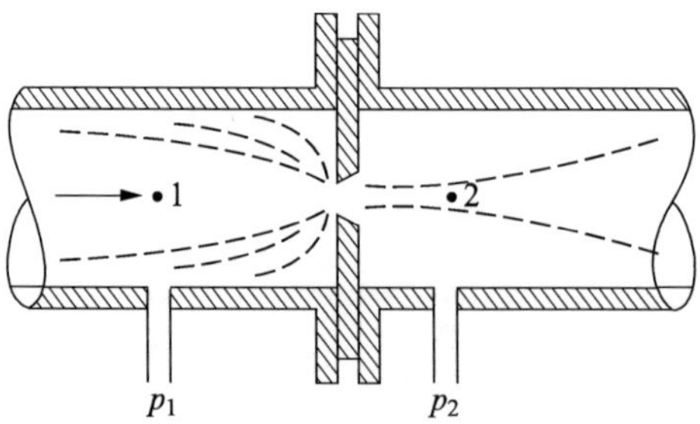

[그림 3.3] 오리피스 유량계

3.1.4. 피토관(Pitot tube)

피토관은 국부속도를 측정하는 장치이다. 이중관으로 이루어져 있으며 한쪽 끝에서는 두 관이 서로 밀봉되어 있고, 또 다른 쪽은 각각 마노미터의 다른 편에 연결되어 있다. 안쪽관의 열려진 구멍은 유체의 흐름방향과 반대 방향에 위치하여 충격압력을 전달하고, 바깥관에 있는 작은 구멍들은 유체의 흐름방향과 직각방향에 위치하여 운동에너지에 상당하는 정압을 각각 마노미터에 전달한다.

[그림 3.4]에서 점 1과 점 2 사이의 위치에너지 차이를 무시하면, v_2 = 0 이므로 기계적 에너지 수지식으로부터 마찰손실을 피토관계수(C_p)에 포함시켜 나타내면 식 (3.8)과 같다.

$$v_1 = C_p \sqrt{\frac{2(p_2 - p_1)}{\rho}} \tag{3.8}$$

$$Q = A\ C_p \sqrt{\frac{2(p_2 - p_1)}{\rho}} \tag{3.9}$$

여기서 C_p는 보통 잘 설계된 관에서는 1인데, 이것은 점 1과 2 사이의 마찰이 매우 적다는 것과 피토관에 의하여 측정된 압력강하는 단지 운동에너지의 변화에만 기인된다는 것을 의미한다. 피토관으로 측정한 유속의 오차의 범위는 상당히 넓은 Re수 범위에 걸쳐 1% 이내이다.

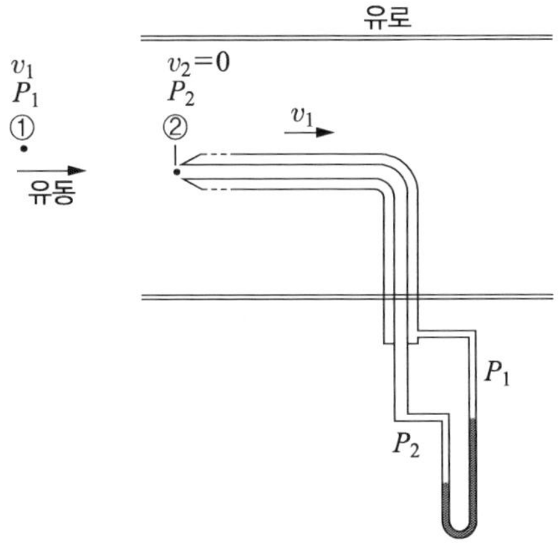

[그림 3.4] 피토관

3.1.5. 자기식 유량 측정기(Magnetic flow meter)

고형물질이 많은 폐수에 이용할 수 있는 유량측정 기기로서, 패러데이(Faraday)의 법칙을 이용하여 자장의 직각에서 전도체를 이동시킬 때 유발되는 전압은 전도체의 속도에 비례한다는 원리를 이용한 것이다. 이 경우 전도체는 폐수가 되며 전도체의 속도는 유속이 된다. 이때 발생된 전압은 유량계 전극을 통하여 조절변류기로 전달된다. 이 측정기는 전압이 활성도, 탁도, 점성, 온도의 영향을 받지 않고 다만 유체(폐수)의 유속에 의하여 결정되며 수두손실은 적다.

유량 측정은 연속방정식을 이용하며, 식 (3.10)과 같다.

$$Q = C\ A\ v \tag{3.10}$$

여기서, C = 유량계수

A = 관의 유수단면적(m^2)

v = 유속(= $\frac{E}{B\ D}10^6$, m/sec)

E = 기전력

B = 자석밀도(Gaus)

D = 관경(m)

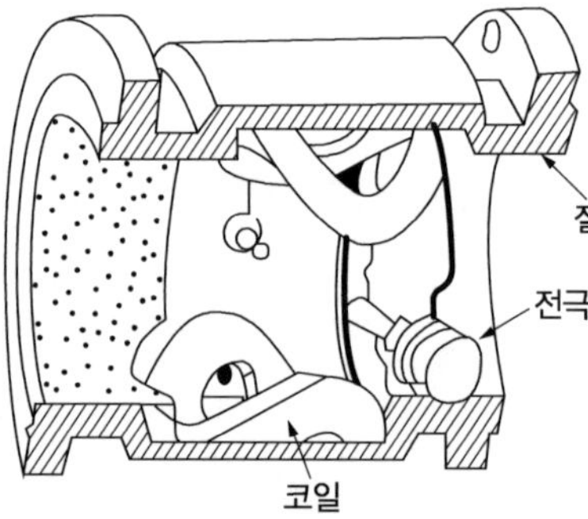

[그림 3.5] 자기식 유량 측정기

3.2 수로에 의한 유량측정

3.2.1. 위어(Weir)

위어란 관수로, 개수로, 하천에 물이 월류하도록 설치한 댐과 유사한 시설로서 유량측정 장치 중 가장 널리 사용하는 것 중 하나이다. 위어의 종류에는 예봉위어(Sharp crested weir), 광폭위어(Broad crested weir), 사각위어, 삼각위어, 수중위어 등이 있으며, 개수로에서는 삼각위어나 사각위어가 많이 사용된다.

위어는 [그림 3.6]과 같이 판중의 일부가 절취된 notch부분으로 월류하게 된다. 이 notch는 삼각형이나 사각형으로 절취되고, notch의 모서리는 위어판의 두께가 얇을 경우에는 직각이어야 하고, 위어판의 두께가 두꺼운 경우에는 칼날과 같이 날카롭게 제작되어야 한다. 위어의 상단 즉, 판의 상단 혹은 notch의 하단은 수평으로 설치되어야 한다.

위어의 수두는 위어 상단에서부터 저수지 수면까지의 높이이다. 위어의 수두는 위어로부터 상류쪽으로 최소한 월류수심의 2.5배 거리에 있는 지점의 수두를 말하고, 수로 바닥으로부터 위어 상단까지의 높이는 접근 유속을 무시할 수 있도록 최소한 위어 수두의 2.5배 이상 되어야 한다. 위어의 상류측 수로는 수류의 흐름에 영향을 미치지 않도록 가능한 한 직선이어야 하고, 위어의 칫수는 먼저 예비측정을 실시한 후 결정하도록 한다. 보통 위어의 수두는 6~60 cm가 적당하며, 수두가 6 cm 이하인 경우에는 수두 측정의 작은 오차가 유량에 큰 차이를 초래한다.

위어의 유량계수는 위어판의 조성, 월류수심, 두께, 높이와 폐수의 밀도, 점성, 온도의 영향을 받는다.

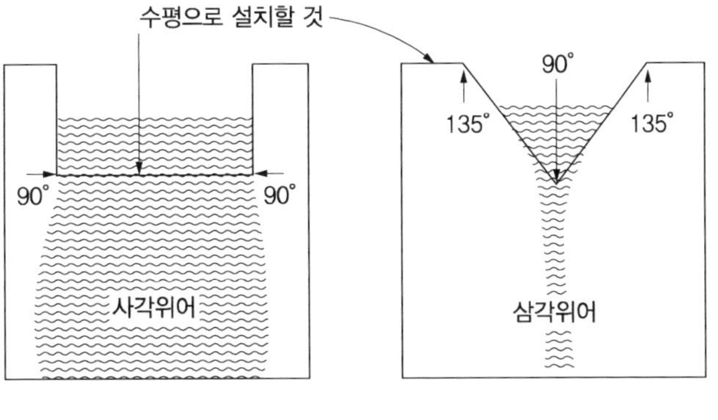

[그림 3.6] 사각위어 및 삼각위어

(1) 삼각위어

수로를 흐르는 폐수의 유량은 식 (3.11)에 의하여 산출한다.

$$Q = K h^{5/2} \tag{3.11}$$

여기서, Q = 유량(m^3/min)

B = 수로의 폭(m)

h = 위어의 수두(m)

K = 유량계수$\left(= 81.2 + \frac{0.24}{h} + [8.4 + \frac{12}{\sqrt{D}}] \times [\frac{h}{B} - 0.09]^2\right)$

D = 수로의 밑면으로부터 절단 하부점까지의 높이(m)

(2) 사각위어

수로를 흐르는 폐수의 유량은 식 (3.12)에 의하여 산출한다.

$$Q = K h^{3/2} \tag{3.12}$$

여기서, Q = 유량(m^3/min),

B = 수로의 폭(m)

h = 위어의 수두(m),

b = 절단의 폭(m)

K = 유량계수$\left(= 107.1 + \frac{0.177}{h} + 14.2\frac{h}{D} - 25.7 \times \sqrt{\frac{(B-b)h}{DB}} + 2.04\sqrt{\frac{B}{D}}\right)$

D = 수로의 밑면으로부터 절단 하부 모서리까지의 높이(m)

3.2.2. 파샬 플룸(Parshall flume)

파샬 플룸은 1902년 R. L. Parshall이 고안하였으며, 위어와 달리 수두차가 작아도 유량측정의 정도가 양호하며 측정하려는 물이 부유물질 또는 토사 등이 많이 섞여 있더라도 플룸의 협착부에서 유속이 상당히 빠르므로 부유물질 등이 침전하지 않고 자연유하하게 된다. 따라서 부유물질이 많은 폐수의 유량측정에 적합하다.

파샬 플룸은 금속, 목재, 콘크리트 등으로 제작할 수 있으며, 이것의 설치비는 다른 장치에 비하여 고가이나 다른 장치와는 달리 부유물질의 침전이 일어나지 않고, 녹 등이 유수에 의하여 자연히 제거되므로 유지비가 저렴하다.

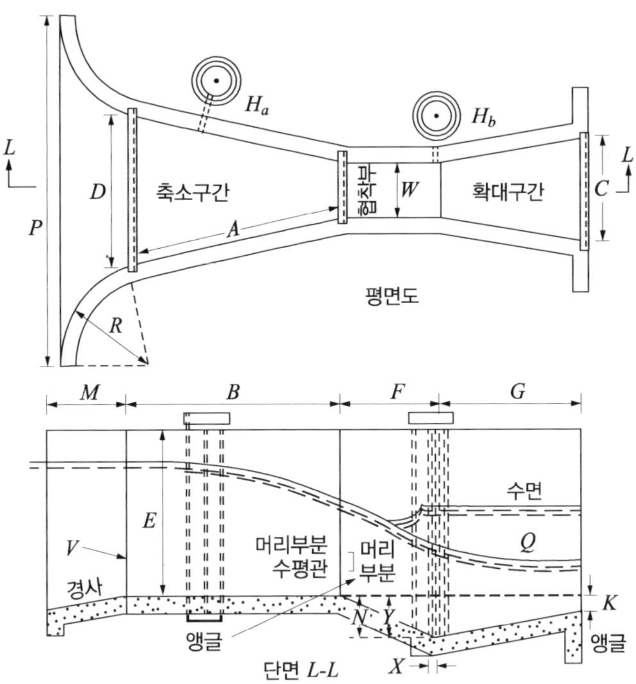

[그림 3.7] 파샬 플룸(Pharshall flume)

파샬 플룸을 이용한 유량측정은 상류측 관측점 및 하류측 관측점에서 구한 수위를 측정한 후 경험식 또는 <표 3.1>을 이용하여 환산한다.

〈표 3.1〉 파샬 플룸의 치수 (단위 : cm)

W	A	B	C	D	E	F	G	K	M	R	N	P	X	Y	자유유출용량 (m^3/sec)	
															최소	최대
7.62	46.67	45.72	17.78	25.87	91.44	15.24	30.48	2.54	5.71	40.64	30.48	76.83	2.54	3.81	0.0008	0.0538
15.24	62.07	60.96	39.37	36.68	91.44	30.48	60.96	7.62	11.43	40.64	30.48	90.17	5.88	7.62	0.0014	0.1104
22.86	87.95	86.36	38.10	57.46	91.44	30.48	45.72	7.62	11.43	40.64	30.48	107.95	5.08	7.62	0.0025	0.2520
30.48	137.16	134.30	60.96	84.45	60.96	76.20	91.44	7.62	22.86	50.80	38.10	149.23	5.08	7.62	0.0031	0.4559
45.72	144.78	141.92	76.20	102.55	60.96	76.20	91.44	7.62	22.86	50.80	38.10	167.64	5.08	7.62	0.0042	0.6965
60.96	152.40	149.54	91.44	120.65	76.20	76.20	91.44	7.62	22.86	50.80	38.10	185.42	5.08	7.62	0.0118	0.9372
91.44	167.64	164.46	121.92	157.16	91.44	76.20	91.44	7.62	22.86	50.80	38.10	222.25	5.08	7.62	0.0172	1.4271
121.92	182.88	179.38	152.40	193.67	91.44	76.20	91.44	7.62	22.86	60.96	45.72	271.14	5.08	7.62	0.0363	1.9227
152.40	198.12	194.31	182.88	230.18	91.44	76.20	91.44	7.62	22.86	60.96	45.72	307.98	5.08	7.62	0.0453	2.4239
182.88	213.36	209.23	213.36	266.70	91.44	76.20	91.44	7.62	22.86	60.96	45.72	344.17	5.08	7.62	0.0736	2.9307
213.36	228.60	224.15	243.84	303.21	91.44	76.20	91.44	7.62	22.86	60.96	45.72	381.00	5.08	7.62	0.0849	3.4376
243.84	243.84	239.07	274.32	339.72	91.44	76.20	91.44	7.62	22.86	60.96	45.72	417.19	5.08	7.62	0.0991	3.9501

파샬 플룸의 흐름이 상류측에서 사류 혹은 수중흐름 상태가 되는 경우가 있다. 즉, 하류측 관측점 수위(H_b)의 상류측 관측점 수위(H_a)에 대한 비가 W = 7.62 cm, 15.24 cm, 22.86 cm인 경우는 0.6, W = 30.48～243.84 cm인 경우는 0.8을 초과하면 파샬 플룸의 흐름은 수중흐름이 된다. 이 경우의 유량은 자유흐름인 경우보다 감소되며, 실제 유량을 구하기 위해서는 식 (3.13)의 유량 공식과 [그림 3.8]에서 구한 유량에서 파샬 플룸의 상하류 수위의 비와 수정 유량의 관계를 나타낸 [그림 3.9]을 이용하여 구한 수정 유량만큼 감하여야 실제 유량이 된다.

파샬 플룸의 유량공식은 다음과 같다.

$$
\begin{aligned}
W &= 7.6\ \text{cm} & Q &= 0.143 H_a^{1.55} \\
W &= 15.2\ \text{cm} & Q &= 0.264 H_a^{1.58} \\
W &= 22.9\ \text{cm} & Q &= 0.466 H_a^{1.53} \\
W &= 30.5 \sim 243.84\ \text{cm} & Q &= 0.964 H_a^{1.52}
\end{aligned}
\tag{3.13}
$$

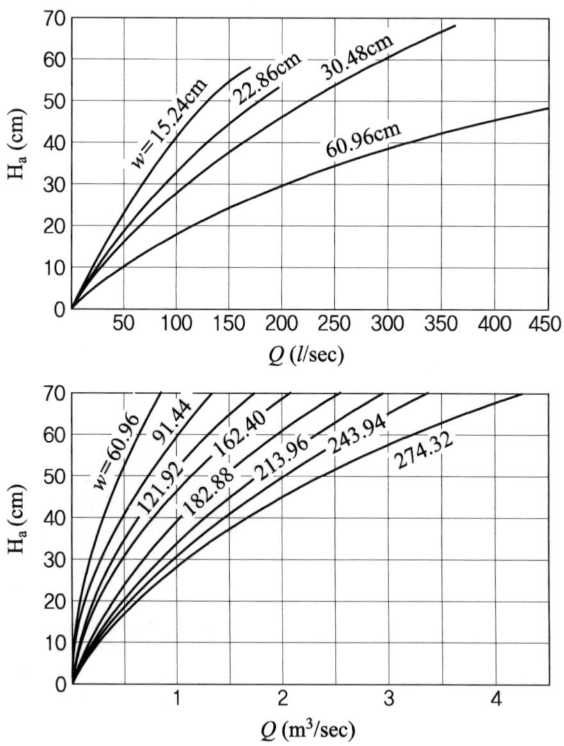

[그림 3.8] 파샬 플룸의 H–Q의 관계도

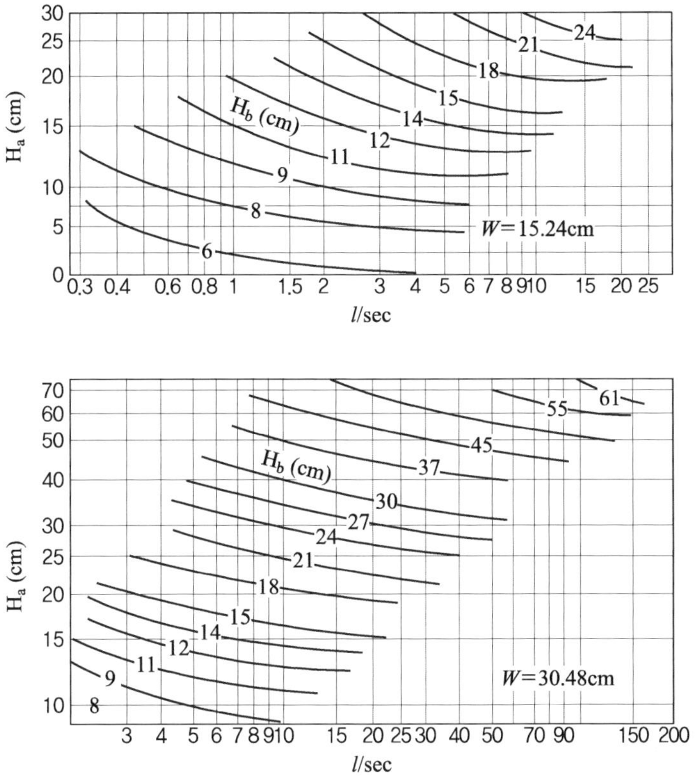

[그림 3.9] 상류측 수위(H_a) 및 하류측 수위(H_b)와 그때의 수정 값

여기서 H_a의 단위는 cm, Q의 단위는 l/sec이다.

각종 치수에 대한 수정 유량은 W에 <표 3.2>에서 구한 수정계수를 곱함으로써 계산할 수 있다. 따라서 수중흐름이 발생되면 유량계산이 매우 복잡해지므로 파샬 플룸에서 자유흐름이 발생하도록 파샬 플룸을 설치할 필요가 있다.

그러나 현장의 설치조건상 자유흐름이 발생되지 않는 경우에는 상류측 수위(H_a)에 대한 하류측 수위(H_b)의 비(H_b/H_a)가 최소 95%이하여야 측정값을 신뢰할 수 있다.

〈표 3.2〉 파샬 플룸의 H-Q의 수정계수

플룸의 W 치수(cm)	수정계수
30.48	1.0
45.72	1.4
60.96	1.8
91.44	2.4
121.92	3.1
182.88	4.3
243.84	5.4

예제 3.1

W = 30.48 cm인 파샬 플룸에서 상류측 수위 측정치 H_a = 49 cm, 하류측 수위 측정치 H_b = 43 cm 일 때 유량을 구하시오.

풀이

H_b/H_a = 43/49 = 0.88 ∴ 88%이므로 수중흐름이다.

[그림 3.8]에서 자유흐름인 경우 유량은 231 *l*/sec

[그림 3.9]에서 수정 유량은 37 *l*/sec

따라서 유량은 231-37 = 194 *l*/sec

3.3 기타 유량측정

3.3.1. 용기에 의한 측정

(1) 최대 유량이 1.0 m^3/min 미만인 경우

흐르는 물을 용기에 받아서 유량을 측정하는 방법으로 용기의 용량은 100~200 L의 것을 사용하고, 흐르는 물을 채우는 데 소요되는 시간을 초시계로 계측한다. 용기에 물을 받는 시간은 20초 이상이 바람직하다.

$$Q = 60\frac{V}{t}\ (\mathrm{m^3/min}) \tag{3.14}$$

여기서, V = 측정용기의 용량($\mathrm{m^3}$)

t = 흐르는 물이 용량 V을 채우는 데 걸린 시간(sec)

(2) 최대 유량이 1.0 $\mathrm{m^3/min}$ 이상인 경우

이 경우는 침전지, 저수지 등 적당한 수조를 이용한다. 측정시간은 5분 정도, 수위 상승속도는 매분 1.0 cm 이상이어야 한다.

3.3.2. 개수로에 의한 측정

수로의 구성 재질과 단면 형상이 일정하고, 길이가 최소 10 m까지 직선인 경우에 적합하다. 직선수로의 구배와 횡단면을 측정하고, 수로 폭 사이의 수위를 측정한다.

$$Q = 60 \times v \times A \tag{3.15}$$

여기서, Q = 유량($\mathrm{m^3/min}$)

v = 평균 유속($= C\sqrt{R\,i}$, (m/sec))

A = 유수 단면적($\mathrm{m^2}$)

i = 구배

C = 유속계수

R = 경심

3.3.3. 자유낙하 관수로(토구)의 유량측정

관수로 혹은 하수관의 토구에서 폐수가 자유 방출될 경우에 사용하는 방법이다. 이 방법은 현지 조건이 위어를 설치하기가 곤란하거나 설치비용이 고가일 경우에 사용할 수 있다.

[그림 3.10]과 같이 폐수가 방출될 경우에 X와 Y를 측정하면 된다. 토구에서 측정된 수심으로부터 통수 단면적을 계산하고, 식 (3.16)에 의하여 유속을 환산하여 유량을 계산한다.

$$v = \frac{2.21\,X}{\sqrt{Y}}\ (\mathrm{m/sec}) \tag{3.16}$$

$$Q = A\,v\ (\mathrm{m^3/sec}) \tag{3.17}$$

여기서, X = 토구 끝으로부터 수직거리 측정용 자까지의 관에 평형한 거리(m)

Y = 토구 수면으로부터 수직거리 측정용 자와 토구수면이 교차되는 점까지의 거리(m)

A = 관수로의 통수 단면적(m^2)

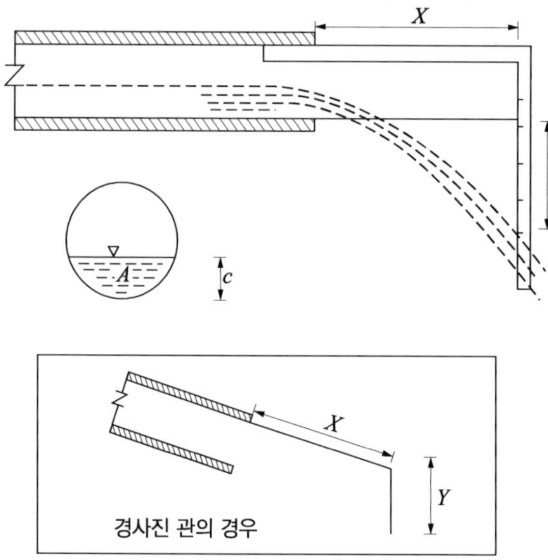

[그림 3.10] 자유낙하 토구의 유량측정

3.3.4. 만수가 아닌 하수관의 수심 및 유속 측정법

만수가 아닌 하수관의 유량은 유속과 수심을 측정하여 구할 수 있다. 이 방법은 유속측정에 필요한 2지점 간의 거리를 측정해야 한다. 측정구간의 상류지점에서 폐수에 강렬한 착색을 일으키는 색소(Methyl orange, Fluorescein 등)를 주입한 후, 그 색소가 하류관측점을 통과하는 시간을 측정하여 유속을 계산하고, 그때의 수심을 측정하여 유량을 환산한다.

또한 유속은 하수관이 직선이면 코르크나 나무껍질과 같은 부유물체를 투입하여 측정할 수도 있다. 이때 측정된 유속은 표면유속이므로 평균유속을 구하기 위해서는 보정이 필요하다. 유속측정에 유속계를 이용하면 편리하다.

$$\text{유량} = \text{유속} \times \text{통수단면적} = \frac{\text{유하거리}(\mathrm{m}) \times \text{단면적}(\mathrm{m}^2)}{\text{유하시간}(\mathrm{sec})} \ (\mathrm{m}^3/\mathrm{sec}) \tag{3.18}$$

3.3.5. 염분농도 측정법

하수관의 형상이 불규칙하거나 위어의 설치가 어려운 경우에 사용되는 방법이다. 농도를 알고 있는 소금물을 단위시간당 일정한 비율로 상류측 하수관에 첨가시키고, 폐수와 충분히 혼합된 후에 하류 관측점에서 소금의 농도를 측정한다. 소금물을 상류측에 첨가하기 전에 5분 간격으로 5~6개의 시료를 채취하여 폐수 자체의 염분 농도를 측정하여 결괏값을 보정해야 한다. 만일 각 표본의 염분 농도가 10 mg/L 이상의 차이가 있으면 이 방법을 사용할 수 없다. 유량이 많은 경우에는 미세한 소금가루를 일정한 비율로 폐수에 첨가하기도 한다. 시간당 x kg의 소금(소금물)을 폐수에 첨가한 경우의 유량($\mathrm{m}^3/\mathrm{sec}$)은 식 (3.19)로 구한다.

$$\text{유량} = \frac{x\,(\mathrm{kg/time}) \times 10^3 / 3600}{\text{관측점에서 염분농도}(\mathrm{mg/L}) - \text{원폐수의 염분농도}(\mathrm{mg/L})} \tag{3.19}$$

예제 3.2

염분 농도가 평균 27 mg/L인 폐수에 시간당 4 kg의 소금을 첨가한 후, 하류측에서 측정한 염분 농도는 62 mg/L이었다. 이 경우의 유량을 구하시오.

풀이

식 (3.19)을 이용하여 유량을 구한다.

$$\text{유량} = \frac{4\,(\mathrm{kg} \cdot \frac{10^6\ \mathrm{mg}}{\mathrm{kg}})(l \cdot \frac{\mathrm{m}^3}{10^3 l})}{(62-27)\,\mathrm{mg}\,(\mathrm{hr} \cdot \frac{3600\,\mathrm{sec}}{\mathrm{hr}})} = 0.0317\ \mathrm{m}^3/\mathrm{sec}$$

3.3.6. 초음파 유량계(Ultrasonic flowmeter)

초음파의 전달 시간으로 유속을 측정하여 어떤 단위시간에 흐르는 유체의 양을 측정하는 기구이다. 유체의 흐름을 따라 초음파를 보낼 때, 주어진 지점까지 초음파의 전달 시간이 유속에 반비례하여 짧아지는 원리를 이용한 기구이다.

초음파 유량계는 초음파 유속계와 동일한 측정원리가 사용된다. 거리 L을 두고 송수파기 T_1, T_2를 설치하여 흐름방향과 평행으로 초음파 펄스를 전파한다. T_1에서 방사된 초음파 펄스가 T_2에 도달하는 시간을 t_1, 반대로 T_2에서 T_1으로 방사한 경우를 t_2라고 하면, 식 (3.20)가 얻어지는데, 식 (3.20)에서 t_1, t_2의 시간차를 측정하면 유속 v을 얻을 수 있다.

$$t_1 = L/(C+v)$$
$$t_2 = L/(C-v) \tag{3.20}$$

여기서 v = 유체의 속도

C = 정지한 유체 내의 음속

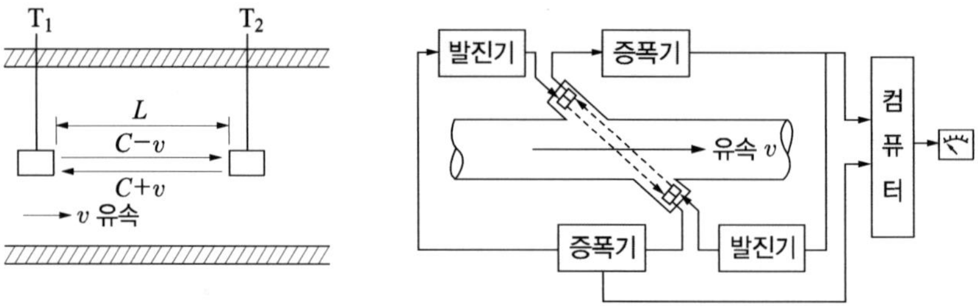

[그림 3.11] 초음파 유량계

CHAPTER

4 중화

Neutralization

산성이나 알칼리성 폐수는 공공수역에 방류되기 전이나 생물학적 처리, 화학적 처리를 하기 전에 중화를 수행할 필요가 있다. 폐수가 산성과 알칼리성 2종류라면 혼합 균등조에서 중화가 수행된다.

중화는 산과 알칼리가 반응하여 염과 물을 생성하는 것을 말하며, 산성 또는 알칼리성 폐수를 반대 성질의 약품으로 화학적 처리하여 제거하는 것을 의미한다. 중화란 폐수가 연속되는 폐수처리 공정에 영향을 미치지 않도록 균등화시키고, pH를 조절하는 공정이다.

폐수처리 공정은 pH를 6.5~8.5 범위로 유지하면 되는데, pH 조절에는 석회석 층법, 슬러리 석회 중화법, 가성소다 중화법, 탄산나트륨 중화법, 암모니아 중화법 등이 사용된다.

4.1 산성 폐수의 중화

산성 폐수를 하천에 방류할 경우에는 금속물, 콘크리트 등을 부식시키고, 수영에 부적합하며, 물고기를 사멸시킨다. 이러한 폐수의 발생원으로는 광산업, 유지 제조업, 화학공업, 비철금속 제조업, 전기 도금업 등이 있다. 산성 폐수는 석회석 층(Limestone bed)에 통과시키거나, $Ca(OH)_2$(소석회), NaOH(가성소다), Na_2CO_3(소다회) 등을 첨가하여 중화시킨다.

석회석 층에 유입되는 폐수는 상향류 또는 하향류 형태로 유입될 수 있으나, 상향류가 하향류에 비하여 CO_2와 같은 반응생성물이 효과적으로 제거되기 때문에 상향류 형태가 일반적으로 채택된다.

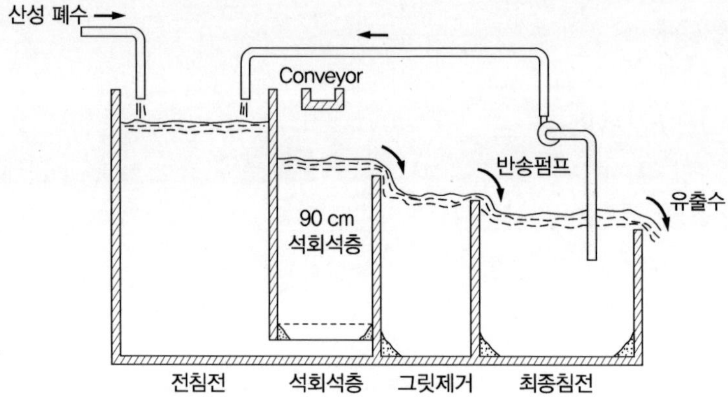

[그림 4.1] 석회석 중화 흐름도

H_2SO_4를 0.6% 이상 함유한 폐수를 석회석 층을 사용하여 중화시키면, $CaSO_4$가 생성되어 분쇄된 석회석 위에 침전되기 때문에 효과적으로 중화를 시행할 수 없고, Al^{3+}, Fe^{3+}과 같은 금속이온이 많이 존재할 경우에도 수산화물 침전물이 분쇄 석회석을 덮어 중화 능력을 감소시킨다.

산성 폐수를 $Ca(OH)_2$로 중화시킬 경우에는 pH 감지기가 부착되어 있는 2~3개의 혼합용기를 연쇄적으로 사용하여 $Ca(OH)_2$의 유입량을 조절해야 한다. [그림 4.2]의 경우, 반응기 1에서 pH를 3~4로 높이고, 반응기 2에서 5~6(또는 종말점)까지 높인다. 폐수의 흐름이 일시적으로 몰리거나 누출이 있을 경우에는 반응기 3을 사용해야 완전한 중화를 도모할 수 있다. $Ca(OH)_2$는 가격이 저렴해서 화학적 중화에 많이 사용된다. 또한 NaOH나 Na_2CO_3도 $Ca(OH)_2$와 사용방법이 비슷하다.

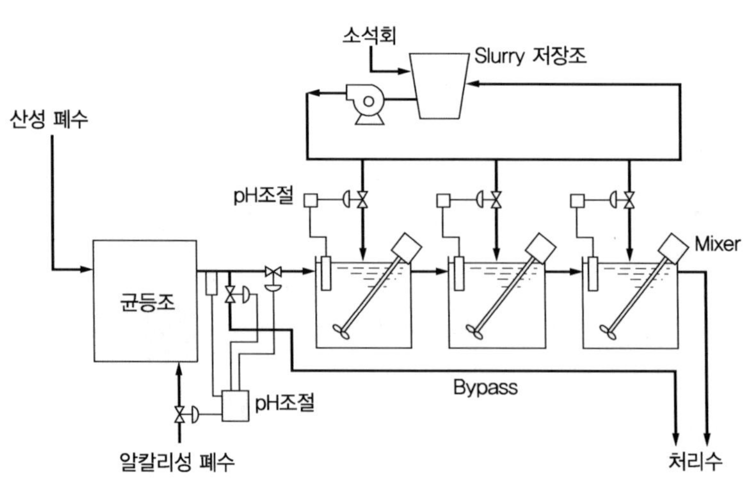

[그림 4.2] 다단 중화공정

4.2 알칼리성 폐수의 중화

알칼리성 폐수를 하천에 방류할 경우에는 물색을 변화시키고, 수중의 유기물을 용해 또는 분해시켜 물의 자정작용을 저해하는 반면 BOD 부하를 증가시키는 원인이 된다. 이러한 폐수의 발생원으로는 피혁공업, 제지공업, 석유정제업, 유제품 제조업 등이 있다. 알칼리성 폐수는 H_2SO_4, HCl, CO_2와 같은 강한 무기산으로 중화한다. 무기산의 반응은 빠르게 진행되므로 pH 감지기가 부착되어 있는 혼합용기를 사용하여 무기산의 유입량을 조절해야 한다.

알칼리성 폐수를 CO_2로 중화시킬 경우에는 중화조 바닥에 다공성 망을 설치하여 CO_2를 기포 상태로 유입시켜 H_2CO_3을 생성하도록 하여 알칼리성 물질과 반응시킨다. 폐수 내에 CO_2원이 없으면 H_2SO_4로 중화시키는데, 이것은 H_2SO_4이 HCl에 비하여 저렴하기 때문이다.

4.3 폐수의 완충효과

완충용액이란 산이나 알칼리를 첨가해도 H^+나 OH^-농도의 변화가 없는 용액을 의미한다. 대부분의 폐수는 물속에 함유된 CO_2가 용해되어 HCO_3^-(중탄산이온)을 함유하는데, HCO_3^-이 산과 반응할 경우 HCO_3^-는 양성자 수용체(Proton acceptor) 즉, 알칼리로 작용하며(식 4.1), 알칼리와 반응할 경우 HCO_3^-는 양성자 공여체(Proton donor) 즉, 산으로 작용하여(식 4.2) 완충효과가 일어난다.

$$HCO_3^- + H^+ \rightleftarrows H_2CO_3 \tag{4.1}$$

$$HCO_3^- + OH^- \rightleftarrows H_2O + CO_3^{-2} \tag{4.2}$$

산이나 알칼리성 폐수가 공장에서 도시하수로 배출될 경우에는 폐수에 산 용액이나 알칼리 용액이 첨가되므로 변동되는 pH의 계산은 매우 중요하다.

온도와 pH가 주어지고, 반응의 평형상수(K_1)를 알면, 탄산계로 인하여 완충된 폐수의

pH를 식 (4.3)으로 계산할 수 있다. 대부분 탄산계 완충폐수의 pH는 6.5~8.5 범위이다.

$$pH = \log\frac{1}{K_1} + \log\frac{[HCO_3^-]}{[H_2CO_3]} \tag{4.3}$$

pH 조정을 위한 중화제의 선정 지표는 다음과 같고, 중화에 사용되는 약품은 <표 4.1>에 나타내었다.

① 반응속도
② 슬러지 생성량과 처분
③ 첨가 및 저장의 안전성과 취급의 용이성
④ 총비용, 약품 공급 및 저장시설 등을 고려
⑤ 부반응, 용존염류, 스케일 생성, 발열량 등을 고려
⑥ 과량일 경우의 영향

〈표 4.1〉 pH 조정(중화)을 위하여 사용되는 화학약품

화학약품	화학식	분자량	당량	형태
• pH를 높이기 위하여 사용되는 화학약품				
탄산칼슘	$CaCO_3$	100.0	50.0	분말, 입자
수산화칼슘	$Ca(OH)_2$	74.1	37.1	분말, 입자
산화칼슘	CaO	56.1	28.0	덩어리, 조각
백운석질 소석회	$[Ca(OH_2)]_{0.6}$ $[Mg(OH_2)]_{0.4}$	67.8	33.8	분말
백운석질 생석회	$(CaO)_{0.6}(MgO)_{0.4}$	49.8	24.8	덩어리, 조각
수산화마그네슘	$Mg(OH)_2$	58.3	29.2	분말
산화마그네슘	MgO	40.3	20.2	분말, 입자
중탄산나트륨	$NaHCO_3$	84.0	84.0	분말, 입자
탄산나트륨	Na_2CO_3	106.0	53.0	분말
수산화나트륨	$NaOH$	40.0	40.0	고체박편, 액체
• pH를 낮추기 위하여 사용되는 화학약품				
탄산	H_2CO_3	62.0	31.0	CO_2가스
염산	HCl	36.5	36.5	액체
황산	H_2SO_4	98.1	49.0	액체

소석회 : $Ca(OH)_2$, 생석회 : CaO, 소다회 : $NaCO_3$

4.4 pH 제어시스템

폐수량이 380 m^3/day 미만이면 회분식 조작으로 중화한다. 연속식 중화에서는 pH를 자동조절한다. 공기를 사용하여 혼합하는 경우에는 수심 2.7 m일 때 최소 유량을 0.3～0.9 m^3/min·m^2 정도로 한다. 기계식 혼합기를 사용하는 경우에는 0.004～0.008 kw/m^3 정도의 동력이 필요하다.

폐수의 pH 자동조절은 다음과 같은 이유 때문에 아주 번거롭다.

① 강산－강알칼리의 중화는 pH와 농도 또는 시약 간의 관계가 아주 비선형적이다. 적정곡선의 특성이 [그림 4.3]과 같은 경우에는 다단 조작이어야 pH를 정밀하게 조절할 수 있다.

② 유입수의 pH가 1 pH/min 정도로 급변하기도 한다.

③ 폐수 유량이 몇 분 안에 2배 이상 증가하기도 한다.

④ 단시간에 비교적 소량의 중화제를 다량의 폐수와 완전 혼합해야 한다.

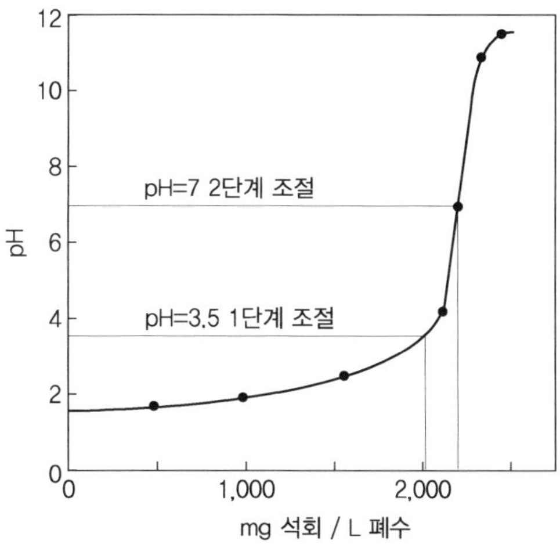

[그림 4.3] 강산성 폐수의 석회석 중화적정 곡선

pH 제어 시스템은 4가지 범주로 분류할 수 있다.

4.4.1. Two-position(on-off) 제어 시스템

이 시스템은 반응조 내 유속이 느리고, 체류시간이 긴 공정에 적용된다. pH 제어는 중화조의 pH를 전극으로 감지한 후, 이 신호를 솔레노이드 밸브에 전달하여 중화시약을 첨가하도록 하는 시스템이다.

4.4.2. Multimode(or Proportional) 제어 시스템

이 시스템은 반응조 내 체류시간이 3분 이하일 경우에 적용되는데, 이 짧은 체류시간 동안에 반응이 완전히 이루어져야 한다. 중화시약은 연속적으로 첨가되고, 그 첨가율은 시스템과 제어기에 의하여 조절된다.

4.4.3. Cascade 제어 시스템

이 시스템은 용량이 아주 큰 중화조에 적용되고, 중화과정은 2단계로 구분되는데 1단계에서는 주로 혼합이 이루어지고, 2단계에서 다중모드 시스템과 같은 작용이 이루어진다.

4.4.4. Feedforward 제어 시스템

이 시스템은 pH와 유량 변화 등이 빈번한 경우에 적용한다. pH나 유량의 변화에 따라 feedback 시스템이 그 변화를 감지하여 시약의 주입속도가 변화하도록 feedforward 신호가 작동하도록 한 것이다.

4.5 생물학적 시스템 내의 pH 제어

활성슬러지 공정에서 유입폐수의 pH를 조절해야 할 경우에는 전체 공정에 미치는 영향을 설계에서 고려해야 한다. 예를 들면, 탄산염 알칼리도가 낮은 폐수에 석회를 첨가하면 CO_2의 활발한 생화학적 반응으로 $CaCO_3$가 침전되어 유출수의 Ca^{2+} 증가를 초래하고, 석회의 첨가로 폐수가 완충되어 pH가 8～10 범위에 있다면 포기조에서 $CaCO_3$가 형성되어 불활성 고형물이 증대되기 때문에 생물학적 처리효율이 감소된다.

4.5.1. 포기조의 pH 감소

① CO_2의 생화학적 반응에 의한 OH^- 알칼리도의 감소

$$CO_2 + OH^- \rightarrow HCO_3^- \tag{4.4}$$

② 환원된 형태의 황을 황산으로 만드는 생화학적 산화

$$H_2S + 2O_2 \xrightarrow{\text{생화학적 산화}} H_2SO_4 \tag{4.5}$$

$$\text{술폰산 염} \xrightarrow{\text{생화학적 산화}} H_2SO_4 \tag{4.6}$$

③ 암모니아의 산화(질산화)

$$NH_4^+ + 2O_2 \rightarrow NO_3^- + 2H^+ + H_2O \tag{4.7}$$

④ 생물학적 반응의 중간생성물인 유기산의 생산

4.5.2. 포기조의 pH 증가

① 유기산의 생화학적 산화
② 유기산염의 생화학적 분해

4.6 실험방법

4.6.1. 회분식 산 또는 알칼리의 중화

(1) 실험장치

① 비커(1,000 ml)
② Pipette

③ pH meter

④ 교반장치(Jar tester), [그림 4.4]

⑤ 석회(Lime)

(2) 실험방법

① 산성 폐수 500 ml을 1,000 ml의 비커에 주입한다.

② 석회 슬러리를 간헐적으로 첨가하여, 요구되는 pH에 대해 반응이 완전히 이루어지도록 충분한 혼합시간을 준 다음 첨가량에 따른 pH를 측정한다.

③ 최종 pH가 10에 도달할 때까지 석회를 계속 주입한다.

④ 같은 방법으로 3회 이상 반복 실험한다.

⑤ 석회 주입량과 pH에 대한 폐수의 중화적정곡선을 그린다[그림 4.3].

⑥ 알칼리 폐수의 경우 산 폐수의 실험과 같으며, pH 적정에는 황산과 무기산 등이 이용된다.

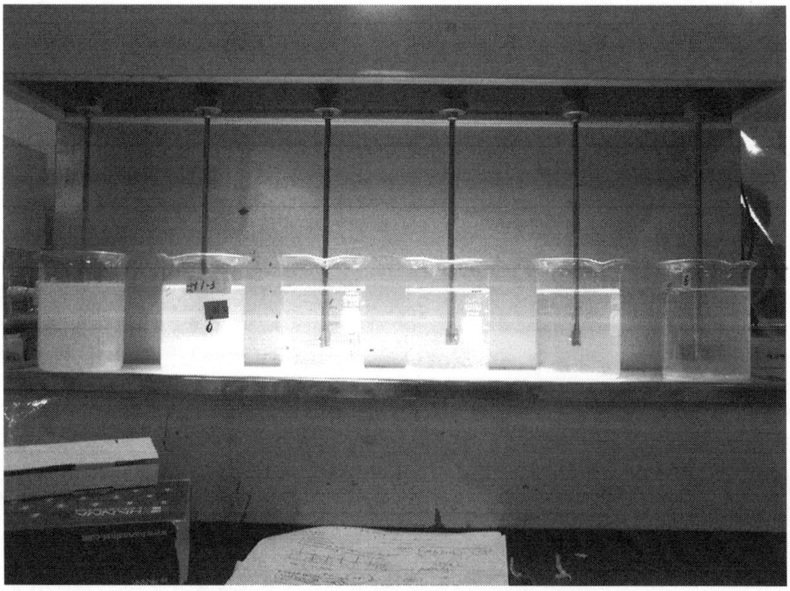

[그림 4.4] Jar tester

4.6.2. 연속식 산 또는 알칼리의 중화

(1) 실험장치

① 중화칼럼 ([그림 4.5])

② 석회석, 비커(1,000 ml), 펌프(2～25 *l*/hr)

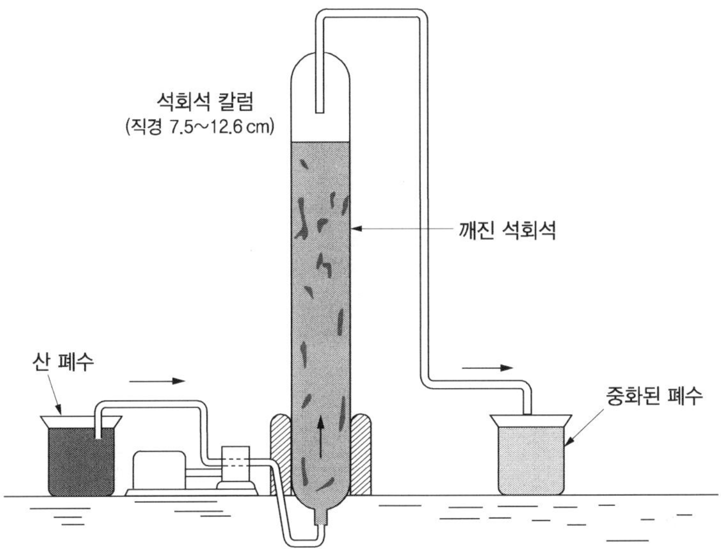

[그림 4.5] Bench scale 석회석($CaCO_3$: Limestone) 중화칼럼

(2) 실험방법

① 중화칼럼에 15, 30, 60, 90, 120 cm의 깊이로 세척된 석회석을 채운다.

② 산 폐수를 유량 2～30 $m^3/hr/m^2$로 변화시키면서 상향류로 주입한다.

③ pH가 평형상태로 유지되면 유출수의 pH를 측정한다.

④ 칼럼운전이 종료되면 사용된 석회석의 중량과 폐수량을 기록한다.

⑤ 같은 방법으로 3회 이상 반복 실험한다.

⑥ [그림 4.6]과 같이 중화칼럼 석회석 층의 깊이를 변수로 하여 부하유속과 pH의 관계를 그래프로 그린다.

(3) 실험 결과

0.1N-H_2SO_4의 산성 폐수를 석회석 칼럼을 통하여 pH 6까지 중화시키는 데 사용된 산

폐수량은 10 m^3/hr 이다.

실험 결과는 <표 4.2>와 같다.

① [그림 4.6]에서 pH 6에 대응하는 석회석 층의 깊이별 부하유속을 구한다.

② 석회석 층의 면적을 계산한다. (폐수량 / 부하유속)

③ 석회석 층의 부피를 계산한다. (석회석 층의 면적 × 깊이)

④ 부하유량을 계산한다. (폐수량 / 석회석 층의 부피)

⑤ [그림 4.7]과 같이 석회석 층의 깊이와 유량(부하유량)의 관계를 그래프로 그린다.

〈표 4.2〉 석회석 중화 실험 결과

변수		실험 번호					비고
		No. 1	No. 2	No. 3	No. 4	No. 5	
석회석 층의 깊이	m	0.15	0.30	0.60	0.90	1.20	
유속(부하유속)	$m^3/hr/m^2$	2.7	10.2	42.3	73.3	85.5	
면적	m^2	3.70	0.98	0.24	0.14	0.12	
석회석 부피	m^3	0.56	0.29	0.14	0.13	0.14	
유량(부하유량)	$m^3/hr/m^3$	17.86	34.48	71.43	76.92	71.43	

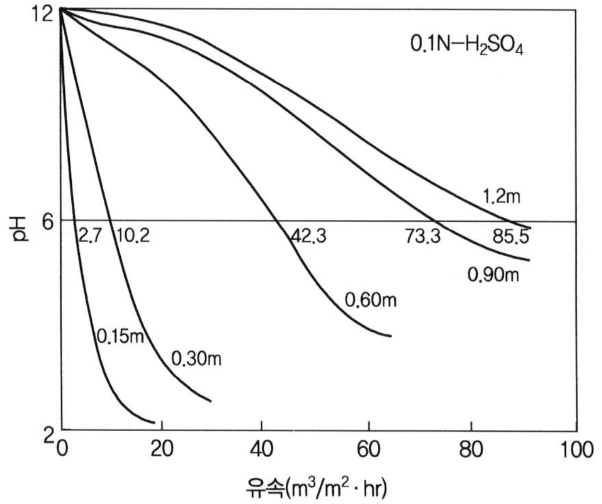

[그림 4.6] 산 폐수의 석회석 중화곡선

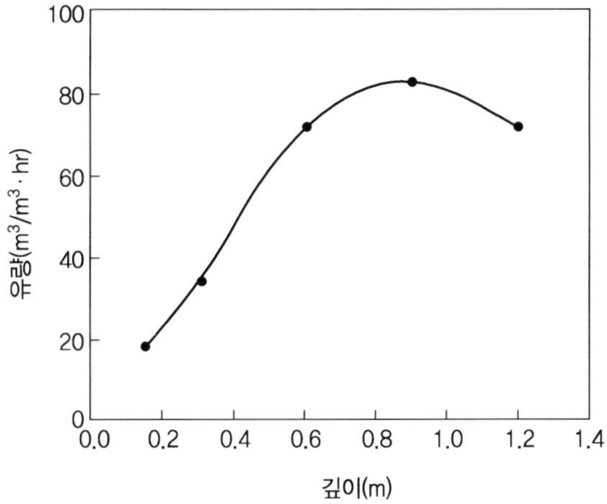

[그림 4.7] 최적 석회석 층의 깊이 결정

[그림 4.7]에서 석회석 층의 깊이를 90 cm로 운영하는 것이 가장 효과적임이 입증되었다.

CHAPTER

5 응집

Coagulation

응집과 응결(Flocculation)이란 상수나 폐수에 응집제를 첨가하여 침전되지 않는 콜로이드 형태의 고형물과 침전속도가 느린 부유물질을 침전이 잘 되는 플록으로 형성되도록 결합시키는 조작이다.

응집이란 응집제를 첨가하여 급속으로 혼합시켰을 경우에 콜로이드 상태의 물질과 미세한 부유물질이 불안정화되어, 이 불안정화된 입자가 최초로 서로 부착하도록 하는 조작이다. 응결은 불안정화된 입자들을 서로 엉기도록 하기 위해서 천천히 섞거나 저어주어 플록이 큰 결집체를 형성하도록 하여 침전이 빨리 이루어지도록 하는 조작이다.

상수처리에 사용되는 응집제는 주로 알루미늄염과 철염이 대부분이고, 고분자응집제가 약간 사용되며, 폐수처리에는 알루미늄염, 철염, 석회, 고분자응집제 등이 사용된다.

5.1 응집의 원리

수중의 불순물 중 크기가 1 μm로부터 1 nm 정도의 콜로이드 성분을 그대로 처리하는 일반적인 방법은 없다. 그럼에도 불구하고 정수장에서는 탁도, 천연 착색성분, 바이러스, 세균류, 조류 등 대부분 콜로이드 크기의 영역에 해당하는 물질들을 처리해야 한다.

수중에 존재하는 콜로이드는 그 표면에 전하를 띠고 있으며, 자연수에서 제거되어야 할 콜로이드는 보통 음(−)전하를 띠고 있다. 콜로이드 입자는 상호 음전하 때문에 2개의 입자가 접근하여도 서로 반발하면서 안정된 분산 상태로 수중에 존재한다.

수중의 모든 성분은 많고 적음에 차이는 있으나 물 분자를 그 표면에 부착시키려는 수화현상이 있다. 물 분자와 친화성이 특히 강한 콜로이드를 친수성 콜로이드라고 하는데, 친수성이 강한 콜로이드는 상호 접촉하여 결합하려는 경향보다 물 분자와 결합하려는 경향이 강하기 때문에 상호 결합하려고 해도 표면의 수층에 의하여 충분한 결합력을 발휘할 수 없다. 이와 같이 안정한 분산 상태를 유지하고 있는 콜로이드의 안정 상태를 와해시켜 상호 접촉하고 결집하도록 하는 것이 응집조작이다. 즉, 콜로이드의 불안정화 조작이다. 이것을 위하여 콜로이드 입자와 반대 전하를 가진 이온 등의 미립자(응집제)를 처리대상의 수중에 투여한다.

응집제의 역할은 수중에 콜로이드와 반대의 전하를 가진 입자를 발생시켜 그 전하에 의하여 응집 대상입자의 표면전하를 중화하는 것이다. 일반적으로 광범위하게 사용되는 응집제는 알루미늄염과 철염이다. 이러한 금속염을 물에 투입하면 가수분해되어 일반적인 pH에서 양(+)전하를 가진 미립자가 발생한다. 음전하를 띤 콜로이드 표면을 응집제에 의하여 생성된 양전하로 중화함으로써 콜로이드는 전기적인 반발력을 상실한다. 이후 입자는 브라운 운동이나 수류에 의한 유동으로 상호접촉이 가능하게 된다.

따라서 전기적인 반발력을 상실한 입자가 상호접촉을 하면 반데르발스 인력(van der Waals force)에 의해 결합하게 된다. 콜로이드 표면의 전기적 성질을 제타전위(Zeta potential)로 표시하는데, 응집을 촉진시키기 위해서는 제타전위가 0 부근(등전점)이 좋으며, 이 값이 양 또는 음으로 커지면 입자 간의 전기적인 반발력이 커지게 된다. 실제로 (+)10 mv～(-)10 mv 사이가 되도록 전하를 중화하면 반데르발스 인력에 의한 결합이 가능하게 된다.

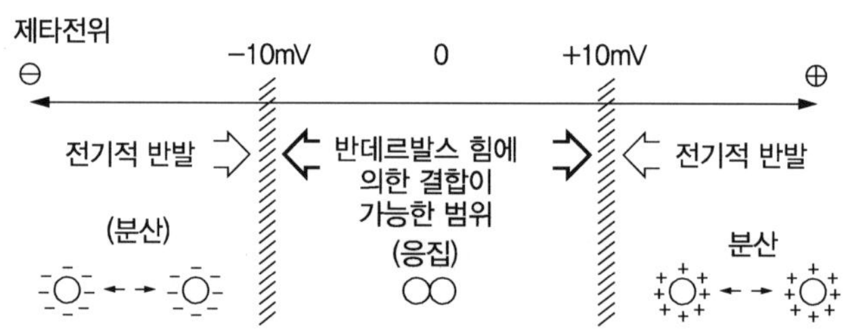

[그림 5.1] 콜로이드 결합의 범위

그러나 실제 침전지에서 콜로이드 입자를 결집시키고자 한다면 적당한 강도의 교반에 의해 입자 상호 간의 반복 충돌을 유도하여 큰 결집체로 만들 필요가 있다. 이것을 플록 형성(Flocculation)이라 한다.

이와 같은 교반 과정에서 플록이 성장하기 위해서는 반데르발스 인력만으로는 결합력이 불충분하기 때문에 입자 상호 간의 결합력을 보강하기 위하여 고분자 성분을 투입하여 가교작용을 하도록 함으로써 고분자 성분이 콜로이드 입자 쌍방에 흡착되어 상호 간의 가교작용이 달성될 수 있다.

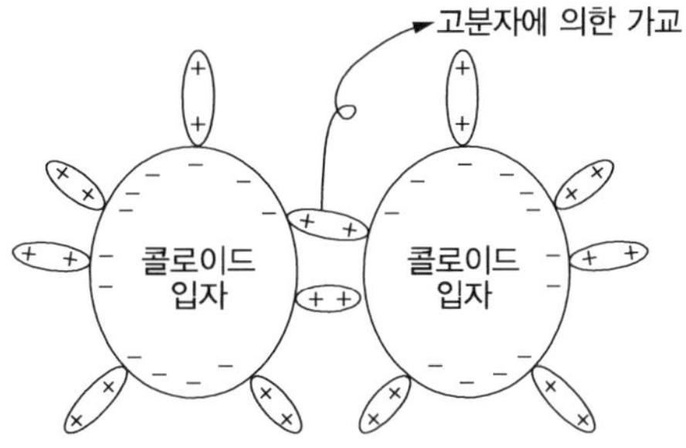

[그림 5.2] 고분자응집제(양이온성)에 의한 가교형 응집

응집제를 과량으로 투입하면 음하전의 표면이 외관상으로 양하전의 입자와 같이 변화하는데, 이것을 하전의 역전이라 한다. 하전의 역전에 의하여 양하전의 콜로이드 입자로 변하면 콜로이드 입자는 다시 상호 간에 반발하고, 재차 수중에 분산한다. 일반적으로 이러한 상태가 되면 침전지에 하얀 탁도물질이 부유하는데, 이것을 재분산(재안정화) 현상이라 한다.

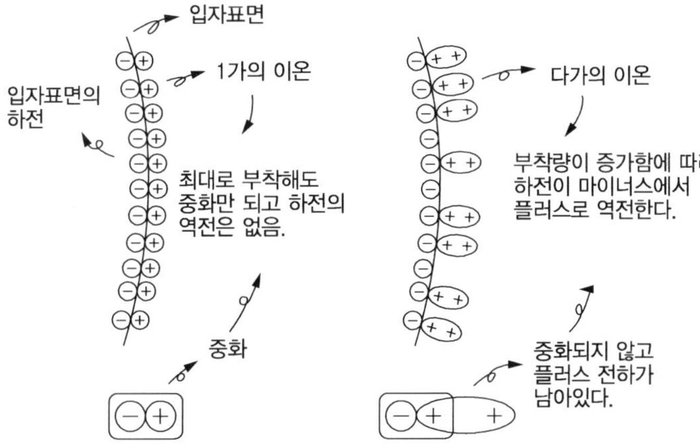

[그림 5.3] 입자표면 하전의 역전 모식도

5.2 콜로이드의 성질

자연수 중의 현탁입자는 점토미립자와 유기착색물질의 미립자로서 이들 콜로이드 입자는 보통 음으로 하전되어 있기 때문에 정전기적 반발력에 의해 응결이 방해되어 안정상태에 있다.

음으로 하전된 콜로이드 입자는 전해질 용액 중에서 양이온에 대해서는 인력, 음이온에 대해서는 반발력을 나타내므로 콜로이드 입자의 표면 가까이에는 양이온이 흡착되어 양이온 농도가 높게 되고, 반대로 음이온은 바깥쪽으로 반발되어 음이온 농도가 낮게 되어 Helmholtz의 고정전기이중층(Electrical double layer)이 형성된다.

한편, 수중의 이온은 열역학적 운동에 의하여 농도 분포를 균일하게 유지하려고 함으로써 음이온과 양이온의 농도 불균형은 입자의 표면으로부터 어느 정도 떨어진 곳까지 미치게 된다. 이와 같이 넓어진 구조의 전기이중층을 Gouy Chapman의 확산이중층(Diffused double layer) 또는 Gouy층이라고 부르고 있다.

Stern은 이후 이론을 수정하여 입자의 바로 표면에는 반대 이온 또는 반대 전하를 가진 미립자가 흡착되어 고정층을 형성하고 있다고 하여 이를 Stern층 이라 하고, Stern층과 확산이중층의 2가지 층이 콜로이드의 외측 부분을 형성하고 있다고 생각하였다. 이것을 Stern-Gouy 이중층이라 한다.

Gouy 확산층 전단면에서의 전위를 제타전위라 하며, 제타전위는 콜로이드의 표면전하와 용액의 구성 성분에 따라 변한다. 입자 간의 응결이 일어나려면 제타전위를 감소시켜야 하며, 입자 표면에 대하여 반대하전을 가진 응집제 용액을 첨가하여 제타전위를 감소시켜 응집을 촉진시킬 수 있다.

제타전위는 셀을 통하여 콜로이드 입자의 이동을 현미경으로 보면서 측정하는데, Laser Zee meter 등의 기구로도 측정할 수 있다. 통상 자연수의 제타전위는 15～20 mV 정도이며, 최적의 응집을 형성시키려면 제타전위를 5 mV 이하로 조절하여야 한다.

콜로이드의 분산은 분산상(Dispersed phase)과 분산매(Dispersed medium)에 따라 분류된다. 폐수처리에서 양쪽 다 적용되는 중요한 형태는 고체가 액체에 분산되는 것(Sol)과 액체가 액체에 분산되는 것(Emulsion) 등 2가지이다. 미생물과 같은 유기물질과 점토와 같은 무기물질이 수중에 부유할 때 고체가 액체에 분산되는 시스템이며, 물에 기름이 분산되는 것은 액체가 액체에 분산되는 시스템의 한 예이다.

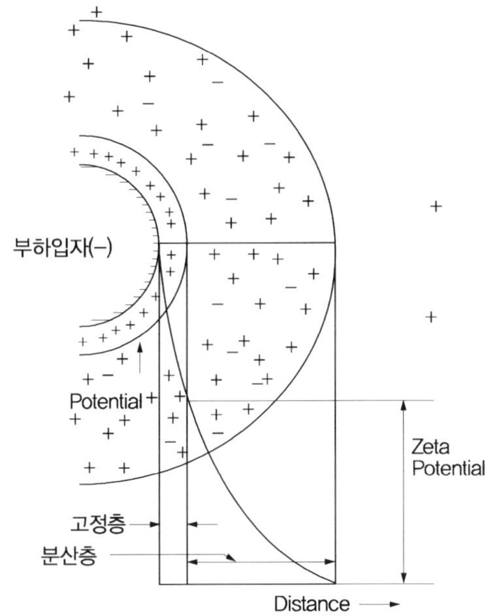

[그림 5.4] 콜로이드 입자의 제타전위

수중에 분산된 고체 콜로이드의 중요한 특징은 고형물 입자가 중력에 의하여 침전하지 않는다는 것이다. 고체 콜로이드가 부유상태에 있으면서 침전하지 않을 경우에 그 시스템은 안정화된 조건에 있다고 한다. 콜로이드 입자는 큰 비표면적 때문에 주위수(Surrounding water)에서 물 분자와 이온 같은 물질을 흡착하는 경향이 있고, 결국 정전기의 전하를 띠게 된다.

수중에서 고체 콜로이드는 물과 작용하는 친화력에 따라 친수성, 소수성, 회합성으로 구분할 수 있다.

친수성 콜로이드는 물과 강하게 결합하는 것으로 비누, 가용성 녹말, 가용성 단백질, 단백질 분해생성물, 혈청, 우뭇가사리, 아라비아 고무, 펙틴 및 합성세제 등이 있다. 친수성 콜로이드는 물에 쉽게 분산되며 그 안정도는 콜로이드가 가지고 있는 약한 전하량보다 용매에 대한 친화성에 의존하며 수용액으로부터 이들을 제거하기가 곤란하다. 친수성 콜로이드의 대부분은 소수성 콜로이드를 보호하는 작용을 한다. 이와 같은 계에서 응집을 일으키기 위해서는 통상적인 폐수처리에서 사용하는 양의 약 10~20배의 약품을 투여하여야 한다.

소수성 콜로이드는 물과 반발하는 성질을 가지고 있는 입자들로서 모두 전기적으로 하전되어 있어 전기장 내에 두면 입자는 어느 한쪽 방향으로 이동한다. 또한 반대 부호로 대전된 콜로이드를 혼합하면 서로 중화되어 전하를 잃게 되므로 간단히 응결한다.

회합성 콜로이드는 용매 중에 녹아 있는 비교적 작은 분자 또는 이온들로서 micelles이라 부르는 조그만 용해성 입자들이 응결하여 형성하고 있는 부유성 입자를 말한다.

5.3 응집의 조건

5.3.1. 교반(Agitation)

콜로이드 입자 간의 응집이나 응결이 일어나게 하려면 먼저 표면전하의 중화, 응집제에 의한 가교작용 등이 필요하나, 콜로이드 입자들의 접착을 위해서는 콜로이드 상호 간의 충돌 기회를 많게 하여야 하며, 효율적인 응집을 위해서는 콜로이드의 Brown 운동만으로는 부족하므로 유체의 교반을 통한 난류변동을 주어 입자가 플록형태의 응집이 일어나도록 하여야 한다.

그러나 과도한 교반은 유체의 흐름에 대한 속도경사(Velocity gradient)가 증가되어 전단력이 증가함으로써 응집된 플록이 붕괴되어 무제한으로 응집되지는 않는다. 실제의 플록형성 조작에서는 교반을 적정하게 행함으로서 플록의 성장을 촉진시켜 응집효율을 좋게 함과 동시에 플록의 파괴를 적게 할 필요가 있다.

따라서 교반의 효과로 속도경사(G)라는 수치가 이용되는데, 식 (5.1)로 표현된다.

$$G = \sqrt{\frac{P}{\mu V}} \qquad (5.1)$$

여기서, G = 속도경사(sec^{-1}),

P = 동력(watt)

μ = 점성계수(kg/m · sec)

V = 응결지의 부피(m^3)

급속교반의 G값은 100, 완속교반의 G값은 10이 적당하고, 응집시간(응집장치의 체류시간)을 t(sec)라고 하면, $G \cdot t$는 무차원수가 되며, 양호한 응집을 일으키기 위하여 $G \cdot t$의 값이 $10^4 \sim 10^5$의 범위에 있어야 한다.

5.3.2. pH의 영향

현탁용액의 pH는 콜로이드 입자의 표면전하를 일으키는 분자의 해리와 응집제의 해리 등에 영향을 주므로 응집력에 크게 영향을 미친다. 응집제의 종류에 따라 적절한 pH 범위가 존재하며 응집효과를 높이려면 해당 응집제별 적정 pH 범위로 응집처리를 수행하여야 한다.

5.3.3. 알칼리도의 영향

무기응집제는 수중에서 알칼리도와 작용하여 수산화물 침전을 생성하여 응집효과를 나타내기 때문에 현탁액에는 응집제 투여량에 따른 적당한 알칼리도가 존재하여야 한다. 응집제의 투여량이 많을 경우에 알칼리도가 부족하면, 부족한 알칼리도를 보충하기 위하여 알칼리제의 투여가 요구된다.

5.4 응집제의 종류

5.4.1. 무기 응집제

(1) 황산알루미늄(Aluminium Sulfate : $Al_2(SO_4)_3 \cdot 18H_2O$)

황산알루미늄은 Alum 또는 황산반토라 불린다. 우수한 응집특성과 저렴하고 무독성이며, 거의 모든 수중의 부유물질에 적용되고, 취급이 용이하여 가장 광범위하게 사용되고 있는 응집제이다. 황산알루미늄은 고상과 액상이 있으며, 고상은 Al_2O_3(알루미나분)로서 14～15%이고, 액상은 8%인 제품이 일반적으로 사용되고 있다.

황산알루미늄과 중탄산 알칼리도의 응집반응은 식 (5.2)와 같다.

$$Al_2(SO_4)_3 \cdot 18H_2O + 3Ca(HCO_3)_2 \rightarrow CaSO_4 + Al(OH)_3 + 6CO_2 + 18H_2O \quad (5.2)$$

또한 황산알루미늄 1 mg/L 주입에 따른 수중의 알칼리도 소모율은 $CaCO_3$을 기준으로 0.45 mg/L이다.

$$\text{알칼리도 소모율} = 1\,mg/L \times [(3 \times CaCO_3)/Al_2(SO_4)_3 \cdot 18H_2O] = 0.45\ mg/L$$

〈표 5.1〉 황산알루미늄의 특징

장 점	단 점	적정 pH 범위
① 가격이 저렴하다. ② 거의 모든 현탁질에 유효하다. ③ 무독성이다. ④ 부식성이 적어 취급이 용이하다.	① 플록이 철염보다 가볍다. ② 응집 pH 범위가 좁다.	5.5～8.5

(2) 황산제1철(Ferrous Sulfate : $FeSO_4 \cdot 7H_2O$)

녹반이라고도 불리며, 제조방법은 철을 묽은 황산에 용해시키거나 황산철을 자연 산화시켜 만든다. Fe^{+2} 이온은 엷은 녹색을 나타내며, 용해도가 크기 때문에 거의 침전하지 않으며, pH 7.7 이상에서는 침전이 생긴다.

일반적으로 침전물을 형성하기 위해서는 석회가 동시에 첨가되어야 하고, 응집제로서의 반응은 식 (5.3) 및 식 (5.4)와 같다.

$$FeSO_4 \cdot 7H_2O + Ca(HCO_3)_2 \rightarrow CaSO_4 + Fe(HCO_3)_2 + 7H_2O \tag{5.3}$$

$$Fe(HCO_3)_2 + 2Ca(OH)_2 \rightarrow Fe(OH)_2 + CaCO_3 + 2H_2O \tag{5.4}$$

수산화제1철은 수중에 녹아 있는 산소에 의해 수산화제2철로 된다.

$$4Fe(OH)_2 + O_2 + 2H_2O \rightarrow 4Fe(OH)_3 \tag{5.5}$$

또한 황산제1철 1 mg/L 주입에 따른 수중의 알칼리도 소모율은 $CaCO_3$을 기준으로 0.36 mg/L이다.

〈표 5.2〉 황산제1철의 특징

장 점	단 점	적정 pH 범위
① 플록이 무거워서 침강속도가 빠르다. ② 가격이 저렴하다.	① 부식성이 강하다. ② 철 이온이 잔류한다.	9～11

(3) 염화제2철(Ferric Chloride : $FeCl_3 \cdot 6H_2O$)

염화제2철은 암갈색을 띠며, 제조방법은 철과 염산을 반응시켜 염화제1철을 만든 후, 염소가스로 산화시켜 염화제2철을 제조한다. 그 응집반응은 식 (5.6)과 같다.

$$FeCl_3 + 3H_2O \rightarrow Fe(OH)_3 + 3H^+ + 3Cl^- \quad (5.6)$$

〈표 5.3〉 염화제2철의 특징

장 점	단 점	적정 pH 범위
① 플록이 무거워서 침강속도가 빠르다. ② 색도제거에 유효하다. ③ 응집 pH 범위가 넓다. ④ 황화수소의 제거나 에멀션의 파괴에 유효하다.	① 부식성이 매우 강하다. ② 산용액(pH 2 이상)에서 수산화물을 생성한다. ③ 처리 후 색도가 남는다.	9~11

(4) 폴리염화알루미늄(Poly Aluminium Chloride : $[Al_2(OH)_nCl_{6-m}]_n$)

황산알루미늄 이후 새로운 응집제로 PAC라고 불리는 폴리염화알루미늄이 만들어졌다. PAC는 응집성능이 탁월하여 현재 정수처리장에서 황산알루미늄을 대체하여 가장 많이 사용하고 있다.

PAC는 순수한 폴리염화알루미늄 용액에 가수분해가 되지 않는 범위에서 중축합 촉진제로 황산이온을 적당량 가하여 혼합 숙성시킨 함황산 폴리염화알루미늄으로 사용된다.

수도용 PAC는 무색 내지 담황색의 투명한 액체이며, Al_2O_3(알루미나분)로 10~11%인 제품이 일반적으로 사용된다. PAC 중의 Al의 당량과 Al에 결합되어 있는 OH기 당량의 백분율을 염기도라 하는데, 염기도는 40~60%일 때 가장 효과적인 것으로 알려져 있으며, 수도용 PAC의 분자량은 238.4이고, Al분율은 22.7%이다.

PAC는 황산알루미늄에 비하여 다음과 같은 장점이 있다.

① 저탁도 및 고탁도의 물이나 휴민질성 착색수에 대해서도 황산알루미늄보다 효과가 있다.

② 적정 주입율의 폭이 매우 넓어서 과량 주입에 의한 역효과가 적어 작업의 안전성이 좋다.

③ 알칼리도의 저하가 황산알루미늄에 비하여 약 1/2로 적어 알칼리제의 투입량이 절감된다.

④ 플록의 형성속도가 빠르고, 플록의 크기가 커서 침강속도가 빠르다.
⑤ 저온에서도 응집효과가 좋다.
⑦ 잔류 알루미늄의 농도가 낮다.

(5) 폴리황산알루미늄(Poly Aluminium Sulfate : $[Al_2(OH)_n(SO_4)_{3-n/2}]_m$)

폴리황산알루미늄은 무색 내지 담황색의 투명한 액체이며, PAS로 불린다. 일반식은 $[Al_2(OH)_n(SO_4)_{3-n/2}]_m$이며, n은 $1 \leq n \leq 5$, m은 $m<10$, 염기도는 $n/6 \times 100\%$이다.

PAS의 응집 특성은 염기도가 50% 정도의 용액이 가장 좋으며, 플록의 응집성능, 탁도 제거효과, 알칼리 조제의 절감효과, 적정 주입율의 범위, 응집 pH 범위 등이 PAC와 유사하다. 또한 PAS는 PAC보다 가수분해 속도가 빠르고, 희석 안정성이 좋지 못하여 원액 또는 2배 희석액을 직접 주입하는 경우가 많다.

(6) 폴리황산알루미늄규산(Poly Aluminium Sulfate Silicate : $Al_a(OH)_b(SO_4)_c(SiO_x)_d$)

이 응집제는 최근에 캐나다에서 개발된 응집제로 PASS라고도 불린다. Si를 함유하고 있고, 분자량이 100,000~300,000에 이르며, 침전성과 미세탁질의 제거효과가 우수하고, 수온이 낮은 겨울철에도 응집성능이 뛰어나다.

외관은 투명하며 Al_2O_3(알루미나분)의 농도는 8~10%, 염기도는 25~50% 제품이 일반적으로 사용되고 있다.

(7) 폴리염화알루미늄규산(Poly Aluminium Chloride Silicate : $Al_a(OH)_b(Cl)_c(Si)_d$)

기존 PAC 응집제의 Al_2O_3(알루미나분) 농도를 17%로 고농도화시키고, Silicate를 첨가하여 응집성능을 개선한 것으로 PACS라고도 불린다.

외관은 투명하며 Al_2O_3(알루미나분)의 농도는 16~18%, 염기도는 45~50% 제품이 일반적으로 사용되고 있다.

(8) 폴리염화알루미늄칼슘(Poly Aluminium Chloride Calcium : $Al_a(OH)_b(Cl)_c(Ca)_d$)

1997년에 개발된 응집제로서 염기도가 70%이며, 고탁도, 저알칼리도에 적합하며, 홍수 시 첨가된 칼슘으로 인하여 알칼리도 저하가 적어 알칼리제 사용량을 줄일 수 있다. 외관은 투명하며 Al_2O_3(알루미나분)의 농도는 10%이고, PACC로 불린다.

5.4.2. 응집 보조제(Coagulant aids)

응집 보조제는 응집제의 성능을 충분히 발휘시켜 그 효과를 높이고 응집제를 절약하기 위하여 사용되는 약품으로 주로 무기 응집제와 병용하며, 알칼리 보충제와 응집보조 작용제가 있다.

(1) 알칼리 보충제

알칼리 보충제로는 소석회[$Ca(OH)_2$], 탄산나트륨[Na_2CO_3], 수산화나트륨[NaOH] 등이 있다.

소석회는 저장 및 취급이 나쁘며, 중화에 의한 불용성염의 생성으로 슬러지 발생량이 많아지는 단점이 있으나, 가격이 저렴하고 알칼리 보충효과가 커서 많이 사용되며, 용해도가 적어 10～20%의 유액으로 사용되고 있다.

수산화나트륨은 강산으로 취급과정에 위험이 따르고 값이 비싼 단점이 있으나, 반응성이 좋고, 슬러지 생성량이 적으며, 용해도가 커서 용액으로 사용할 수 있으므로 주입이 용이하다. 주입장치를 자동화 할 수 있다는 장점 때문에 최근에 소석회보다 많이 사용되고 있다.

알루미늄계 응집제 주입량 1 mg/L 당 알칼리도 감소율은 <표 5.4>와 같다.

〈표 5.4〉 응집제 1 mg/L 주입에 따른 알칼리도 감소율

종 류	알칼리도 감소율(mg/L)
고상 황산알루미늄(Al_2O_3 15%)	0.45
액상 황산알루미늄(Al_2O_3 8%)	0.24
폴리염화알루미늄(Al_2O_3 11%, 염기도 50%)	0.15

알칼리제 주입율은 원수 중의 알칼리도, 처리수의 잔류 알칼리도(약 30 mg/L), 응집제 주입율 등에 따라 다르므로, 식 (5.7)에 의하여 산출한다.

$$W = [(A_2 + K \times R) - A_1] \times F \qquad (5.7)$$

여기서, W = 알칼리제 주입율(mg/L)

A_1 = 원수 중의 알칼리도(mg/L)

A_2 = 처리수의 잔류 알칼리도(mg/L)
K = 응집제별 알칼리도 주입율(mg/L)
R = 응집제 주입율(mg/L)
F = 알칼리도 1 mg/L을 상승시키는 데 필요한 알칼리제 소요량(mg/L)

알칼리도 1 mg/L을 상승시키는 데 필요한 알칼리제 소요량(mg/L)은 <표 5.5>와 같다.

〈표 5.5〉 알칼리도 1 mg/L을 상승시키는 데 필요한 알칼리제 소요량

종 류	알칼리제 소요량(mg/L)
소석회(CaO 72%)	0.77
소다회(Na_2CO_3 99%)	1.06
고체 수산화나트륨(NaOH 45%)	1.78
액체 수산화나트륨(NaOH 20%)	4.00

(2) 응집보조 작용제

① 벤토나이트(Bentonite)

벤토나이트는 몬모릴나이트를 주성분으로 하는 알칼리성 점토로 수중 콜로이드 입자의 흡착을 위한 핵을 제공하기 위하여 저탁도에서 황산알루미늄과 함께 사용되어 응집보조 작용을 한다.

② 활성규산(Activated Silica)

활성규산은 콜로이드상의 중합규산이고, 그 자체가 (-)콜로이드이므로 황산알루미늄과 함께 사용할 때 형성된 플록이 무겁고 단단하며, 플록 형성속도가 빠르고, 응집 pH 범위가 넓어 한냉 시나 홍수 시에 효과가 큰 장점이 있으나, 여과지의 손실수두가 크고, 규산의 활성화가 곤란하다는 문제점도 있다.

③ Fly Ash

화력발전소의 연돌가스에서 포집한 석탄재 분말로 주성분은 SiO_2, Al_2O_3이며, 벤토나이트 정도의 효력이 있다.

5.4.3. 유기 고분자응집제

전분이나 아교와 같은 천연수용성 고분자 물질이 응집효과를 나타내는 것은 오래 전부터 알려져 있었으나 효과가 적어 실용화되지 못하였다. 1956년 경 알긴산나트륨이 최초로 수도용 응집제로 실용화되었으며, 합성 고분자응집제는 1954년 미국에서 아크릴계 수용성 고분자가 광물질 미립자의 응집에 탁월한 효과가 있는 것으로 보고되었고, 폴리아크릴산나트륨에 대한 특허가 공고되면서 본격적으로 유기 고분자응집제가 사용되기 시작하였다.

(1) 유기 고분자응집제의 분류

① 제조상의 분류
  a. 천연고분자
  b. 합성고분자

② 이온성에 따른 분류
  a. 양이온성(Cationic)
  b. 음이온성(Anionic)
  c. 비이온성(Nonionic)

(2) 유기 고분자응집제의 작용원리

① 응결작용

- 입자 표면전하(제타전위)의 감소
  입자의 표면전하는 입자 상호 간의 반발로 접착을 방해하므로 고분자응집제의 이온기(아민기 등)에 의해 표면전하를 중화함으로써 제타전위를 저하시켜 전기이중층을 압축하여 응결을 일으키게 한다.
- 입자 수화층의 파괴
  미세입자는 친수기의 작용으로 입자표면에 수화층을 생성하여 결합 저해인자로 작용하는 경우가 있다. 고분자응집제의 첨가로 이들 수화층을 파괴하여 제타전위를 저하시켜 응결을 일으키게 한다.
- 이온성 콜로이드의 상호 정전기적 결합
  휴민산과 같은 다가이온분자 콜로이드에 반대 전하의 고분자응집제를 첨가하여 정전기적 이온결합에 의한 친수기의 봉쇄로 결합을 촉진시켜 제거한다.

② 응집작용

- 고분자응집제가 용해되어 생긴 실타래와 같은 고분자속(高分子束)의 접착력에 의해 입자를 접착(가교작용)시킨다.

③ 고분자응집제에 요구되는 특성

- 분산 현탁입자에 대한 결합능력
  고분자 중의 극성기가 관여하여 그것이 수중에서 자유로운 상태로 존재하고 결합의 활성점으로 유효하게 작용하는 것이 필요하다.
- 가능한 고중합도의 선상고분자
  가교흡착을 위하여 충분한 길이를 필요로 하며, 고분자 중에 결합된 유효 활성점이 많아야 하고, 큰 플록을 형성하기 위하여 분자량이 커야 한다.
- 분자 중에 강한 해리기 존재
  콜로이드 입자의 응결을 위하여 분자 중에 강한 해리기가 필요하다.

5.5 약품응집 시설의 설치 및 관리

5.5.1. 무기 응집제

① 응집제별 응집 pH 범위가 다르며, 수중의 알칼리도가 충분할 경우에는 비교적 응집 pH 범위가 넓으나, 알칼리도가 낮은 폐수에서는 유효한 응집 pH 범위가 매우 좁으므로 응집처리에 유의해야 한다.

② 응집을 위하여 주입하는 약품의 순서가 처리효율에 크게 영향을 미친다. 주입순서는 무기응집제, pH 조정제(알칼리제), 고분자응집제의 순서가 바람직하다.

③ 응집제를 용해시킬 경우에는 완전히 용해할 수 있는 조건 하에서 가능한 희석배율을 적게 하여야 한다.

④ 응집약품 주입지점은 혼합방법에 따라 다를 수 있으나 주입과 동시에 신속한 교반이 이루어질 수 있도록 유입수 낙하지점이나 교반기의 회전날개 근접지점에 설치하여야 한다.

⑤ 정수 중의 알루미늄 농도에 대한 건강상의 위해도로 인하여 처리수 중의 잔류 알루

미늄 농도 허용치가 0.2 mg/L로 규제되고 있으므로 응집제 주입량의 최적화가 필요하다.

⑥ 응집제 주입율은 원수 수질과 처리량에 따라 자동으로 조절하는 것이 바람직하며, 이를 위하여 제타전위 측정기가 이용되고 있다.

⑦ PAC가 물에 용해되면 가수분해를 촉진하여 성능이 저하하므로 원액을 그대로 사용하는 것이 바람직하다.

5.5.2. 유기 고분자응집제

① 폐수에 포함된 콜로이드의 표면전하를 중화하는 데 적합한 이온성 유기 고분자응집제를 선정하여 사용하는 것이 가장 중요하다. 적절한 응집제를 선정하려면 폐수의 콜로이드 전하치, 이온성에 따른 응집제의 종류, 이온성의 강도 등에 따른 Jar test 실험을 실시하여 적절한 응집제와 주입율을 결정하여야 한다.

② 분말상의 고분자응집제를 용해하는 경우에 수동으로 투입하면 응집제가 수중에서 투명한 Hydro-Gel상태(Fish-Eye)를 만들어 장시간 교반하여도 완전히 용해하지 않고, 탈수기에 유입되면 여과포에 달라붙어 여과포의 공극을 폐쇄함으로써 탈수효율을 저하시키고 탈수약품의 손실을 가져 온다.

③ 유기 고분자응집제 중 폴리아크릴산계 아크릴아미드와 아크릴산염의 공중합체 등 폴리아크릴아미드계는 잔존 아크릴아미드 모노마의 독성이 논란되고 있으므로 정수처리 과정에서는 사용되지 않고 있다.

④ 유기 고분자응집제의 용해는 350 rpm에서 90분 정도의 교반이 적절한 것으로 알려져 있으며, 교반강도가 너무 세거나 교반시간이 길 경우 응집효율을 저하시키는 것으로 알려져 있다.

⑤ 응집제의 용해수는 칼슘이온, 철염, 부유물질 등에 크게 오염되지 않은 물을 사용하도록 한다.

⑥ 음이온과 비이온 고분자응집제는 분자량(10,000～20,000)이 크므로 용해가 어려워 용해농도를 약 0.1% 정도로 작게 하여야 충분히 용해될 수 있으며, 양이온성 고분자응집제는 분자량(3,000～9,000)이 적어 약 0.2% 용액으로 용해하여 사용할 수 있다.

⑦ 유기 고분자응집제를 용해하는 물의 온도는 응집제의 성능저하를 방지하기 위하여 약 60℃ 이하의 물을 사용하여야 한다.

⑧ 무기응집제와 병용 시 약품의 투입순서는 무기 응집제, 알칼리제, 유기 고분자응집

제 등의 순서로 투입한다.

⑨ 혼화지는 응집제 주입 즉시 급속교반을 할 수 있는 혼화장치를 설치하여야 한다.

⑩ 응집제가 수중에 첨가된 후, 가수분해하여 현탁콜로이드와 중합반응을 하는 속도가 매우 빨라 투입 즉시 급속히 혼합되어야 하므로 혼화조에 설치된 회전날개의 주변속도는 유속이 1.5 m/sec이상 되어야 하며, 체류시간은 1~5분 정도가 요구된다.

⑪ 혼화조에서 생성된 미세플록이 거대 플록으로 성장하기 위해서는 플록의 충돌회수가 커야 하나, 충돌회수가 너무 크게 되면 전단력이 커져서 응집된 플록이 오히려 깨어지므로 응집지(플록 형성지)에서는 적당한 교반이 필요하다. 교반기 회전날개의 주변속도는 15~80 cm/sec, 유속은 15~30 cm/sec, 체류시간은 20~40분 정도가 요구된다.

5.6 실험 방법

5.6.1. 실험기구

① Jar test 장치

② 응집제 및 응집 보조제

③ 초시계

④ 실린더 및 비커

5.6.2. 실험과정

(1) 최적 pH의 산정

① 시료의 수질특성을 분석한다(탁도, SS, TDS, 색도, TOC 등).

② 비커에 폐수 200 ml를 넣고 응집제를 1 ml씩 부가하면서 천천히 교반한 후, 최초 플록이 형성되는 최소 약품주입량을 구한다.

③ 시료에 ②에서 구한 대략적인 약품주입량을 주입하고, pH를 4~9까지 조정한 시료를 준비한다.

④ Jar test 장치에 연결하고, 2분간 급속교반을 수행한 후, 15분간 완속교반을 수행하

면서 플록이 형성되는 시간을 기록하고, 형성된 플록을 약 20분 정도 침전시킨다.

⑤ 상등수의 pH, 탁도, SS, TDS, 색도, TOC 등을 측정한다.

⑥ 같은 방법으로 3회 이상 실험을 수행하여 구한 산술평균값을 사용한다.
이상의 실험결과를 [그림 5.5]와 같이 그래프로 그려서 최적 pH를 산정한다.

(2) 최적 약품주입량 산정

① 6개의 1 L 비커에 시료를 1 L씩 넣고, 최적 pH의 산정에서 구한 최소 약품주입율의 25～200% 정도로 약품 주입농도를 변화시켜 시료를 준비한다.

② pH는 최적 pH의 산정에서 구한 pH가 되도록 응집 보조제를 넣어 조절한다.

③ (1)의 ④, ⑤를 수행한다.

④ 같은 방법으로 3회 이상 실험을 수행하여 구한 산술평균값을 사용한다.
이상의 실험결과로부터 [그림 5.6]과 같이 그래프로 그려서 최적의 응집제 주입량을 산정한다.

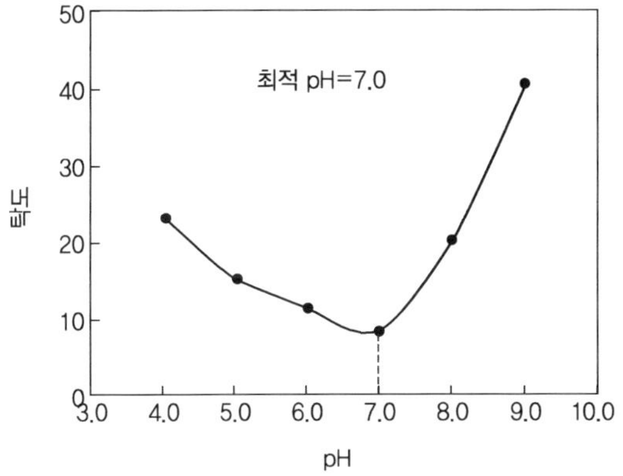

[그림 5.5] 최적 pH의 산정

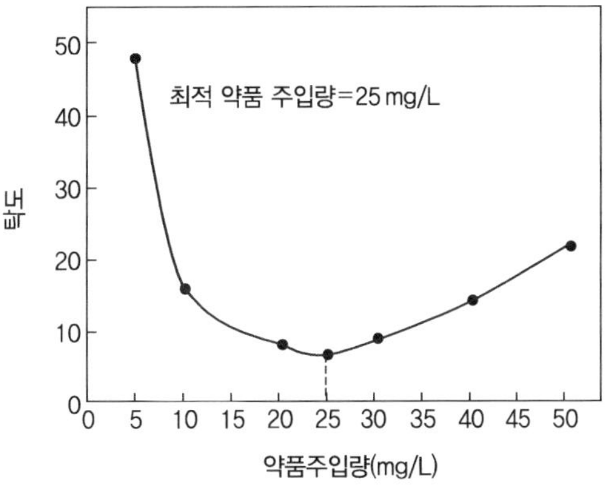

[그림 5.6] 최적 약품주입량의 산정

CHAPTER

6 침전

Sedimentation

침전이란 물보다 무거운 부유입자들을 중력에 의하여 분리하는 것으로, 폐수처리에서 부유성 또는 콜로이드성 물질을 제거하는 데 가장 널리 사용되는 단위조작 중의 하나이다. 침전이란 용어는 sedimentation과 settling이 서로 같은 의미로 사용되고, 침전지는 sedimentation tank, clarifier, settling basin, settling tank 등으로 표기된다.

침전은 최초(1차) 침전지의 그릿(grit)과 TSS의 제거, 활성슬러지 공정의 침전지에서 플록제거, 화학적 응집공정의 화학적 플록제거, 슬러지 농축조의 고형물 농축 등에 이용된다. 대부분의 경우, 침전의 주요 목적은 정화된 유출수를 배출하는 것이지만, 고농도의 슬러지를 생산하는 데도 필요하다.

중력침전을 부유물질의 농도와 입자 간의 상호작용을 기준으로 분류하면 독립침전, 응집침전, 간섭(또는 계면)침전, 압밀침전 등 4가지 형태로 분류할 수 있다. 각각의 침전영역에 대한 개념을 [그림 6.1]에 나타내었다. 침전공정에서 나타난 바와 같이 4가지 침전 형태 중 1가지 이상의 침전이 동시에 일어나는 것이 보통이며, 동시에 4개 형태의 침전이 일어날 수도 있다.

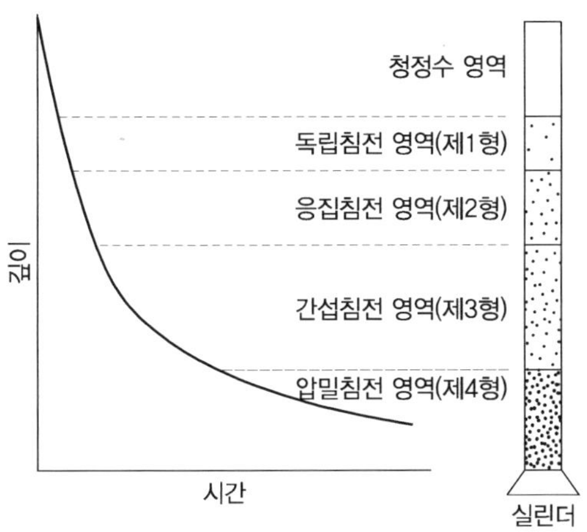

[그림 6.1] 침전영역에 대한 개념도

6.1 독립침전

독립침전은 I 형침전, 단독침전, 단독입자침전, 독립입자침전 등으로 표기되고, 고형물의 농도가 낮은 현탁액 입자가 등가속 영역에서 중력에 의하여 침전하는 것을 말한다. 침전하는 입자들은 주위의 입자들과 거의 작용하지 않고 독립적으로 침전한다. 이것은 폐수 내 그릿이나 모래입자와 같이 비중이 큰 무기성 입자의 제거에 적용된다.

6.1.1. 독립입자의 침전속도

응결성이 없는 독립입자의 침전은 Newton과 Stokes에 의해 만들어진 침전법칙으로 분석할 수 있으며, 입자의 최종 침전속도는 입자에 작용하는 중력과 마찰저항력(또는 항력)을 같다고 놓고 산정할 수 있다.

$$F_G = (\rho_p - \rho_w)\, g\, V_p \tag{6.1}$$

여기서, F_G = 중력에 의한 힘($\mathrm{kg \cdot m/sec^2}$)

ρ_p = 입자의 밀도($\mathrm{kg/m^3}$)

ρ_w = 액체의 밀도($\mathrm{kg/m^3}$)

g = 중력가속도($9.81\ \mathrm{m/sec^2}$)

V_p = 입자의 부피($\mathrm{m^3}$)

입자에 작용하는 마찰저항력은 입자의 속도, 유체밀도, 유체점성, 입자 직경, 무차원 항력계수(C_d)의 함수이다.

$$F_d = \frac{C_d\, A_p\, \rho_w\, v_p^2}{2} \tag{6.2}$$

여기서, F_d = 마찰저항력($\mathrm{kg \cdot m/sec^2}$)

C_d = 항력계수(무차원)

A_p = 흐름방향에서의 입자의 단면적 또는 투영면적($\mathrm{m^2}$)

v_p = 입자의 침전속도($\mathrm{m/sec}$)

구형(球形)입자에서 중력과 마찰저항력이 같다고 하면, Newton의 법칙으로 산정한 입자의 최종 침전속도는 식 (6.3)과 같다.

$$v_p(t) = \sqrt{\frac{4\,\mathrm{g}}{3\,C_d}\left(\frac{\rho_p - \rho_w}{\rho_w}\right)d_p} = \sqrt{\frac{4\,\mathrm{g}}{3\,C_d}(sg_p - 1)d_p} \tag{6.3}$$

여기서, $v_p(t)$ = 입자의 최종 침전속도(m/sec)

d_p = 입자의 직경(m)

sg_p = 입자의 비중

식 (6.2)의 항력계수(C_d)는 입자를 둘러싼 흐름영역이 층류인지 난류인지에 따라 그 값이 달라진다. 다양한 입자에 대한 항력계수는 Reynolds수(N_R)를 기준으로 층류영역($N_R < 1$), 전이영역($N_R = 1 \sim 10^4$), 난류영역($N_R > 10^4$)으로 나타낼 수 있다.

층류영역에서 점성은 침전영역을 좌우하는 지배적인 힘이고, 구형입자의 경우 항력계수는 $C_d = \frac{24}{N_R}$ 이므로, 이것을 식 (6.3)에 대입하면 Stokes 법칙(식 6.4)을 유도할 수 있다. 식 (6.4)는 구형에 가까운 독립입자가 정수(靜水)나 층류 중을 침전하는 경우에 적합한 식으로 보통침전의 경우에 대부분 적용할 수 있다.

$$v_p = \frac{g(\rho_p - \rho_w)d_p^2}{18\,\mu} = \frac{g(sg_p - 1)d_p^2}{18\,\nu} \tag{6.4}$$

여기서, μ = 점성계수(kg/m · sec)

ν = 동점성계수(m^2/sec)

$N_R < 1$ 일 때 : $C_d = \frac{24}{N_R}$ (Stokes)

$N_R = 1 \sim 10^4$ 일 때 : $C_d = \frac{24}{N_R} + \frac{3}{\sqrt{N_R}} + 0.34$ (Allen)

$N_R > 10^4$ 일 때 : $C_d \approx 0.4$ (Newton)

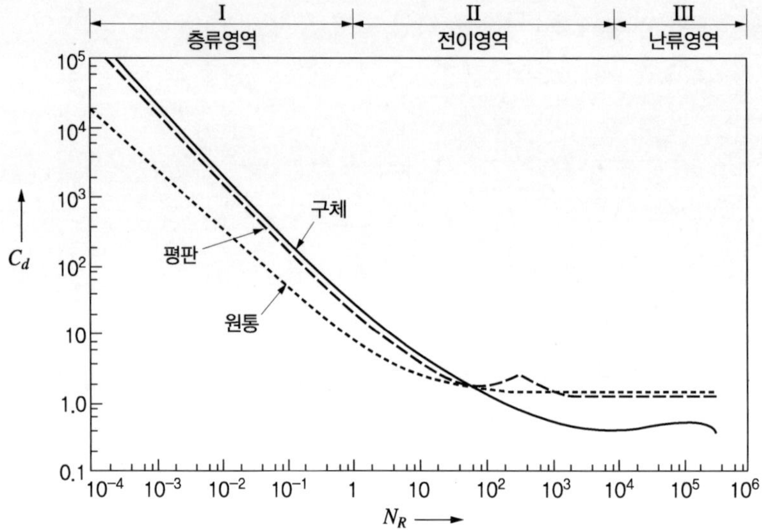

[그림 6.2] Newton의 항력계수(C_d)와 Reynolds수(N_R)의 관계

예제 6.1

수온 22℃의 수중에서 직경 6×10^{-3} cm, 비중 2.65인 구형(球形)입자의 침전속도를 구하시오. (단, 동점성 계수 : ν = 0.009629 cm^2/sec)

풀이

식 (6.4) Stokes 법칙을 이용하여 침전속도를 구한다.

$$v_p = \frac{g(sg_p - 1)d_p^2}{18\nu} = \frac{980}{18}\frac{(2.65-1)(6\times10^{-3})^2}{0.009629} = 0.336 \text{ cm/sec}$$

$$N_R = \frac{v\ d}{\nu} = \frac{0.366 \times 0.006}{0.009629} = 0.209 < 1$$

따라서 Stokes 법칙이 적용되는 범위이므로 침전속도 $v_p = 0.336$ cm/sec는 타당하다.

6.1.2. 이상적인 독립입자의 침전이론

이상적인 침전지는 [그림 6.3]과 같이 기능에 따라 4부분으로 나누어 고려할 수 있다.

① 유입부 : 부유물질이 수평방향으로 고르게 분포되어 있다고 가정하는 유입구 부분

② 침전부 : 유효한 침전을 행하는 부분

③ 유출부 : 침전이 수행된 처리수가 모여 유출되는 부분

④ 슬러지부 : 침전물이 퇴적되는 부분으로 슬러지의 배출이 행하여지는 부분

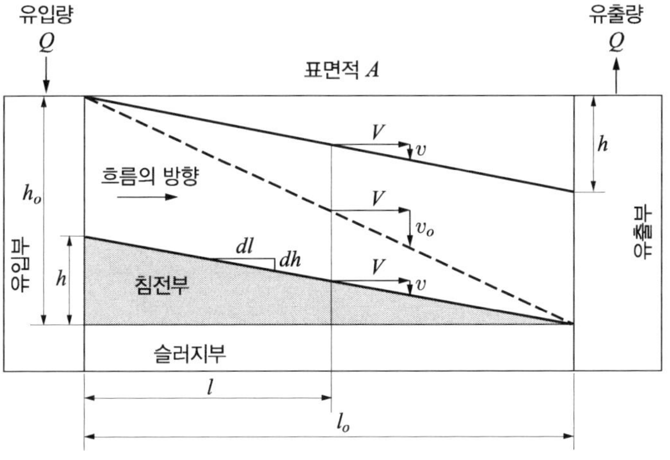

[그림 6.3] 이상적인 침전지(수평류식 장방형)

[그림 6.3]과 같은 이상적인 침전지에서 독립침전 이론을 해석하기 위해서는 다음과 같은 가정을 만족해야 한다.

① 수류의 흐름 방향은 수평이고, 침전부 전부분에 걸쳐 수류는 일정한 수평유속(V)으로 유입된다.

② 각 직경의 부유입자 농도는 유입부에서 침전부까지 전체 수심에 걸쳐 균일하게 분포한다.

③ 슬러지부에 침전한 입자는 재차 부상하지 않는다.

침전속도 v인 입자가 침전부를 통과하는 궤적은 수평유속 V와 입자의 침전속도 v의 vector 합으로 나타내어진다. 침전지에 유입된 입자가 수심 h지점의 유출부로 유출될 경우, 바닥으로부터 수심 h위치 이하로 유입된 입자들은 침전부에서 모두 제거된다.

침전부의 수면에서 유입되어 유출부의 밑바닥에 도달하는 입자의 침전속도를 v_o라 하면, $v \geq v_o$의 침전속도를 갖는 입자는 모두 제거되고, $v < v_o$인 입자의 제거효율은 v/v_o로 나타낼 수 있다.

침전부의 체류시간(침전시간) t_d는 (l_o / V)이며, 침전지의 폭을 B라면 v_o는 식 (6.5)와 같다.

$$v_o = \frac{h_o}{t_d} = \frac{h_o}{l_o/V} = \frac{h_o}{l_o/(Q/Bh_o)} = \frac{Q}{l_o B} = \frac{Q}{A} \tag{6.5}$$

또한 $v < v_o$인 경우 침전지에서 제거되는 부유입자의 제거효율(R)은 식 (6.6)과 같다.

$$R = \frac{h}{h_o} = \frac{v\ t_d}{v_o\ t_d} = \frac{v}{v_o} = \frac{v}{Q/A} \tag{6.6}$$

식 (6.6)으로부터 이론적으로 100% 제거되는 입자는 침전지의 깊이와 무관하며, 침전지의 유량 Q을 표면적 A로 나눈 값, $v_o = Q/A$가 주어지면, 이것을 기준으로 한 침전속도 분포로부터 전체 제거효율을 구할 수 있다.

식 (6.5)의 (Q/A)를 침전지의 수면부하율(표면부하율, Surface loading rate) 또는 월류율(Overflow rate)이라 부른다. 이상적인 침전지의 부유입자 제거효율은 수면부하율의 함수이지 침전시간이나 침전지의 깊이와는 무관하다. 따라서 침전지의 침전효율을 크게 하려면 수면부하율을 작게 해야 하므로, 이를 위해 유량을 작게 하든지 침전지의 표면적을 크게 하면 된다. 그러나 실제의 침전지는 이상적인 침전지의 가정들이 성립될 수 없는데, 그 요인으로는 난류의 발생, 밀도류의 발생, 단회로 현상의 발생, 바람의 영향, 온도의 영향, 침전지의 재부상 등이 있다.

침전지의 침전면적을 크게 하기 위해서는 [그림 6.4]과 같이 침전지의 중간에 판을 설치하면 좋다. 이 판에 의하여 침전효율은 2배가 되고, 판을 2개 삽입하면 침전효율은 3배가 된다. 이와 같은 이론에 의하여 만들어진 침전지가 다층침전지이다.

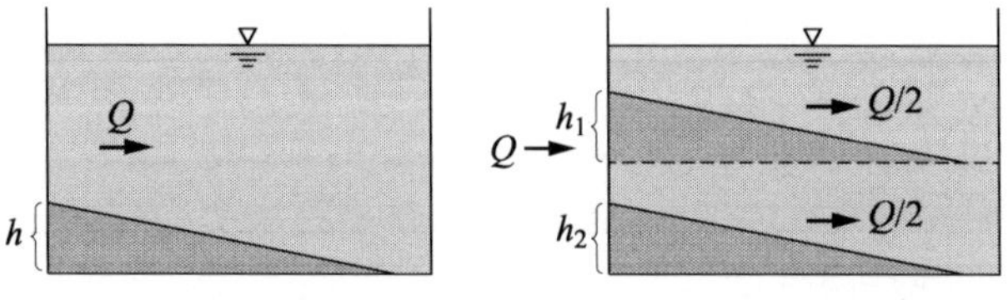

(a) h의 범위에 유입한 입자는 침전한다.　　(b) h_1, h_2의 범위에 유입한 입자는 침전한다.

[그림 6.4] 경사판의 효과

Camp는 부유입자의 침전속도를 일정하다고 보지 않고, 입도의 조성에 따라 침전속도를 구별하여 제거효율을 산출하였다. [그림 6.5]에서 X축은 침전속도 v이고, Y축은 부유입자 중 침전속도가 v 이하인 입자가 차지하는 비율을 표시한다. 또, 침전지의 유입부에서 각종 입도의 부유입자가 수면에서 침전지 바닥까지 고르게 분포되어 있다고 가정한다.

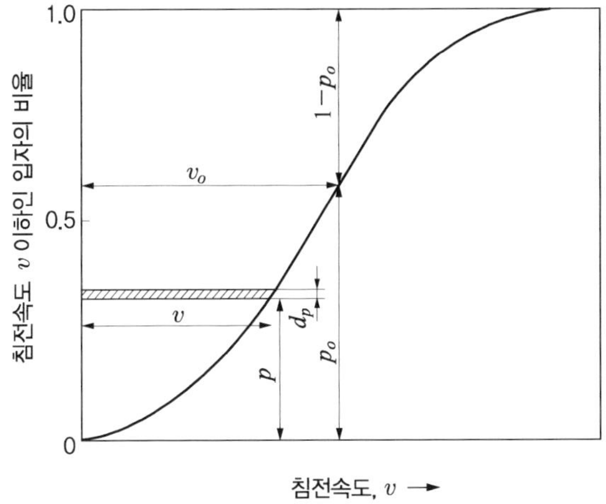

[그림 6.5] 독립입자에 대한 침전속도와 입자 제거효율의 관계

실제로는 입도가 크고, 무거운 입자의 농도가 하부로 갈수록 커진다. 수평류식 침전지에서 $(1-p_o)$는 $v \geq v_o$인 입자가 포함된 비율을 나타내고, 이 부분은 침전지 내에서 제거되고, 제거효율은 (v/v_o)로 표시하는데, v_o는 일정하므로 제거효율은 침전속도 v로 표시할 수 있다.

따라서 $0 \rightarrow p_o$간의 제거효율은 $\int_0^{p_o} \frac{v}{v_o} dp$ 이며, 전체의 제거효율(p)은 식 (6.7)과 같이 나타낼 수 있다.

$$p = (1 - p_o) + \frac{1}{v_o}\int_0^{p_o} v\, dp \tag{6.7}$$

여기서, $v_o = Q/A$ (표면부하율)이다.

상향류식 침전지에서 작은 침전속도의 입자는 거의 모두 유출되므로, 식 (6.7)의 우변 제2항은 의미가 없게 되어 제거효율은 $p = (1 - p_o)$로 된다. 따라서 같은 표면부하율의 침전지에서도 수평류식이 상향류식보다 큰 제거효율을 갖는다. 이 관계를 나타내면 [그림 6.6], [그림 6.7]과 같다.

Camp는 입도의 조성을 고려하여 식 (6.7)을 유도하였으나, 결과는 식 (6.6)과 유사하고 실제 값보다는 상당히 높은 제거효율을 나타내고 있다.

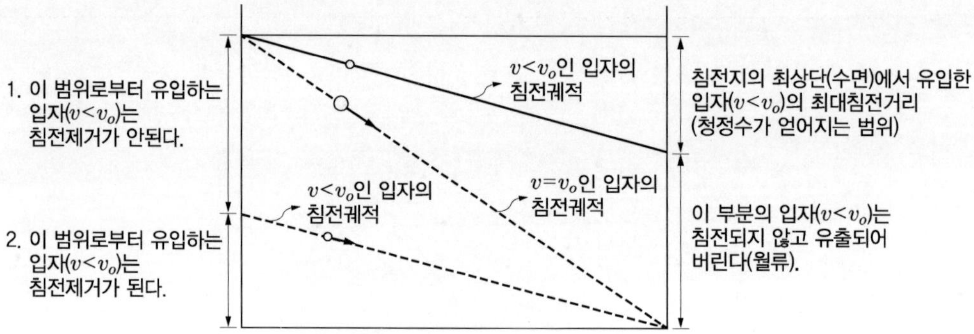

표면부하율 v_o보다 작은 침전속도($v<v_o$)를
가진 입자의 제거율은 v/v_o로 된다.

(a) v/v_o의 경우

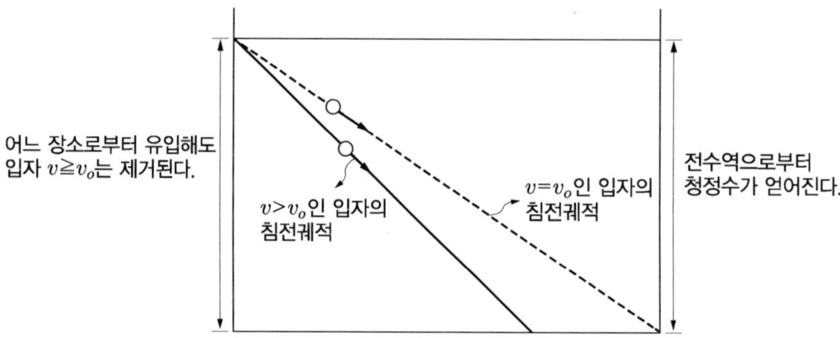

표면부하율 v_o과 같거나, 보다 큰 침전속도를
가진 입자의 제거율은 100%로 된다.

(b) $v \geq v_o$의 경우

[그림 6.6] 수평류식 침전지에서 입자의 침전속도와 제거효율

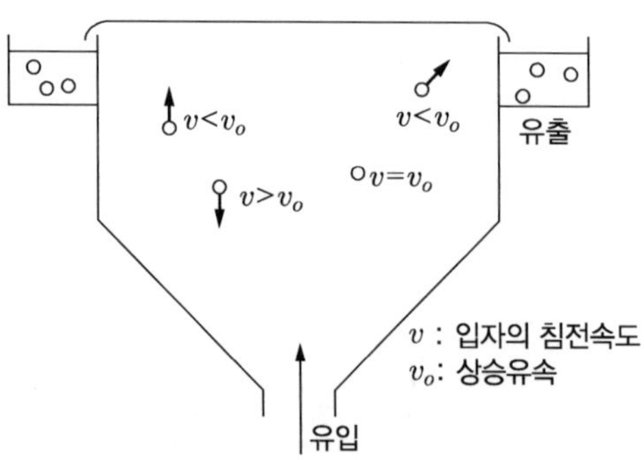

$v<v_o$의 입자 대부분 유출함(제거 안 된다).
$v \geqq v_o$의 입자 대부분 제거된다.

[그림 6.7] 상향류식 침전지에서 입자의 제거효율

예제 6.2

높이 3 m의 침전칼럼에 부유물질을 채우고, 깊이 1.2 m와 2.4 m에서 시간 경과에 따른 부유물질의 농도를 측정한 결과는 〈표 6.1〉과 같다. 주어진 침전속도 3 cm/min에서 부유물질의 제거효율을 구하시오.

〈표 6.1〉 침전칼럼에서 시간 경과에 따른 부유물질의 농도 측정 결과

침전시간(min)		0	15	30	45	60	90	180
1.2 m ●	SS(mg/L)	400	384	324	248	184	92	24
	남는 율	1.0	0.96	0.81	0.62	0.46	0.23	0.06
2.4 m ▲	SS(mg/L)	412	408	400	383	354	288	132
	남는 율	1.0	0.99	0.97	0.93	0.86	0.70	0.32

풀이

각 시료채취 깊이에서 부유입자의 침전속도를 구한다.

〈표 6.2〉 침전속도 산정 결과

침전시간(min)		0	15	30	45	60	90	180
120 cm	v(cm/min)	-	8.0	4.0	2.67	2.0	1.33	0.67
240 cm	v(cm/min)	-	16.0	8.0	5.33	4.0	2.67	1.33

침전속도 분포와 정해진 침전속도보다 작거나 같은 입자의 제거효율을 구하기 위하여 [그림 6.8]을 그린다.

[그림 6.8]에서 정해진 유속(v_o)을 3 cm/min (=0.03 m^3/m^2/min)라 하면, 식 (6.7)을 이용하여 제거효율을 산정할 수 있다.

$$p = (1-p_o) + \frac{1}{v_o}\int_o^{p_o} v\,dp = (1-0.75) + \frac{1}{3.0}\int_o^{p_o} v\,dp$$

$$= (1-0.75) + \frac{1}{3.0}\,1.28 = 67.7(\%)$$

즉, 표면부하율(일류율) 0.03 m^3/m^2/min에서 부유물질은 67.7%가 제거된다.

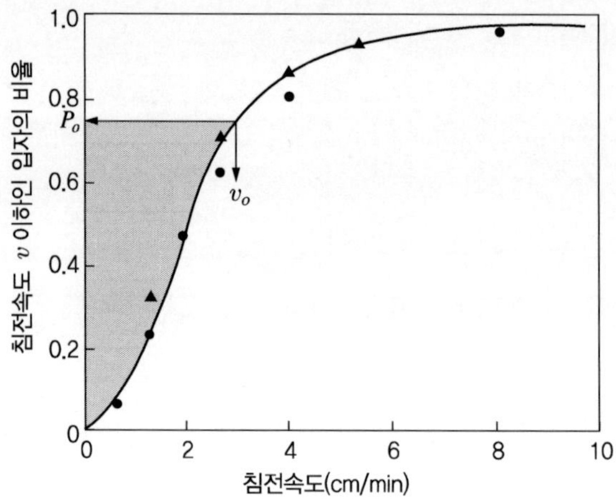

[그림 6.8] 침전속도 분포

6.2 응집침전

응집침전이란 Ⅱ형침전, 응집성 침전 등으로 표기되고, 비교적 농도가 낮은 현탁액에서 침전 중에 입자들끼리 결합하고 응집하는 형태이므로, 입자들 사이의 결합에 의하여 질량이 커지기 때문에 떠 빠른 속도로 침전한다. 이것은 최초(1차) 침전시설의 미처리된 부유물질의 제거, 최종(2차) 침전시설의 상부 고형물의 제거, 침전지 내 화학적 플록의 제거 등에 적용된다.

응집침전의 특성을 평가하기 위해서는 회분식 침전실험(칼럼 시험)을 수행해야 한다. 실험에 사용되는 칼럼의 직경은 10～20 cm 정도이고, 깊이는 설계될 침전지의 깊이와 같아야 하며, 시료채취구는 칼럼 깊이에 따라 일정한 간격(50 cm 정도)으로 설치해야 한다.

침전칼럼 전체에 부유물질의 농도가 균일하게 분포될 수 있도록 완전하게 혼합하여 칼럼에 신속하게 주입하고, 시료채취구를 통하여 일정한 시간 간격으로 시료를 채취하여 입자의 농도를 분석한다. 제거효율은 각 시료의 처음 부유물질 농도와 채취한 시료의 농도로부터 계산하고, 시간과 시료채취 깊이에 따라 그래프에 제거효율을 기입한 후, 기입된 점들 간에 보간법으로 동일한 제거효율의 등농도 곡선을 [그림 6.9]와 같이 그린다.

응집침전에서 월류속도 v_o보다 큰 침전속도(v)를 갖는 입자들은 완전히 제거되고, 작은 침전속도를 갖는 입자는 (v/v_o)에 비례하여 제거될 것이다. 정해진 침전 깊이와 체류시간에서 어떤 정해진 비율에 따라 부유입자가 제거될 것이므로 부유물질의 총 제거효율(R)은 다음과 같이 구할 수 있다.

$$R(\%) = v_o(\%) + \frac{\Delta h_1}{h_0}(x\%) + \frac{\Delta h_2}{h_0}(x\%) + \frac{\Delta h_3}{h_0}(x\%) + \cdots\cdots\cdots \frac{\Delta h_n}{h_0}(x\%) \quad (6.8)$$

여기서, v_o : 정해진 침전시간 내에 100% 제거되는 등농도 곡선의 부유물질 제거효율(%)

h_o : 침전컬럼의 총 깊이

Δh_n : 정해진 침전시간에서 칼럼 상부에서 각 등농도 곡선 간의 중간지점까지의 깊이

x : 등농도 곡선의 부유물질 제거효율 등간격(%)

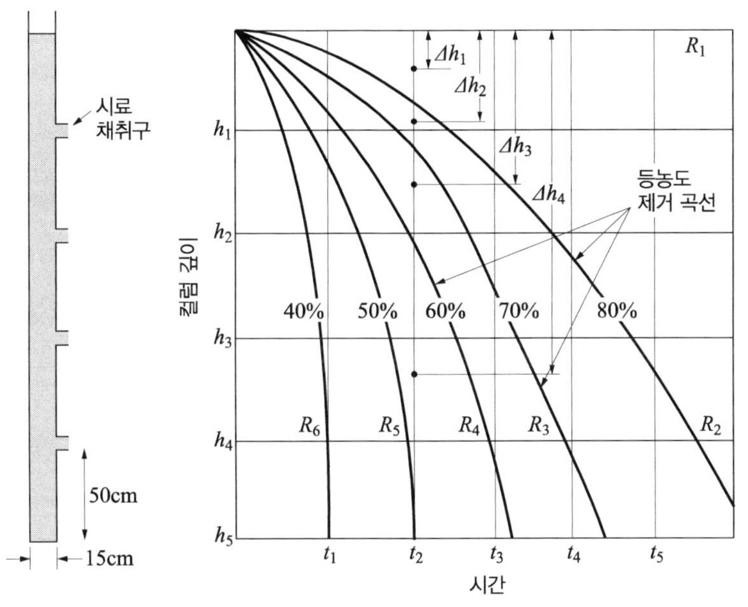

[그림 6.9] 침전칼럼과 등농도 곡선

예제 6.3

응집침전의 특성을 평가하기 위해서 회분식 침전실험(칼럼 시험)을 수행하여 〈표 6.3〉과 같은 결과를 얻었다. 침전시간 경과에 따른 SS 제거효율을 구하시오. 또 이 관계로부터 침전시간과 총 SS 제거효율의 관계, 월류량과 총 SS 제거효율의 관계를 구하시오(원수의 SS 농도 = 300 mg/L).

〈표 6.3〉 침전칼럼 실험결과 (단위 : mg/L)

칼럼깊이(cm) \ 침전시간(min)	0	10	20	30	40	50	60	70	80	90
50	300	258	217	173	128	109	93	77	61	45
100	300	276	250	227	200	170	138	115	86	58
150	300	282	262	240	218	193	166	139	114	71
200	300	285	269	250	229	206	179	148	125	82
250	300	287	273	256	237	215	188	155	123	84

풀이

① 침전시간 경과에 따른 각각의 SS 제거효율을 <표 6.3>으로부터 계산하여 <표 6.4>를 작성한다.

〈표 6.4〉 침전칼럼의 채수지점별 SS 제거효율 (단위 : %)

칼럼깊이(cm) \ 침전시간(min)	10	20	30	40	50	60	70	80	90
50	14.0	27.8	42.3	57.2	63.7	69.1	74.2	79.5	84.9
100	7.9	16.8	24.5	33.2	43.5	54.1	61.7	71.4	80.7
150	5.9	12.7	20.0	27.3	35.6	44.5	53.7	61.9	76.3
200	5.1	10.3	16.8	23.7	31.2	40.5	50.7	58.3	72.8
250	4.5	9.0	14.7	21.0	28.3	37.5	48.5	59.1	71.8

② <표 6.4>의 결과로부터 침전시간과 침전칼럼 수심 별 SS 제거효율의 관계를 [그림 6.10]과 같이 등농도 곡선으로 그린다.

③ [그림 6.10]로부터 주어진 침전시간에 따른 총 SS 제거효율을 식 (6.8)로 계산한다.
식 (6.8)에 의하여 침전시간에 따른 총 SS 제거효율을 계산하면 다음과 같다.

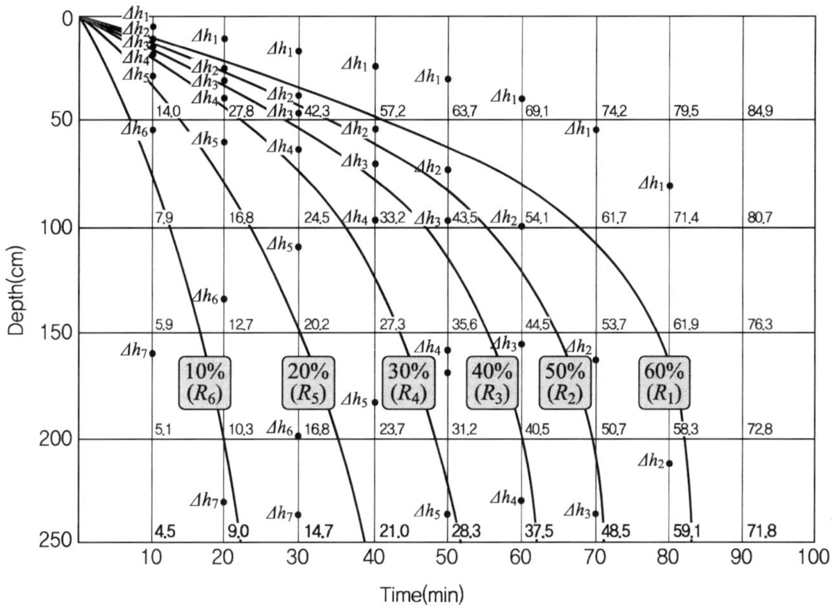

[그림 6.10] 침전시간에 따른 각 깊이별 SS 침전곡선(등농도 곡선)

〈표 6.5〉 침전시간에 대한 등고선 간의 중간지점 깊이 (cm)

지점 \ 시간(min)	10	20	30	40	50	60	70	80
Δh_1(cm)	5	10	17	23	31	40	53	83
Δh_2(cm)	13	24	38	53	73	100	163	208
Δh_3(cm)	15	31	48	69	99	158	234	-
Δh_4(cm)	19	39	63	98	168	227	-	-
Δh_5(cm)	27	60	110	184	236	-	-	-
Δh_6(cm)	54	139	200	-	-	-	-	-
Δh_7(cm)	163	230	-	-	-	-	-	-

$$\text{침전시간 10분에서 총 SS 제거효율} = 0\% + \frac{5}{250}(10) + \frac{13}{250}(10) + \frac{15}{250}(10) + \frac{19}{250}(10) + \frac{27}{250}(10) + \frac{54}{250}(10) + \frac{163}{250}(10) = 11.68\%$$

$$\text{침전시간 20분에서 총 SS 제거효율} = 0\% + \frac{10}{250}(10) + \frac{24}{250}(10) + \frac{31}{250}(10) + \frac{39}{250}(10) + \frac{60}{250}(10) + \frac{139}{250}(10) + \frac{230}{250}(10) = 23.32\%$$

$$\text{침전시간 30분에서 총 SS 제거효율} = 10\% + \frac{17}{250}(10) + \frac{38}{250}(10) + \frac{48}{250}(10) + \frac{63}{250}(10) + \frac{110}{250}(10) + \frac{200}{250}(10) = 29.04\%$$

$$\text{침전시간 40분에서 총 SS 제거효율} = 20\% + \frac{23}{250}(10) + \frac{53}{250}(10) + \frac{69}{250}(10) + \frac{98}{250}(10) + \frac{184}{250}(10) = 37.08\%$$

$$\text{침전시간 50분에서 총 SS 제거효율} = 20\% + \frac{31}{250}(10) + \frac{73}{250}(10) + \frac{99}{250}(10) + \frac{168}{250}(10) + \frac{236}{250}(10) = 44.28\%$$

$$\text{침전시간 60분에서 총 SS 제거효율} = 30\% + \frac{40}{250}(10) + \frac{100}{250}(10) + \frac{158}{250}(10) + \frac{227}{250}(10) = 51.0\%$$

$$\text{침전시간 70분에서 총 SS 제거효율} = 40\% + \frac{53}{250}(10) + \frac{163}{250}(10) + \frac{234}{250}(10) = 58.0\%$$

$$\text{침전시간 80분에서 총 SS 제거효율} = 50\% + \frac{83}{250}(10) + \frac{208}{250}(10) = 61.64\%$$

④ 침전칼럼 내 체류시간 경과에 따른 침전속도, 월류량(침전속도로부터 환산), 총 SS 제거효율을 계산하면 <표 6.6>과 같다. 이 결과로부터 [그림 6.11]과 [그림 6.12]을 그린다.
[그림 6.11]과 [그림 6.12]로부터 50% 이상의 총 SS 제거효율을 얻기 위해서는 약 60분 정도의 침전시간이나 60 m^3/m^2/day이하의 월류량이 요구된다는 것을 알 수 있다.

〈표 6.6〉 침전시간에 따른 침전속도, 월류량 및 총 SS 제거효율

침전시간 (min)	침전속도 (m/min)	월류량 ($m^3/m^2/d$)	총 SS 제거효율 (%)
10	2.5 m / 10 min = 0.250	360.00	11.68
20	2.5 m / 20 min = 0.125	180.00	23.32
30	2.5 m / 30 min = 0.083	119.52	29.04
40	2.5 m / 40 min = 0.062	89.28	37.08
50	2.5 m / 50 min = 0.050	72.00	44.28
60	2.5 m / 60 min = 0.041	59.04	51.00
70	2.5 m / 70 min = 0.035	50.40	58.00
80	2.5 m / 80 min = 0.031	44.64	61.64

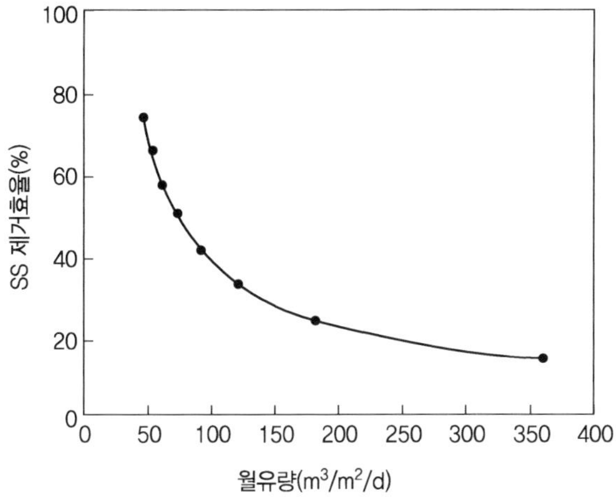

[그림 6.11] 침전시간에 따른 총 SS 제거효율의 관계

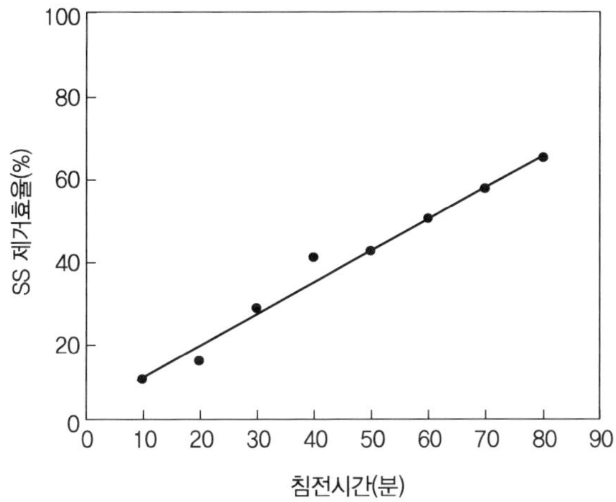

[그림 6.12] 월류량과 총 SS 제거효율 관계

6.3 간섭침전(또는 계면침전)

간섭침전이란 Ⅲ형침전, 계면침전, 방해침전, 지역침전 등으로 표기되고, 중간 농도의 현탁액에서 입자 간에 작용하는 힘이 주변 입자들의 침전을 방해할 정도의 상태이므로, 입자들은 서로 간의 상대적 위치를 바꿀 수 없어 전체 입자가 하나의 입자군으로 침전하고, 침전한 입자군의 상부에 고액계면이 형성된다. 이것은 생물학적 처리시설의 최종 침전시설에 적용된다.

고농도 부유물질을 포함한 시스템에서는 간섭침전과 압밀침전이 독립침전이나 응집침전과 함께 일어난다. 초기농도가 균일한 부유물질을 실린더에 넣었을 때 일어나는 침전현상은 [그림 6.13]과 같다. [그림 6.13, a]에서 시간 $t = 0$일 때 입자는 간섭침전(지역침전, ZS)을 하고, $t = t_1$에서 입자들은 입자군으로 침전하여 침전층 입자들 위로 비교적 맑은 층을 형성한다. 간섭침전 층의 아래 부분은 입자의 농도가 아주 높아져 입자들은 상호 간에 물리적인 접촉을 하게 된다.

이것을 간섭침전에서 압밀침전(CS)으로 옮아가는 전이침전(TS)이라 한다. $t = t_2$일 때 간섭침전은 사라지고 모든 입자들은 전이침전 또는 압밀침전을 하게 되며, $t = t_3$일 때 전이침전은 사라지고 입자들은 압밀침전 상태로 변환되고, $t = t_4$일 때는 압밀침전이 거의 완결된 상태에 도달된다.

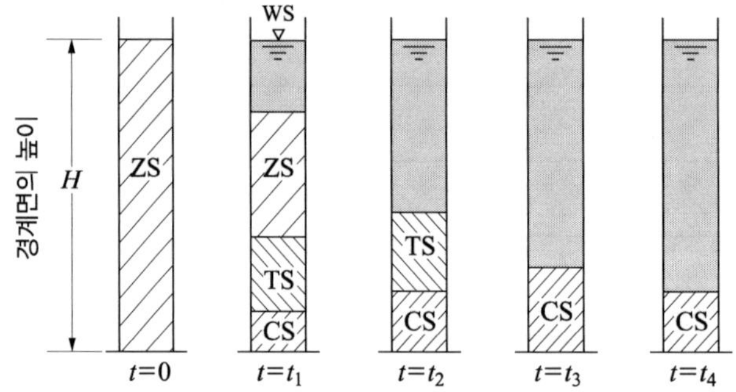

(a) 침전관 실험

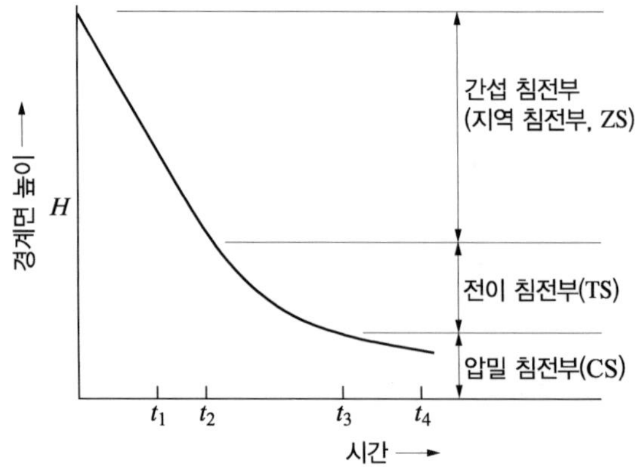

(b) 침전 곡선

[그림 6.13] 간섭침전의 개념도

[그림 6.13, b]는 회분식 침전실험에서 부유물질과 물의 경계면에서 침전곡선을 나타낸 것으로, 활성슬러지 공법의 최종침전지 설계에 필요한 인자를 산출하는 데 사용된다. 최종침전지의 면적을 산출하기 위한 회분식 실험은 높이가 H_o인 1 L 실린더에 균일한 농도 C_o의 현탁액을 채운 후, [그림 6.14]와 같은 침전곡선을 그리고, Talmadge & Fitch가 고안한 방법에 의하여 최종침전지의 면적을 계산한다.

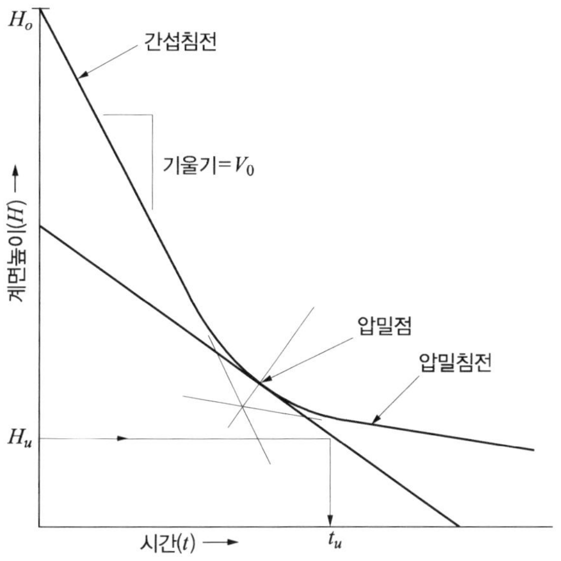

[그림 6.14] 회분식 침전곡선의 분석(간섭침전 곡선의 분석)

[그림 6.14]로부터 다음과 같이 최종침전지의 소요면적을 결정한다.

① 간섭침전 지역의 기울기 V_o를 계산한다. 이 기울기는 정화에 필요한 침전속도이다.

② 간섭침전 지역과 압밀침전 지역으로부터 접선을 연장하고, 그 만나는 각을 2등분하여 압밀점을 구한다.

③ 압밀점에서 곡선에 대한 접선을 그린다.

④ 최초의 슬러지 농도(C_o)와 높이(H_o)를 알고 있으므로, 인출을 원하는 슬러지 농도(C_u)를 결정하고, 경계면의 높이(H_u)를 구한다.

$$C_o\ H_o = C_u\ H_u \tag{6.9}$$

$$H_u = \frac{C_o\ H_o}{C_u} \tag{6.10}$$

⑤ H_u로부터 접선과 교차하는 점까지 수평선을 그으면, 시간 t_u을 구할 수 있다. 이 시간 t_u는 인출슬러지 농도가 C_u로 되는 데 걸리는 시간이다.

⑥ 농축에 필요한 면적 A는 식 (6.11)로 구할 수 있다.

$$A = \frac{Q\,t_u}{H_o} \tag{6.11}$$

여기서, A = 슬러지 농축에 필요한 면적(m^2)

Q = 침전조 유입수량(m^3/sec)

t_u = 인출슬러지 농도에 도달되기 위한 시간(sec)

H_o = 실린더 계면의 초기 높이(m)

식 (6.11)에 의하여 농축에 필요한 면적을 구하고, 간섭침전 속도(V)로부터 정화에 필요한 면적을 구해서, 이 2개의 면적 중 큰 것을 소요면적으로 결정한다.

예제 6.4

초기농도(C_o) 3,000 mg/L인 활성슬러지에 대하여 침전실험을 수행하여 [그림 6.15]와 같은 침전곡선을 얻었다. 침전칼럼 내 계면의 초기 높이(H_o)는 0.75 m, 농축슬러지 농도 C_u = 12,000 mg/L, 총 유입수량 Q = 3,800 m^3/d일 경우 침전지의 소요면적을 산출하시오.

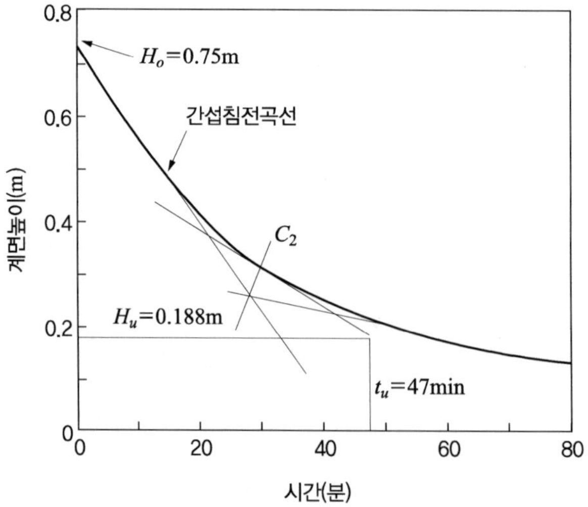

[그림 6.15] 침전실험 결과

풀이

(1) 식 (6.11)을 사용하여 농축에 필요한 면적 A를 구한다.

$$H_u = \frac{C_o H_o}{C_u} = \frac{3{,}000\ \text{mg/L} \times 0.75\ \text{m}}{12{,}000\ \text{mg/L}} = 0.188\ \text{m}$$

H_u= 0.188 m에서 압밀점 C_2의 접선과 수평선을 그어 만나는 X축 좌표 t_u을 구하면 47분을 얻는다.

$$A = \frac{Qt_u}{H_o} = \left[\frac{3{,}800\,\text{m}^3/\text{d}}{24\,\text{hr/d} \times 60\text{min/hr}}\right]\left[\frac{47\,\text{min}}{0.75\,\text{m}}\right] = 165\ \text{m}^2$$

(2) 정화에 요구되는 면적을 산출한다.

① 간섭침전 곡선의 기울기로부터 간섭침전 속도(V)을 구한다.

$$V = \left[\frac{0.75\ \text{m} - 0.3\ \text{m}}{29.5\ \text{min}}\right](60\,\text{min/hr}) = 0.92\ \text{m/hr}$$

② 정화율을 구한다. 정화율은 임계슬러지 영역의 상부에 있는 액체의 부피에 비례하므로 다음과 같이 계산한다.

$$Q = 3{,}800\ \text{m}^3/\text{d}\left[\frac{0.75\ \text{m} - 0.188\ \text{m}}{0.75\ \text{m}}\right] = 2{,}847\ \text{m}^3/\text{d}$$

③ 정화에 요구되는 면적을 구한다.

$$A = \frac{Q}{V} = \frac{2{,}847\ \text{m}^3/\text{d}}{0.92\,\text{m/hr} \times 24\ \text{hr/d}} = 129\ \text{m}^2$$

(3) 농축에 요구되는 면적은 165 m^2, 정화에 요구되는 면적은 129 m^2이다. 이중 큰 값인 165 m^2을 농축에 요구되는 침전지의 소요면적으로 결정한다.

6.4 압밀침전

압밀침전이란 Ⅳ형침전, 압축침전 등으로 표기되고, 입자군이 침전조 바닥에 침강하여 고농도가 되면 입자 간에 서로 접촉이 일어나 상방 입자의 중량에 의해서 하방 입자가 압축변형을 받아 입자가 함축하고 있는 여분의 물을 상방으로 배출하면서 농축된다. 이것은 깊은 최종 침전시설이나 슬러지 농축시설의 하부에 적용된다.

압밀침전 영역 내에서 요구되는 슬러지의 부피도 침전실험에 의하여 결정한다. 압밀속도는 시간 t에서 슬러지의 높이와 오랜 시간이 경과한 후의 슬러지 높이 사이에 비례관계가 있다고 간주하면, 식 (6.12)와 같은 함수로 표현할 수 있다.

$$H_t - H_\infty = (H_2 - H_\infty)\, e^{-i(t-t_2)} \tag{6.12}$$

여기서, H_t = 시간 t에서의 슬러지 높이

H_∞ = 오랜 시간 경과 후 슬러지 높이(24시간 기준)

H_2 = 시간 t_2에서 슬러지 높이

i = 주어진 슬러지에 대한 상수

6.5 실험방법

침전은 부유물질 내 중력에 의하여 제거될 수 있는 침전성 고형물을 제거시키는 데 이용된다. 침전과정은 부유물질의 농도와 입자의 특성에 따라 독립침전, 응집침전, 간섭침전, 압밀침전으로 분류되는데, 여기서는 독립침전과 응집침전에 대한 실험방법을 기술하였다.

6.5.1. 실험기구

(1) 독립침전 : 1 L 메스실린더

(2) 응집침전

① 응집침전 장치 [그림 6.9]
② 초시계
③ 교반기
④ 포기기
⑤ 시료 분석기구

6.5.2. 실험과정

(1) 독립침전

① 시료를 메스실린더에 채우고, 균일하게 혼합시킨 후 정치한다.

② 시간 간격에 따라 시료를 일정 깊이(20 cm)에서 채취하여 수질을 분석한다(BOD, COD, SS 등).

③ 같은 방법으로 3회 이상 실험한다.

(2) 응집침전

① 시료를 [그림 6.9]의 침전칼럼에 채우고, 교반기나 포기장치를 이용하여 균일하게 혼합시킨 후 정치한다.

② 시간 간격에 따라 시료를 각 침전 깊이별로 시료채취구에서 채취하여 수질을 분석한다(BOD, COD, SS 등).

③ 같은 방법으로 3회 이상 실험한다.

6.5.3. 결과정리 및 계산

(1) 독립침전

① 측정한 값을 실험보고서에 기입한다.

시간(min)	부유물질 농도 (mg/L)	침전속도 (cm/min)	남아 있는 부유물질 (%)	비고
0.0	480	-	100	침전거리: 20 cm
1.0	475	20.0	99.0	
1.5	470	13.3	97.9	
.				

② 침전속도(V_t)를 측정시간에 따라 계산한다.

$$V_t = D/t$$

여기서, D = 침전거리

t = 침전시간

③ 남아있는 부유물질의 비율을 각 측정시간에 따라 계산한다.
④ 침전속도(V_t)와 남아있는 부유물질의 비율(%)의 관계를 그래프에 그린다.
⑤ 특정하게 주어진 침전속도(V)값을 선택하고, 이 값에서 총 제거효율을 식 (6.7)로 계산한다.
⑥ 주어진 침전속도(V)에 일치하는 표면부하율(Q/A)을 계산한다.
⑦ 다른 침전속도를 선택하여 ⑤, ⑥단계를 반복한다.
⑧ ⑥, ⑦의 결과를 이용하여 표면부하율과 총 제거효율의 관계를 그래프로 그린다.
⑨ 구하고자 하는 총 제거효율 및 표면부하율을 ⑧의 그래프에서 결정한다.
⑩ 3회 이상 실험하여 결정된 총 제거효율 및 표면부하율의 산술평균값을 산정한다.

(2) 응집침전

① 측정한 값을 실험보고서에 기입한다<표 6.3>.
② 측정된 실험결과로부터 각 침전 깊이별 부유물질 제거효율을 계산한다<표 6.4>.
③ 침전시간과 침전 깊이별 부유물질 제거효율을 이용하여 [그림 6.10]과 같은 등농도 곡선을 그린다.
④ 주어진 특정한 침전시간을 선택하고, 이 시간에서 부유물질의 총 제거효율을 식 (6.8)을 이용하여 구한다.
⑤ 다른 침전시간을 선택하여 ④단계를 반복한다.
⑥ 주어진 침전시간(t)에 대한 침전속도($V = D/t$)를 구하여 일치하는 표면부하율 (Q/A)을 계산한다(D = 실험장치의 유효깊이)<표 6.6>.
⑦ 다른 침전속도를 선택하여 ⑤, ⑥단계를 반복한다.
⑧ ⑥, ⑦의 결과를 이용하여 표면부하율과 총 제거효율의 관계를 그래프로 그린다 [그림 6.12].
⑨ 구하고자 하는 총 제거효율 및 표면부하율을 ⑧의 그래프에서 결정한다.
⑩ 3회 이상 실험하여 결정된 총 제거효율 및 표면부하율의 산술평균값을 산정한다.

CHAPTER

7 여과

Filtration

다공성의 막이나 층의 여재를 통해 기체 또는 액체의 유동상을 통과시켜 섞여 있는 고체 입자를 분리하는 것을 여과라 한다. 보통 여과지(거름종이)를 적당한 깔때기에 끼워 얹어 그 위에 액을 부어 여과한다. 분리할 수 있는 입자의 크기는 여층 공극의 크기에 따르므로 콜로이드 입자 등 몇 μm 이하의 미립자를 분리할 때는 한외여과(限外濾過)를 하거나 원심분리시킨 후 여과하기도 한다. 여재에는 여과지 외에 헝겊, 탈지면, 석면, 초벌구이판, 모래, 반융(半融)유리판 등이 사용된다.

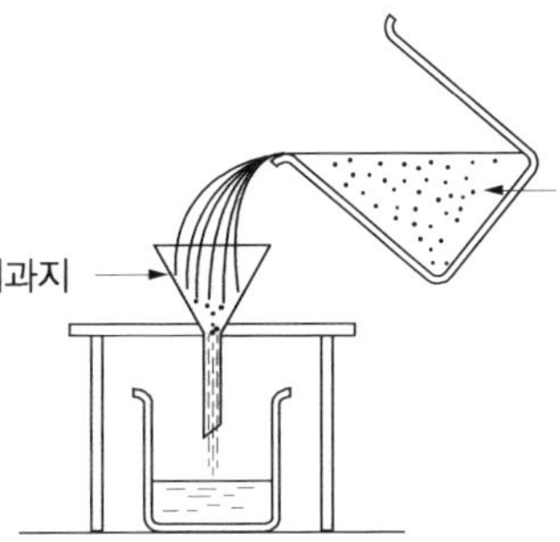

[그림 7.1] 여과의 기본원리

7.1 여과의 분류

여과는 유체에 현탁 또는 분산되어 있는 고체 미립자를 여재를 통하여 여과함으로써 분산, 포집하는 단위조작을 말한다. 여과는 유체(액체의 경우 청징액)를 목적물로 하는 경우와 고체(찌꺼기, filter cake)를 목적물로 하는 경우가 있다. 유체가 기체인 경우는 여과집진이라 해서 여과에 포함시키지 않는 것이 일반적이다. 따라서 여과는 대부분 액체

여과라고 할 수 있는데, 이 경우에는 수 μm에서 서브미크론 범위까지의 입자를 대상으로 하고 있으며, 그보다 미세한 입자 또는 큰 분자까지 분리하는 한외여과를 넓은 의미의 여과에 포함시키기도 한다.

여과 조작을 여과의 형태에 따라 분류하면 입상층 여과(Granular filter)와 케이크 여과(Cake filter)로 대별할 수 있다.

입상층 여과는 모래 등의 여재를 통하여 현탁질을 여재 내부에 포집하기 때문에 내부여과, 폐색여과, 심층여과라 한다. 이 방법은 제거하려는 현탁액의 농도가 낮을 때 청징화된 물을 얻을 목적으로 사용되어 청징여과라고도 하며, 정수용 여과지의 대부분이 이 방식이다.

케이크 여과는 주로 여재 또는 찌꺼기 표면에서 입자가 구멍을 메우는 현상을 일으켜서 입자가 포집되기 때문에 표면여과라 하며, 이 방법은 슬러지 탈수와 같이 농도가 높은 현탁액의 탈수에 이용된다.

7.2 입상층 여과

7.2.1. 여과 메커니즘

정수처리 공정에서 침전에 의해 탁도와 대부분의 이물질이 제거되지만, 그래도 남아 있는 이물질을 제거하기 위하여 여과공정을 사용하며, 정수효과를 한층 더 높이는 방법이다.

(1) 거름작용

여재의 공극보다 큰 입자가 기계적으로 걸러지는 현상이다. 즉, 입자의 크기가 여재 공극의 크기보다 커서 여층을 통과하지 못하고 입자가 포획·제거되는 기작으로, 응집 후 침전을 거치지 않고 여과지로 직접 유입하는 직접여과 공정에서 중요한 역할을 한다. 여과가 진행됨에 따라 입자의 축적에 의해 공극의 크기가 감소되는 경우에도 체거름에 의한 여과가 이루어진다. 여재의 공극보다 작은 입자는 우연한 접촉에 의하여 여재 내에 포집된다.

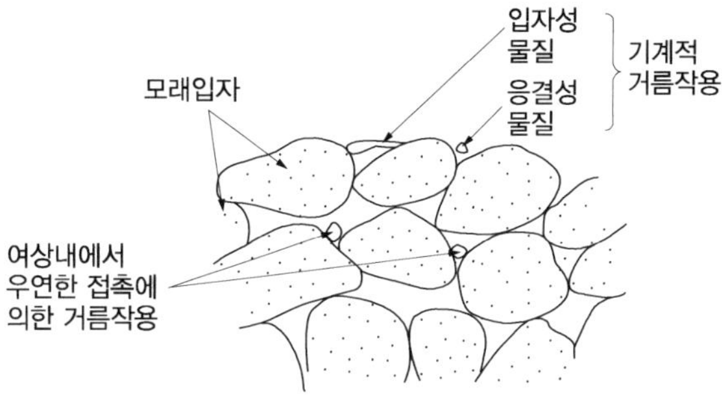

[그림 7.2] 거름작용

(2) 침전 및 충돌작용

침전작용은 입자들이 여재 위에 가라앉는 현상이며, 충돌작용은 무거운 입자들이 유선의 흐름을 따르지 않고 여재에 충돌하여 포집되는 현상이다. 여과지에서 물의 흐름은 보통 층류이며, 여재에 의해 유속과 유선이 항상 바뀐다. 유속이 낮은 지역에서 일부 입자들은 침전에 의해서 제거되고 유선을 따라 갑자기 방향을 바꿀 수 없는 나머지 입자들은 관성이 수리·동력학적 힘보다 크므로, 여재와 충돌하여 여재 표면에 입자가 부착된다.

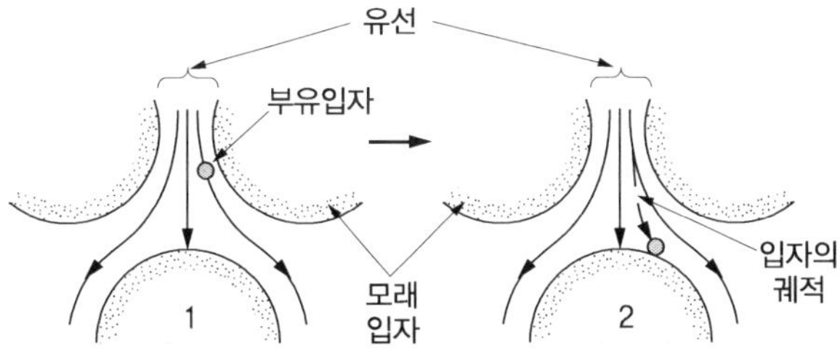

[그림 7.3] 침전 및 충돌작용

(3) 차단작용

많은 입자들이 유선을 따라 여재를 통과할 때 제거된다. 즉, 흐름에 따라서 유선이 여재 가까이에 형성되기도 하는데, 이때 이 유선을 따르는 입자는 여재 표면과 접촉하여 제거된다.

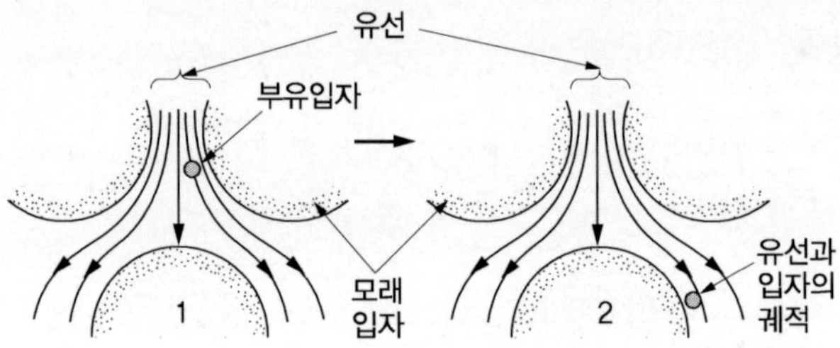

[그림 7.4] 차단작용

(4) 부착 및 응집작용

입자들이 여재를 통과할 때 여재 표면에 부착되는 현상이다. 여재와 입자 간의 화학적 결합, 여재와 입자 간의 물리적 인력, 개별적인 입자들의 응집에 의해 제거된다. 개별 입자들은 공극을 통과하면서 접촉이 증가하여 원래의 입자보다 커지게 되고 거름작용, 침전, 차단 등의 기작에 의해 제거된다. 여재와 접촉한 입자는 화학적 결합력과 물리적 인력(정전기적 힘 및 반데르발스 인력)에 의해 여재 표면에 부착된다.

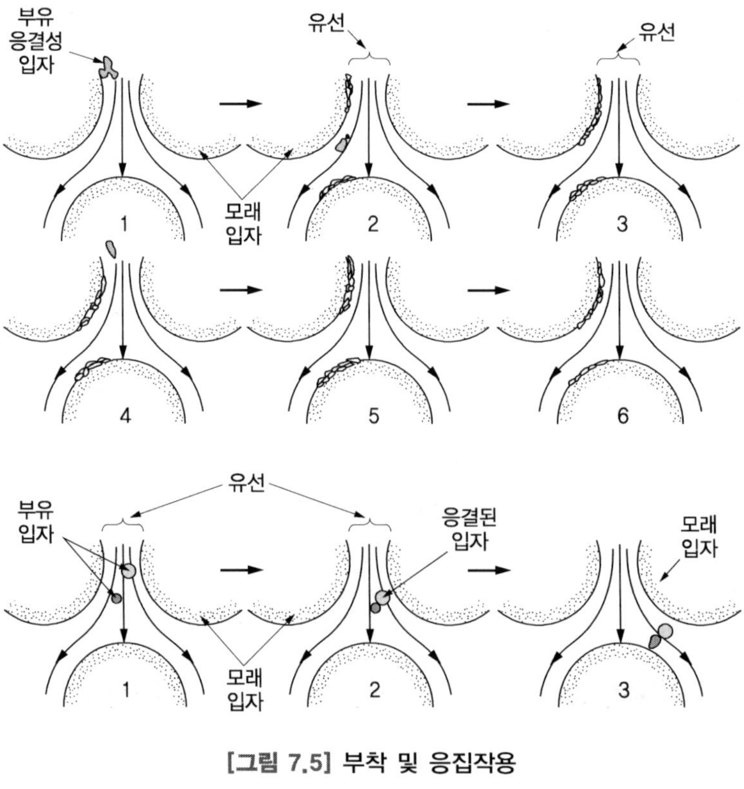

[그림 7.5] 부착 및 응집작용

7.2.2. 입상층 여과의 종류

입상층 여과는 수중에 존재하는 입자상의 물질을 제거하기 위하여 정수처리 대상인 물을 여재가 형성하는 공극 사이로 통과시키는 단위공정으로 주로 사용되었으나, 하수처리 공정에서 나온 유출수를 여과하는 데 사용되기도 한다.

입상층 여과에는 완속여과와 급속여과 등이 있다. 완속여과지는 유럽에서 발달했기 때문에 대륙식 여과지(Continental filter)라 부르며, 급속여과지는 아메리카에서 발달하여 아메리카 필터(American filter)라 부른다.

(1) 완속여과

완속여과는 모래여과지를 이용하여 4~5 m/day 내외의 속도로 여과하는 정수처리 공정이다. 완속여과는 가는 모래와 자갈의 여상을 가진 넓은 부지를 필요로 하는 여과지로서 침전, 전여과 등의 예비처리를 한 후에 거치는 과정이다. 미생물의 활동에 의하여 물을 정화하는 방법으로 여층의 표면에서 여과가 이루어진다.

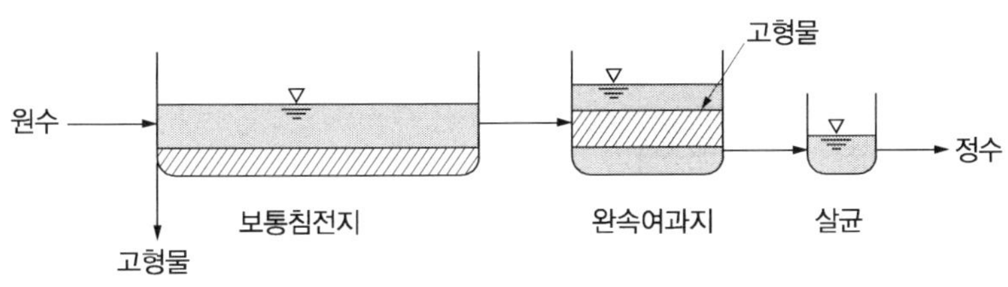

[그림 7.6] 완속여과 시스템

완속여과의 주기능은 다음과 같다.

① 거름효과

여과현상 중 가장 단순한 작용으로 대부분 여층 표면에서 일어난다. 여과가 진행됨에 따라 큰 입자, 유기물, 미생물 등에 의하여 여과막이 형성되어 미세한 입자까지 제거가 가능해지나 여과가 계속됨에 따라 여과막이 점점 두꺼워져 결국에는 여과의 저항이 커지고 물이 통과하기 어려워진다.

② 흡착 및 침전작용

모래의 표면을 통과한 미세한 물질들이 모래층의 공극을 천천히 유하하며, 플록 형성, 공극 내에서의 침전작용, 모래 표면의 흡착현상 등으로 여층 내에 억류되지만 플록화로 흡착도 안 된 미세한 입자는 모래층 하부까지 침입한다. 수온이 낮으면 물의 점성이 커져서 플록화가 어려워지므로 여과효과는 나빠진다.

③ 생물학적 작용

완속여과 특유의 현상으로 모래층 표면의 작용은 보통 여과와 같으며, 모래층 내부에서 미생물은 생물막(생물 여과막 또는 Schmutzdecke라 부름)을 형성하여 모래층에 부착한다. 이 생물막에 의하여 콜로이드, 세균 같은 미세한 물질들이 흡착 제거되며, 암모니아성 질소도 제거된다. 급속여과에서는 찾아볼 수 없는 작용이다.

④ 산화작용

모래표면 위의 수중에 조류와 미생물을 공생시킴으로써 광합성을 하는 플랑크톤이 존재하여 풍부한 산소를 물에 공급하므로 철, 망간 등이 산화되어 제거된다.

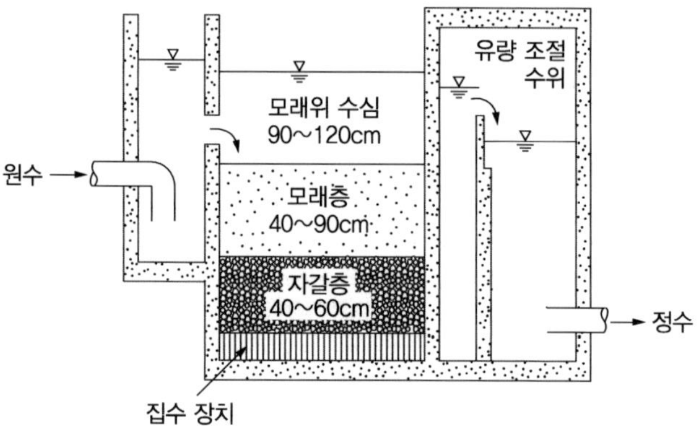

[그림 7.7] 완속여과지의 단면

(2) 급속여과

급속여과는 원수에 Alum 등의 응집제를 첨가해서 불순물을 침전시키고, 침전수를 모래 여과하여 물을 정화하는 방법으로 여과속도는 120～150 m/day 이상이다.

부유물질의 제거는 완속여과보다 우수하고, 세균도 상당량 제거되므로 특히 탁한 원수에 적합하다. 전처리로서 응집제를 투여하고 혼화, 응집, 침전 공정을 통해 원수를 전처리한 후, 여층에 빠른 유속으로 물을 통과시켜 주로 여재의 부착, 거름작용으로 부유물질을 제거한다. 따라서 제거대상인 부유물질을 미리 응집처리하여 부착이나 거름작용으로 분리되기 쉬운 상태의 플록이 되도록 해야 한다.

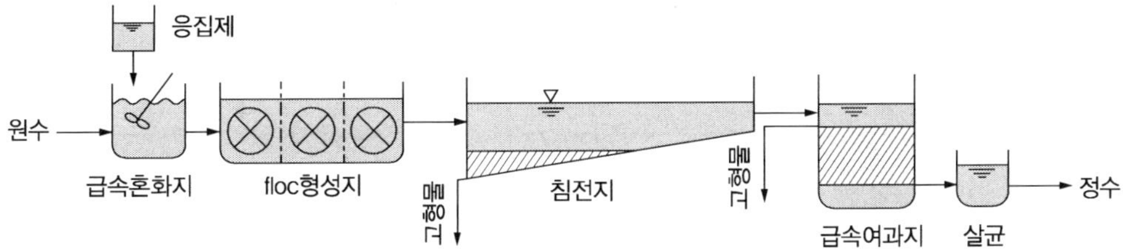

[그림 7.8] 급속여과 시스템

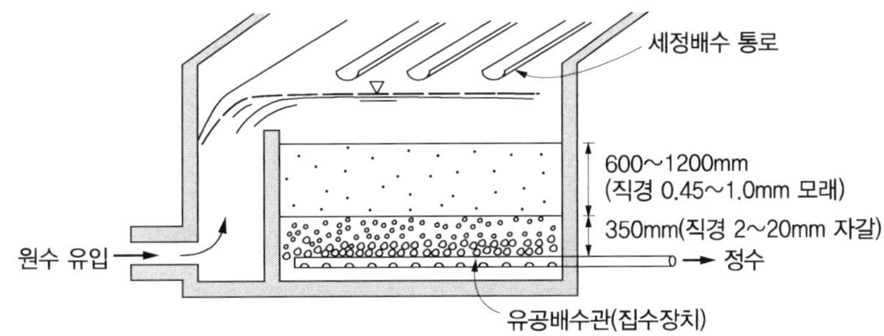

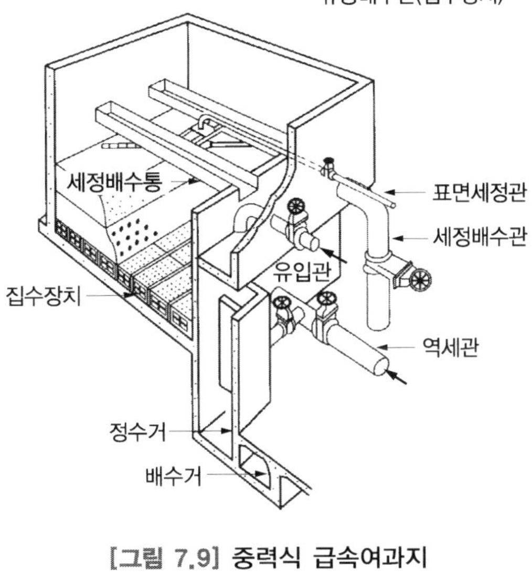

[그림 7.9] 중력식 급속여과지

① 역세척 방법

급속여과는 단시간에 대량의 물을 생산하므로 완속여과에 비하여 여과지의 손실수두가 크다. 즉 여과지가 막혀 물이 통과하지 못한다. 그러므로 인위적으로 여과지를 세척해야 하는데 이것을 역세척이라 하며, 여과지의 손실수두가 보통 2.0~2.5 m에 달하면 여과를 중지하고 역세척을 실시한다. 역세척에 소요되는 실시간은 오염정도에 따라서 다르나 보통 5~10분이 소요되며, 설계에서 10분 정도를 취하면 충분하다. 그러나 밸브의 개

폐나 표면세정의 시간을 합하면 15~30분이 소요된다.

급속여과의 역세척 방법(Back washing)은 다음과 같다.

a. 모래층을 기계적으로 교반 후, 물을 역류시키는 방법
b. 공기로 모래층을 교반 후, 물을 역류시키는 방법
c. 공기와 물을 동시에 분출시켜 역세척하는 방법
d. 물로만 역세척하는 방법

② 급속여과의 주기능

a. 거름효과 : 여재의 공극보다 큰 입자가 걸러지는 현상
b. 흡착 : 모래 표면의 흡착현상으로 여층에 부유물질이 억류되는 현상
c. 응집 : 콜로이드 입자들을 불안정화시켜 서로 결합이 가능하도록 침전성을 증가시키는 현상

(3) 급속여과의 변법

급속여과는 일종의 화학적 공정으로, 그 특징은 현탁질의 침입이 모래층 심층부까지 이르며 여과정지, 세정재생의 빈도가 많다.

① 다층여과법

보통의 천연규사(모래)로 된 여층은 역세척에 의해 성층화되어 위에서 아래로 갈수록 입도가 커진다. 이 때문에 대소 플록은 표층에만 억류되어 폐색이 빨리 일어나 여과지속시간이 단축된다. 이러한 결점을 보완한 것이 다층여과법이다.

다층여과는 입경이 크고 비중이 작은 여재를 상층에 위치시키고, 입경이 작고 비중이 큰 여재를 하층에 위치시켜 여층 전체를 유용하게 사용하여 여과속도를 높이고 여과지속시간을 연장시켜 준다.

따라서 이러한 입도구성의 여과지를 거친모래여과지(Coarse to filter) 또는 역입도여과지(Reverse graded multimedia filter)라 부르며, 대형의 부유물질은 상층에서 제거되고 하층으로 갈수록 점점 작은 부유물질이 제거되어 여층 전체에서 여과되므로 손실수두가 작아지고 여과지속시간이 길어져서 고속여과가 가능하다.

〈표 7.1〉 다층여과의 여재

여재	여재 설계기준	장 점 / 단 점
안트라사이트	비 중 1.5~1.7 유효경 1.6~2.0 mm 두 께 45~54 cm	· 장점 : 높은 여과속도에서도 장시간의 여과지속시간이 지속되고, 높은 여과효율과 양질의 여과수를 얻을 수 있다. · 단점 : 서로 다른 여층 경계면의 세정이 어렵고, 이를 위한 계면 세정장치가 필요하고, 역세척시 상층 여재에 다량의 슬러지가 통과하여 상층여재의 오염 가능성이 있다.
천연규사	비 중 2.60~2.65 유효경 0.45~0.70 mm 두 께 15 cm	
석류석	비 중 3.4~4.3 유효경 0.15 mm 두 께 7~8 cm	

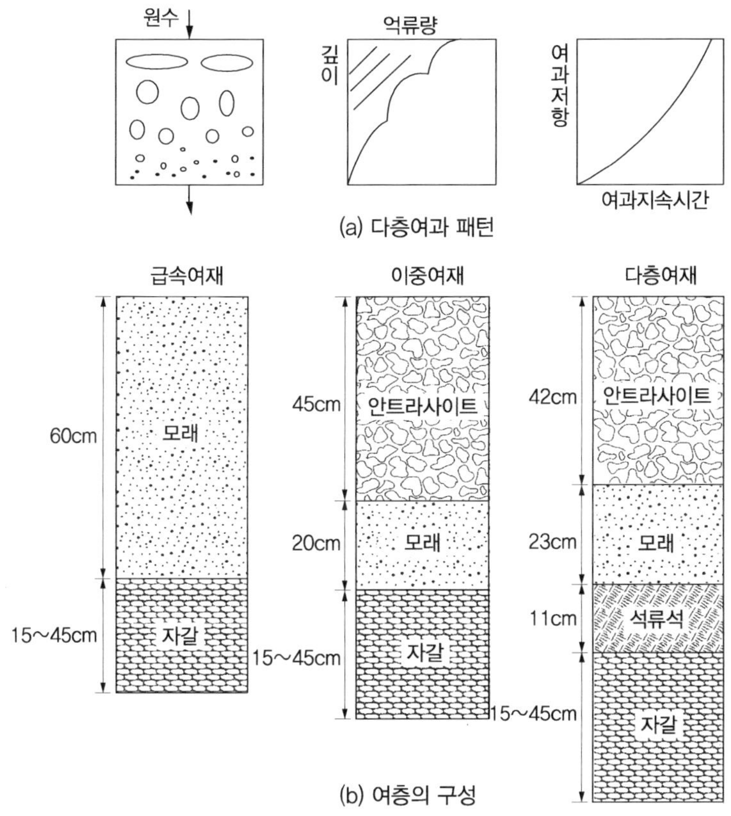

[그림 7.10] 다층여과법

② 상향류 여과법

보통여과법은 위에서 아래로 물이 흐르는 데 반해 밑에서 위로 여과하는 방법이다. 이 방법은 하층에 입경이 큰 모래, 상층으로 갈수록 입경이 작은 모래가 분포되므로 다층여과와 같은 이점을 갖는다. 그러나 여층 폐색에 수반하여 상승하는 수압으로 모래층이 부상하는 경향이 있고, 여과수가 표면으로 유출되므로 오염방지 대책이 필요하다. 모래층의 부상은 모래 표면에 격자를 설치하여 모래의 가교현상으로 방지할 수 있다.

여층의 두께는 2 m 정도로 보통의 여층보다 두껍고 여과속도는 200~300 m/day까지 고속화할 수 있으며, 역세척은 공기－물 병용법을 사용한다.

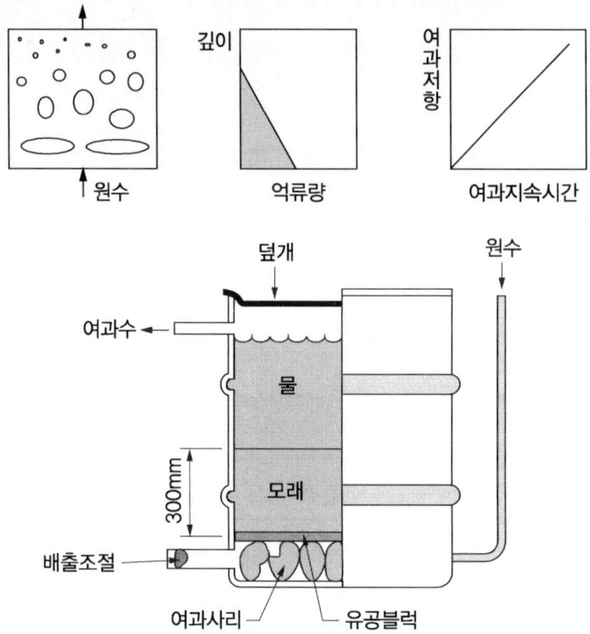

[그림 7.11] 상향류 여과법

③ 감쇄 여과법

급속여과 및 정압여과의 변법으로 유출밸브 쪽에 일정유량이 유출될 수 있도록 초기에 밸브의 개도를 조절해두고, 즉 여과속도의 상한만 제한하고 다른 제어는 하지 않는다. 유입은 여과지와 같은 수위의 여과면을 갖는 형태로써 전체 여과지의 수위는 동일하게 된다. 그러므로 어느 정도 범위 내에서는 여과의 중지나 복귀 시 여과속도가 변동하므로 수량 관리가 필요하다. 복잡한 조절장치가 필요 없고, 필요 수두가 작으며, 여과지 폐쇄에 따라 여과수량이 감소하므로 초기 여과속도를 조작해 놓으면 탁질누출의 위험이 적다. 그러나 초기와 말기의 유량차이가 크므로 큰 저수지를 필요로 한다.

④ 2방향류 여과

여층에 집수 여과기(Strainer)를 설치하고, 상하 양방향에서 원수를 동시에 유입시켜 여과하는 방식이다. 상향류 여과의 장점인 여과지속시간의 연장과 단점인 모래층의 팽창에 따른 여과기능의 상실 등을 방지할 목적으로 상하향류 2방향 여과를 하나의 조합여상으로 하여 동시에 여과할 수 있도록 만든 것으로, 여층이 상하 모두 역입도로 구성되어 있다. 이를 상하향류 여과라고도 한다.

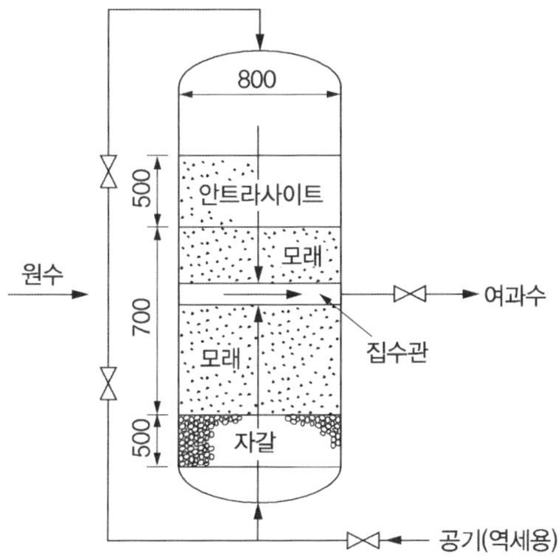

[그림 7.12] 2방향류 여과(상하향류 여과)

⑤ 직접 여과

급속여과의 전처리 과정 중 침전 또는 응집공정을 제외하고 모래 등의 여과지를 이용하여 직접 여과하는 정수처리 공정으로서 micro floc 여과, 약주여과(약주입여과, 응집여과) 등으로 부른다. 여과효율을 증가시키기 위하여 여과지에 유입하기 전에 응집제를 투입하는데, 이렇게 하면 처리시간이 단축되고 micro floc이 형성되어 여과효율이 향상된다.

Micro floc 여과는 급속교반조에서 유출된 micro floc의 응집수를 직접 여과지를 통하여 처리하는 방법이고, 약주여과는 원수에 응집제를 주입한 직후 아직 micro floc이 형성되지 않은 상태에서 여과를 행하는 방법이다.

직접 여과의 특성은 완전한 침전과정을 거치지 않고 좁은 공간에서 단시간에 많은 물을 처리할 수 있다는 장점이 있지만 가장 큰 걸림돌은 여과지에 걸리는 과부하이다. 특히 유입되는 원수의 탁도가 증가할수록 여과지의 폐쇄가 촉진되므로 국내에서는 사용예가 드물다. 일부 공업용수를 자체적으로 정화하는 데에 직접 여과법이 사용되고 있다.

대개 직접 여과는 원수의 탁도가 20~60 NTU일 때가 적당하다. 직접 여과를 하면 침전지를 생략할 수 있어 경제적인 이점이 있다. 그러나 아직 정수처리 공정에서 그렇게 환영을 받지 못하고 있으며, 향후 좀 더 개발의 여지가 남아 있다.

직접 여과의 영향인자로는 여층이 응집－침전지 역할까지 다 해야 하기 때문에 원수의 탁도와 색도가 가장 큰 변수다. 이 외에도 조류, pH, 알칼리도 등 유입 원수의 영향이 크며, 여재의 종류, 모래의 크기(대개 0.4～0.5 mm), 여층의 두께 등이 주요한 영향인자로 작용할 수 있다. 여과속도도 중요한 변수 중의 하나이다. 여과지속시간은 여과속도와도 관계가 있지만, 원수 중에 포함된 조류, 응집제의 주입량에도 영향을 받는다. 보통 여과지속시간은 원수의 종류, 여과지의 특성에 따라 상이하지만 10～20시간 범위이며, 오염이 심할 경우 이보다 낮을 수도 있다.

(4) 막여과

분리막을 여재로 이용하여 여과하는 정수처리 공정을 말한다. 막여과에서는 입자의 크기가 용존물질(0.00001～1.0 ㎛)까지로 확장된다. 막의 역할은 액체 내의 어떤 물질은 통과시키고, 어떤 물질은 막는 선택벽으로 작용한다.

막의 운전은 매우 단순한데 펌프를 이용하여 유입수의 압력을 높이고 모듈 내를 순환시키며 밸브를 이용하여 농축수의 압력을 유지시킨다. 투과수는 주로 대기압 하에서 뽑아내며, 유입수의 찌꺼기가 막에 축척(막의 막힘)되면 유입수 쪽의 압력이 증가되고, 막플럭스(막을 통과하는 유량)가 감소하기 시작하여 배제율(Percent rejection)이 감소하기 시작한다. 막의 성능이 예상 값까지 감소하면 바로 모듈을 빼내 화학적으로 역세척 또는 청소를 해야 한다.

막 공정에는 정밀여과, 한외여과, 나노여과, 역삼투, 투석, 전기투석 등이 있다.

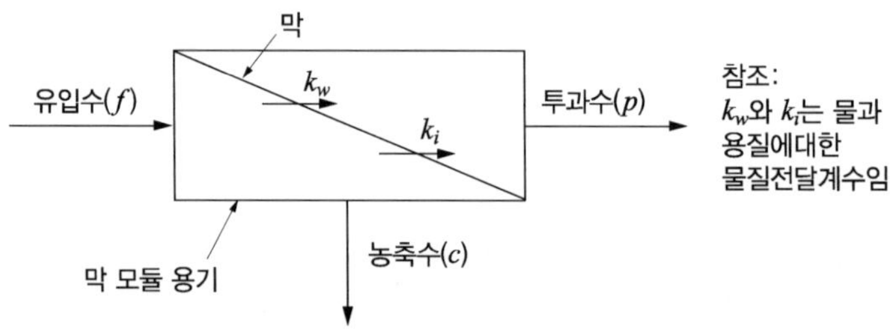

[그림 7.13] 막공정의 개념도

(5) 완속여과와 급속여과의 비교

급속여과 시스템은 완속여과 시스템과 같이 미량의 금속성분, 맛과 냄새, 암모니아 등에 이르는 광범위한 성분에 대처할 수 있는 장점을 갖지 못한다. 따라서 용해성의 유기 및 무기성분에 대응하기 위해서는 별도의 처리시설을 설치하여야 한다.

〈표 7.2〉 완속여과와 급속여과의 비교

항목	완속여과	급속여과
여과속도	4∼5 m/day	120∼150 m/day
용지면적	크다	작다
세균 제거효과	좋다	나쁘다
수질	양호하다	양호하다
관리 기술	무	유
원수 수질	저탁도	고탁도, 고색도, 철, 조류
여재 세척인력	많이 소요된다	적게 소요된다
약품처리	약품 사용 안함	약품 사용이 필수
손실수두	작다	크다
건설비	많음	적음
유지관리비	적음	많음
여과기능	모래층 표면(표면 여과)	모래층 내부(내부 여과)
여과사 두께	70∼90 cm	60∼120 cm
균등계수	2.0 이하	1.7 이하
모래 입경	최대입경 2.0 mm 이하	최대입경 2.0 mm 이하 최소입경 0.3 mm 이상

급속여과에서는 완속여과와 같은 생물여과막이 생성되지 않는 대신 미세한 플록이나 진흙 형태의 물질이 여재에 부착하여 두꺼운 층의 여상을 형성하여 물리적 저지, 흡착, 이온교환 등의 여과작용이 이루어진다.

7.2.3. 여과의 기본식

(1) 여과방정식

여과공정에서 부유물질의 제거기작을 수학적으로 표현하기 위하여 많은 연구가 진행되어 왔지만, 실제 설계에 적용이 가능한 이론의 정립은 아직도 미완성이다.

많은 연구자들이 제안한 수식을 실제에 적용하기 어려운 이유는 다음과 같다.

① 이론식에 대입하여야 할 상수 중 많은 것이 실험을 통하여 산정해야 한다.

② 수식에 대입할 수질자료를 각각의 대상수에 대하여 측정해야 한다.

③ 응집성 입자의 경우 여층에 억류된 입자가 시간 경과에 따라 질적으로 변화한다.

④ 많은 수식들의 해석이 어렵다.

그러나 실제 설계에서 이론식을 적용하지 않는 이유는 이론식을 따르지 않더라도 경험적인 자료로부터 충분히 설계가 가능하고, 여재가 비싸지 않기 때문이다.

여과이론의 수학적 표현은 청징방정식, 연속방정식, 청징방정식의 비례상수(λ)로 표현된다. 그러나 이들 식으로부터 하나의 여과방정식을 얻는 것이 어려우므로 여기서는 기본식만을 소개한다.

① 청징방정식

현탁액을 입상여층에서 여과하는 경우 깊이(z)와 여과시간(t)에 있어서 부유물질의 농도를 C 라면, 식 (7.1)의 관계가 성립된다.

$$C = C(z, t) \tag{7.1}$$

따라서 부유물질의 제거속도는 식 (7.2)로 표현된다.

$$\frac{dC}{dt} = \frac{\partial C}{\partial z}\frac{dz}{dt} + \frac{\partial C}{\partial t} = V\frac{\partial C}{\partial z} + \frac{\partial C}{\partial t} \tag{7.2}$$

여기서 $V = dz/dt$는 여재 공극을 통과하는 수류의 속도로서 식 (7.3)과 같이 표현된다.

$$V = \frac{v}{\epsilon_o - \sigma} \tag{7.3}$$

여기서 v = 여과속도

ϵ_o = 여재의 초기 공극비

σ = 비퇴적량

한편 부유물질의 제거속도가 유수 중의 입자농도와 1차반응의 관계가 있다고 하면, 식 (7.2)는 식 (7.4)와 같이 된다.

$$\frac{v}{\epsilon_o - \sigma}\frac{\partial C}{\partial z} + \frac{\partial C}{\partial t} = -kC \tag{7.4}$$

식 (7.4)에서 $\frac{v}{\epsilon_o - \sigma}\frac{\partial C}{\partial z} \gg \frac{\partial C}{\partial t}$라 볼 수 있으므로

$$\frac{v}{\epsilon_o - \sigma}\frac{\partial C}{\partial z} = -kC \quad \text{or} \quad \frac{\partial C}{\partial z} = -\frac{k(\epsilon_0 - \sigma)}{v}C \tag{7.5}$$

식 (7.5)에서 $k(\epsilon_o - \sigma)/v$는 k의 값이 일정하지 않고 σ 의 함수이므로, 비례상수(저지율) λ 를 이용하여 여과의 기초방정식 중 청징방정식을 식 (7.6)으로 표현할 수 있다.

$$\frac{\partial C}{\partial z} = -\lambda C \tag{7.6}$$

$$\lambda = f(\sigma) \tag{7.7}$$

② 연속방정식

[그림 7.14]에서 두께 dz의 여층을 통과하는 부유물질의 농도(C) 변화를 살펴보자.

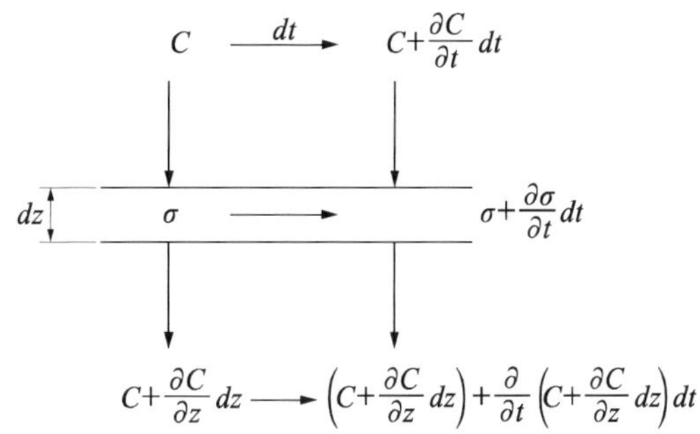

[그림 7.14] 얇은 여층에서 부유물질의 농도 변화

여재의 상층에서 농도 C로 유입된 현탁액은 여재 하층에서는 $C+\dfrac{\partial C}{\partial z}dz$가 된다. 또한 여재 상층에서 dt시간 후 부유물질의 농도는 $C+\dfrac{\partial C}{\partial t}dt$ 이므로, 여재 하층에서 dt 시간 후 부유물질의 농도는 식 (7.8)과 같이 된다.

$$\left(C+\frac{\partial C}{\partial z}dz\right)+\frac{\partial}{\partial t}\left(C+\frac{\partial C}{\partial z}dz\right)dt \fallingdotseq C+\frac{\partial C}{\partial z}dz+\frac{\partial C}{\partial t}dt \tag{7.8}$$

한편, dz층에 단위체적당 억류되는 부유물질의 양 σ 은 dt시간 후에는 $\sigma+\dfrac{\partial \sigma}{\partial t}dt$ 이다. 그러므로 dt 시간의 물질수지를 고려한 연속방정식은 식 (7.9)과 같다.

$$v\left[C-\left(C+\frac{\partial C}{\partial z}dz+\frac{\partial C}{\partial t}dt\right)\right]dt = \left[\sigma+\frac{\partial C}{\partial t}dt-\sigma\right]dz - v\left(\frac{\partial C}{\partial z}\frac{dz}{dt}+\frac{\partial C}{\partial t}\right)=$$

$$\frac{\partial \sigma}{\partial t}\frac{dz}{dt} - v\left(\frac{\partial C}{\partial z}\frac{v}{\epsilon_o - \sigma} + \frac{\partial C}{\partial t}\right) = \frac{\partial \sigma}{\partial t}\frac{v}{\epsilon_o - \sigma}$$

$$\therefore\ v\frac{\partial C}{\partial z} + \left(\epsilon_o - \sigma\right)\frac{\partial C}{\partial t} = -\frac{\partial \sigma}{\partial t} \tag{7.9}$$

그러나 많은 연구자들은 식(7.9)의 좌변 제2항을 생략해서 식(7.10)과 같이 간략화된 식을 사용하고 있다.

$$\therefore\ v\frac{\partial C}{\partial z} = -\frac{\partial \sigma}{\partial t} \tag{7.10}$$

③ λ의 표현

청징방정식을 완성하기 위해서는 식 (7.7)의 함수형을 결정해야 한다. λ에 대해서는 많은 연구자들에 의하여 여러 가지 식이 제안되었다. 그러나 어느 경우에나 실험에 의한 상수가 포함되므로 별도의 실험 없이는 <표 7.3>의 식들을 일반적으로 적용할 수 없다.

〈표 7.3〉 여과방정식

연구자	청징방정식	연속방정식	λ	비고
岩崎 (1937)	$\frac{\partial C}{\partial z} = -\lambda C$	$-v\frac{\partial C}{\partial z} = \frac{\partial \sigma}{\partial t}$	$\lambda = \lambda_o + a\sigma$	급속여과지를 대상으로 함
Mints (1951)	$\frac{\partial C}{\partial z} = -\lambda C$	$-v\frac{\partial C}{\partial z} = \frac{\partial \sigma}{\partial t}$	$\lambda = \lambda_o\left(1 - \frac{\sigma}{\sigma C}\right)$	$\lambda_o = \frac{B}{v^{0.7}D^{1.7}}$
Ives (1962)	$\frac{\partial C}{\partial z} = -\lambda C$	$-v\frac{\partial C}{\partial z} = \frac{\partial \sigma}{\partial t}$	$\lambda = \lambda_o + a\sigma - \frac{b\sigma^2}{\epsilon_o - \sigma}$ or $\lambda = \lambda_o + a\sigma - b\sigma^2$	
Maroundas (1965)	$\frac{\partial C}{\partial z} = -\lambda C$	$-v\frac{\partial C}{\partial z} = \frac{\partial \sigma}{\partial t}$	$\lambda = \frac{k_o}{v}\left(1 - \frac{\sigma}{\sigma C}\right)$	
Shekhtman, Lerk	$\frac{\partial C}{\partial z} = -\frac{k(\epsilon_o - \sigma)}{v}C$	$-v\frac{\partial C}{\partial z} = \frac{\partial \sigma}{\partial t}$	$k = \frac{kA(1-\epsilon_o)}{\mu D^3}$	
Sholji (1963)	$\frac{\partial C}{\partial z} = -\lambda C$	$v\frac{\partial C}{\partial z} = -\frac{\partial \sigma}{\partial t}$	$\lambda = \frac{\alpha}{v^a D^b \mu^c}$	
Deb (1969)	$\frac{v}{\epsilon_o - \sigma}\frac{\partial C}{\partial z} + \frac{\partial C}{\partial t} = -\lambda C$	$v\frac{\partial C}{\partial z} + (\epsilon_o - \sigma)\frac{\partial C}{\partial t} = -(1-\epsilon_o)\frac{\partial \sigma}{\partial t}$	$\lambda = \frac{B}{Lv}\left(\frac{X}{\epsilon_o - \sigma}\right)^A$	
丹保, 小笠原 (1974)	$\frac{v}{\epsilon_o - \sigma}\frac{\partial C}{\partial z} = -\lambda' C + \lambda''$	$v\frac{\partial C}{\partial z} = -(1-f_o)\frac{\partial \sigma}{\partial t}$		

(2) 여층의 손실수두식

여층의 손실수두에 관한 이론식은 Fair, Camp 등 많은 연구자들에 의하여 제안되었다. Rose는 손실수두에 관하여 식 (7.11)을 유도하였다.

$$\frac{h}{l} = \Phi \left[\left(\frac{v\,d}{\nu} \right) \left(\frac{v^2}{g\,d} \right) (f) \right] \tag{7.11}$$

여기서 v = 여과층의 표층에서의 속도

d = 모래입자의 대표직경

g = 중력가속도

ν = 동점성계수

f = 여과사의 공극율

식 (7.11)을 Reynolds수 (N_R)의 함수인 저항계수(C_D)로 표현하면, Fair-Hatch 식이 얻어진다.

$$\frac{h}{l} = 1.067\,\frac{C_D}{g}\,\frac{1}{f^4}\,\frac{v^2}{d} \tag{7.12}$$

구형의 모래입자 표면적을 A, 체적을 V라 하면, $\frac{1}{d} = \frac{A}{6}V$ 이다. 이것을 식 (7.12)에 대입하면 식 (7.13)과 같다.

$$\frac{h}{l} = 0.178\,\frac{C_D}{g}\,\frac{v^2}{f^4}\,\frac{A}{V} \tag{7.13}$$

여기서 $C_D = \frac{24}{N_R} + \frac{3}{\sqrt{N_R}} + 0.34$

모래층 내의 흐름이 층류일 때(N_R, 0.5) $C_D = 24/N_R$이므로, 식 (7.13)는 식 (7.14)와 같이 나타낼 수 있다.

$$\frac{h}{l} = 25.6\,\frac{\nu}{g}\,\frac{1}{f^4}\,\frac{v}{d^2} = 0.711\,\frac{\nu}{g}\,\frac{v}{f^4}\left(\frac{A}{V}\right)^2 \tag{7.14}$$

여기서 A/V는 비표면적, 구형입자에서는 $6/d$ 이다

(3) 여과속도식

여과속도에 관한 식은 Allen Hazen의 실험식이 있다.

$$v = c\,d^2 \frac{h}{l} \frac{T+10}{60} \tag{7.15}$$

여기서 c = 깨끗하고 가는 모래 700～1,000, 오래 고결한 모래 400
d = 모래의 유효경
h = 수두
l = 모래층 두께
T = 수온

7.2.4. 여과지 설계

(1) 유효경

유효경은 여과사를 체분석하여 전체 중량비의 10%가 통과하였을 때의 최대입경(D10)을 말한다. 급속여과지에서 유효경은 0.45～1.00 mm 정도이다. 또한 여과사는 최대경 2 mm, 최소경 0.3 mm로 규정하고 있다.

여과사를 가는 모래로 사용할 경우에는 표면여과의 경향이 크므로 여층에 억류되는 탁질량이 적고, mud ball이 생성되기 쉬우며, 여과지속시간이 짧아진다. 굵은 모래를 사용할 경우에는 내부여과의 경향이 크므로 여과지속시간과 여과속도가 증가할 수 있다. 그러나 역세척 속도가 커야 하고, 모래층의 두께도 크게 해야 한다. 따라서, 급속여과에서는 저지율, 여과지속시간, 역세척 속도 및 여과속도 등을 종합적으로 고려하여 유효경을 결정하여야 한다.

(2) 균등계수

균등계수는 여과사의 (D60 / D10)으로 나타내며, 중량비로 60%를 통과하는 최대경을 유효경으로 나눈 값이다. 급속여과지에서 균등계수는 1.7(1.3～1.6) 이하이다. 균등계수가 1.0에 가까울수록 여층의 공극율이 커지므로 탁질의 억류 가능량도 많아진다.

자연에 존재하는 모래의 균등계수는 1.5～3.0 범위에 있으나 그대로 여과사로 사용하면 굵은 모래의 공극에 가는 모래가 끼어 세밀충진 상태가 되며 이로 인해 탁질 저지율은 높아지나 손실수두가 너무 커서 여과지속시간이 짧아지고, 역세척 과정에서 성층현상이 발생한다. 그러나 균등계수가 적어질수록 여과사 가격이 높아지므로 균등계수 1.7을 상한선으로 한다.

(3) 유효경과 균등계수, 여과수질과의 관계

균등계수가 같을 경우, 유효경이 큰 모래층일수록 여과지속시간이 길어지나 여과수질이 불량해진다. 유효경이 같을 경우, 균등계수가 작을수록 여과지속시간이 길어지며 여과수질이 양호해지거나 그 차이는 작아진다.

(4) 여재의 선정 및 여층의 두께 결정

모래(Sand), 안트라사이트(Anthracite, 무연탄), 석류석(Garnet) 등으로 구성된 중력여과에서 여재의 선택은 대부분 설계자에 의해 결정된다.

일반적으로 바람직한 여재의 특성은 다음과 같다.

① 좋은 수리학적 특성(침투성이 좋아야 한다)

② 물속의 물질과 반응하지 않아야 한다(불활성이거나 제거하기 쉬운 것).

③ 딱딱하고 내구성이 있어야 한다.

④ 불순물이 없어야 한다.

⑤ 불용성이어야 한다.

적절한 직경 및 균등계수를 갖는 여재의 선택은 원수 수질, 여과지 설계, 예상 여과속도에 따라 다르다. 일반적으로 여재가 균일할수록 수두손실 발생이 늦게 일어난다. 적절한 여재 크기의 선정을 통하여 운영상의 문제를 개선시킬 수 있으므로 여재 선정 시 다음과 같은 인자들을 고려해야 한다.

① 여재에서 탁질누출 현상에 의해 탁질이 누출되는 데 소요되는 시간

② 여재가 한계수위까지 도달하는 시간

적절한 여재를 선택하면 ①, ②의 두 시간이 거의 비슷해진다. 한계수위에는 도달하지만 탁질누출 현상이 거의 발생하지 않는다면 여재의 입경을 증가시킬 필요가 있으며, 반대로 여과지의 한계수위에 도달하기 이전에 파과에 의한 탁질누출이 자주 발생한다면 여재의 입경을 감소시킬 필요가 있다. 만약 수두손실이나 탁질누출 모두에서 문제가 발생한다면 여재의 깊이를 증가시킬 필요가 있다. 그러나 여재의 깊이를 증가시키는 것은 여

과지의 구조를 변경해야 하며, 또한 여층과 트로프 사이에 충분한 공간이 확보되어야 한다. 그렇지 못할 경우에는 역세척 중에 여재가 위어를 넘어 유출될 수 있다.

여과는 여과수 중에서 누출되는 부유물질의 농도가 상한값에 도달했을 때나 여과 총 손실수두가 한곗값에 도달될 때까지 계속된다. 이 관계를 나타낸 것이 [그림 7.15]인데, [그림 7.15, a]는 여과지속시간과 더불어 총 손실수두가 증가하는 상태를 나타낸 것이며, [그림 7.15, b]는 여과시작 초기에 잠깐 탁질누출이 있었으나 λ 의 증가에 따라 최대 제거효율에 도달하고 여러 시간 여과를 계속하면 여상이 억제능력을 상실하거나 여과수가 허용농도를 넘어 탁질누출이 시작되는 것을 나타내고 있다. 이러한 탁질누출 현상(Break through)이 여과초기에 발생하면 여과를 계속할 수 없다. 처음에 높은 농도가 약간 발생하는 현상을 초기 탁질누출, 마지막에 발생하는 것을 후기 탁질누출이라 한다.

허용최대손실수두에 도달하는 시간을 t_1, 허용최대여과수의 탁도에 도달되는 시간을 t_2로 하는 2가지 설계요인에 대하여 $t_1 = t_2$가 되는 여재의 크기, 여과속도, 응집조건 등을 정하는 것이 좋다.

만일 $t_1 > t_2$이면, ① 여재를 거친 것으로 하고, ② 여층의 두께를 얇게 하고, ③ 약품으로 전처리를 하는 경우에는 응집제, 응집보조제의 양을 줄이고, ④ 여과속도를 증가시키는 방법 등을 사용하여 $t_1 = t_2$의 조건에 접근하도록 한다. $t_1 < t_2$인 경우에는 $t_1 > t_2$와 반대되는 방법을 택한다.

통상 급속여과법에서는 한계손실수두에 의하여 운전을 중단하는 것이 보통이므로 $t_1 > t_2$이다. 이러한 경우에 $t_1 = t_2$에 접근하는 방법으로 여재의 입경을 어느 정도 증가시키고 여과속도를 크게 하는 방법이 이용된다.

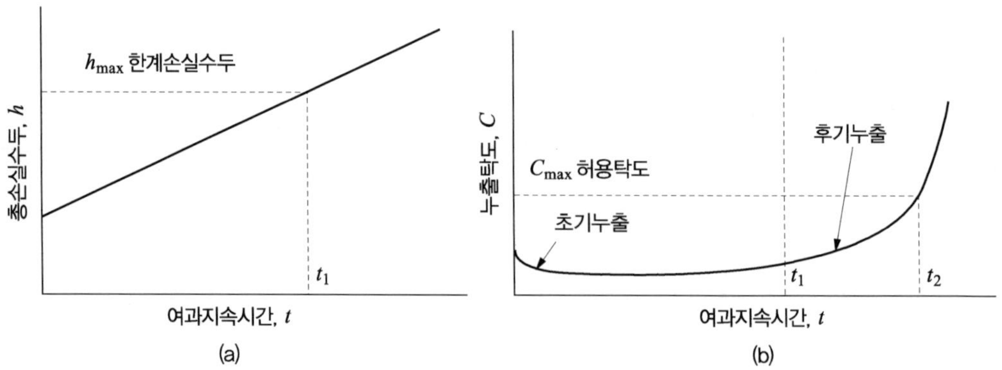

[그림 7.15] 누출과 초기 손실수두의 시간경과

완속여과지에서는 저지율 λ 가 너무 크기 때문에 억류가 여재표면으로 한정되므로 $t_1 > t_2$가 되어 여과의 중단은 손실수두로 결정된다.

[그림 7.16]에서 사선부분이 부유물질의 억류에 관여하고 공백 부분은 만족할 만큼 사용되지 못하는 부분이다.

여상에 억류되는 부유물질의 증가와 탁질누출의 억지기능을 분담시켜 억지율 λ가 낮은 상층부와 억지율이 높은 하층부를 갖는 다층여상을 채용하여 [그림 7.16, b, c]와 같이 여과지의 억류용량을 높이면, 양질의 여과수질을 얻을 수 있다. 이와 같이 큰 입경의 여재를 상부에 배치하고 여재 입경이 하부로 갈수록 작아지는 여상을 역입도구성여상이라 한다.

일반적으로 급속여과는 역세척에 의하여 상부에 큰 입자, 하부에 작은 입자가 배열되는 형태로 성층이 형성된다. 역입도 구성을 유지하려면 큰 입자의 비중이 작은 입자보다 작아야 한다. 이렇게 실용화되어 있는 전형적인 방법은 비중 1.4의 안트라사이트(Anthracite), 비중 2.6의 모래(Sand), 비중 3.4～3.7의 석류석(Garnet)의 3층 여상으로 구성하는 방법, 또는 안트라사이트와 모래를 2층 여상으로 구성하는 방법 등의 다층여과법이 있다.

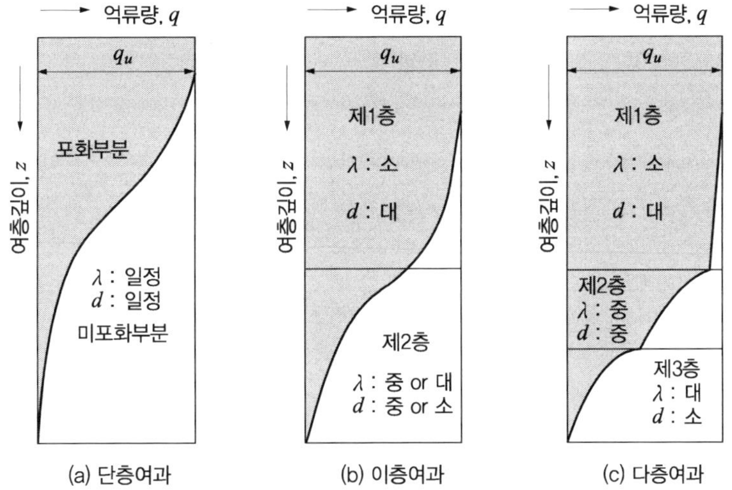

[그림 7.16] 여상구성과 억류상태

(5) 여과에 영향을 미치는 인자

여과에 영향을 미치는 인자에는 크게 물리적 인자와 화학적 인자로 구분하여 생각할 수 있다. 응집에 의하여 제거할 수 있는 탁질입자의 한계는 대개 1 μm 부근의 것들이다. 그 이하의 것들은 응집처리가 쉽지 않다.

① 충돌횟수

탁질이 여재에 억류되려면 우선 여재와 충돌하여야 한다. 포집자(Collector)와 탁질 사이의 접촉이 효율적으로 이루어져야 여과효율이 상승할 수 있다. 하나의 포집자가 탁질과 접촉할 기회는 곧 여과효율과 직결된다. 포집자의 여과효율은 입자가 포집자에 부딪히는 속도에 비례할 것이다. 즉 여과속도, 여재의 크기, 탁질의 크기와 밀도, 수온 등은 여과효율과 상관이 있다.

② 탁질입자

여재보다 탁질이 월등히 크다면 탁질의 제거효율은 100%에 도달할 것이다. 그러나 정수과정에서는 대부분의 탁질들이 응집과정에서 제거되기 때문에 미세한 플록들만 여과지로 넘어간다. 0.01 μm 정도의 탁질들은 주로 브라운 운동의 지배를 받으며 이동하게 된다.

③ 여과속도

물의 흐름은 응집－침전을 거친 후 대개 120～150 m/day 정도로 유지하는 것이 일반적인 방법이다. 고속여과의 경우 290 m/day까지 가능한 것으로 분석되고 있으며, 최근에는 직접여과법을 사용하여 여과속도를 640 m/day까지도 양호한 수질을 얻을 수 있다는 보고가 있다.

한편 여과지가 단층, 이층, 삼층이냐에 따라 여과속도와 여과수의 수질은 달라진다. 그러나 어떤 여과지도 초기의 여과속도가 그대로 계속 유지될 수는 없다. 유량조절기를 달아 놓고 여과 유출밸브를 적절히 조절함으로써 동일 유량이 흐르도록 유도할 수 있으나 수질이 저하될 우려가 있다. 만약 이러한 인위적인 조치를 하지 않으면 초기에는 여과속도가 빠르다가 점차적으로 여층의 폐색이 일어나므로 여과수량이 자연적으로 감소하게 된다. 이것이 감쇄여과인데, 양호한 수질을 얻을 수 있다는 장점은 있으나 처리수량이 제한된다는 것이 문제이다.

④ 여재

여재의 특성이 여과에 미치는 영향은 아주 크다. 여재의 모양과 크기는 <표 7.4>와 같다. 여재의 유효입자 크기는 여재의 종류에 따라 상대적으로 조금씩 차이가 있다.

〈표 7.4〉 여재의 특성

재질	모양	구형도	밀도	다공도(%)	유효입자 크기(mm)
Silica sand	Rounded	0.82	2.65	42	0.4~1.0
Silica sand	Angular	0.73	2.65	53	0.4~1.0
Ottawa sand	Spherical	0.95	2.65	40	0.4~1.0
Silica gravel	Rounded	-	2.65	40	1.0~50
Garnet	Rounded	-	3.1~4.3	-	0.2~0.4
Anthracite	Angular	0.72	1.59~1.75	55	0.4~1.4

7.2.5. 여과지에서 발생하는 현상

(1) 여과지 수두

여과가 진행됨에 따라 현탁질이 여층의 공극 내에 억류되고 여층이 폐색되면 여과손실수두가 증가하여 여층 내 수압이 점차 떨어진다. 여과를 계속하면 폐색이 많이 진행된 부분에서 국부적으로 대기압보다 압력이 작은 부분이 발생하는데 이때의 수두를 부수두라 한다.

여과지 내 부수두가 발생되면 용존공기가 수중으로부터 유리되어 여층 중에 기포를 발생시키는 공기장애(Air binding) 현상이 발생한다. 이로 인하여 통수단면이 감소하여 여과능력이 급격히 저하되고, 부력에 의하여 여층 표면의 여과막 조직이 파괴되어 모래층 표면에 균열을 발생시키며 piping 작용을 일으켜 여과수에 탁질이 누출되는 탁질누출 현상이 일어난다.

이러한 부수두 현상을 방지하기 위해서는 여과지 모래면 상부의 수심을 가능한 크게 해야 하며(완속여과 0.9~1.2 m, 급속여과 1.0~1.5 m), 완속여과 시에는 여과수의 인출 수위가 모래면의 높이까지 저하하면 여과를 중단하고, 여층의 세척작업을 실시해야 한다. 급속여과 시에는 어느 정도 부수압이 허용되는데, 이것은 플록의 부착력이 커서 어느 정도 부압에서는 탁질누출 현상이 발생하지 않기 때문이다. 그러나 여과손실수두가 2.0~2.5 m 정도에 이르면 여과를 중단하고 세척작업을 실시해야 한다.

[그림 7.17]에 나타낸 바와 같이 여과가 진행됨에 따라 현탁질이 여재의 공극 내에 억류되고 여재 입자 사이의 수로가 폐색되어 손실수두가 증가하고 여층 내의 수압이 점차 감소한다.

・직선 1 : 여과지에 물을 만수시키면 직선의 수압분포를 얻을 수 있다.

· 직선 2 : 여과를 시작한 직후, 여층 및 자갈층의 저항에 따른 수압분포이다.

· 직선 3 : 여과를 계속하면 여층 내 현탁질의 억류가 진행되어 여층에 의한 손실수두가 크게 된다. 주로 표층부에 현탁질의 억류량이 많아 표층부의 손실수두가 타부분에 비하여 현저히 크다.

· 직선 4 : 전손실수두가 크게 되어 이용 가능한 전수두의 대부분이 소모된 상태로 여과를 중단해야 하는 상태이다. 실제 급속여과지는 전손실수두를 1~2 m 정도로 하고 있다.

· 직선 5 : 여과지의 전체 압력차가 통수능력을 유지할 수 있는 경우에도 폐색이 많이 일어난 여층 부분에서 국부적으로 대기압보다 작은 부분이 발생한다. 이런 국부적인 부압현상은 현탁질의 억류가 여층 표면에 집중하는 경우나 사면상의 수심이 과소한 경우에 발생하기 쉽다.

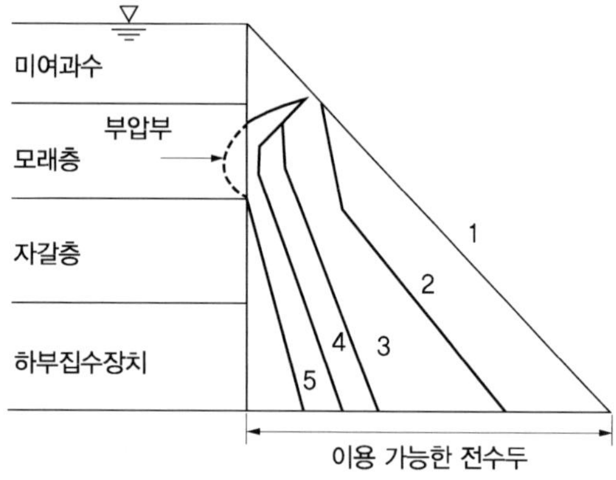

[그림 7.17] 여과지 수두의 형태

(2) 공기장애(Air binding)

수중의 용존공기가 여과지 내 부수압의 발생으로 인하여 수중으로부터 유리되어 여과 모래층에 기포를 발생하거나 또는 여과지 내 수온 상승으로 인하여 용존공기의 용해도가 저하되어 기포를 발생시킴으로써 여층의 통수 단면적을 감소시키고, 공극을 폐색시킴으로써 통과 유속이 증가되어 여과수질을 악화시키는 현상이다.

[그림 7.17]의 직선 5는 여과지의 전체 압력차가 통수능력을 유지할 수 있는 경우에도 폐색이 많이 일어난 여층 부분에서 국부적으로 대기압보다 작은 부분이 발생하는 모습을 나타낸 것으로, 이러한 부수두 발생이 공기장애의 주원인이다.

공기장애가 발생하면 다음과 같은 현상이 발생한다.

① 기포의 발생으로 여층의 통수 단면적을 감소시킨다.
② 여층 공극을 폐색시킨다.
③ 일부 여층 내에 통과 유속을 증가시킨다.
④ 유속의 증가로 탁질이 누출되는 파과현상이 발생되어 여과수질을 악화시킨다.

(3) 탁질누출 현상(Break though)

여과가 진행됨에 따라 현탁질이 여층의 공극 내에 억류되고, 여층이 폐색되면 국부적으로 대기압보다 압력이 작은 부분이 발생되며, 이러한 부수두의 발생으로 인해 여층 내에 공기장애 현상이 발생하여 공극이 폐색되거나 통수단면이 작아져서 여과유속이 빨라지게 된다. 유속이 어느 정도 이상이 되면 여층 내에 억류되어 있는 플록이 파괴되어 탁질이 여과수와 같이 유출되는 현상을 탁질누출 현상이라 한다.

탁질누출 현상의 발생원인은 다음과 같다.
① 부수두의 발생으로 공기장애 현상이 발생
② 여과유속의 증가
③ 플록의 강도 저하
④ 여재의 부착력 저하

탁질누출 현상이 발생하면 일어날 수 있는 현상은 다음과 같다.
① 탁질누출로 여과수질이 악화
② 탁질누출로 병원균의 소독 민감도 저하
③ 배수관망 내 세균의 발생

이에 대한 대책은 다음과 같다.
① 모래면 위의 수심을 증가
② 여과지의 허용최대 여과 유량을 감소
③ 응집시 PAC 등을 사용하여 플록의 강도 및 부착력을 증가
④ 기존의 여재를 다른 여재로의 교체

(4) Mud ball

Mud ball은 여과지 내에서 모래와 기타 고형물이 덩어리를 형성하여 20∼25 mm 정도로 커진 것으로 비중이 가벼운 것은 여층의 상부에 집중하나, 비중이 모래 이상이 되면

여층 전체에 걸쳐 존재하기도 하며 때로는 큰 덩어리를 형성하기도 한다. Mud ball은 역세척이 불충분하여 여층에서 오염물질의 축적과 여재 품질이 원인이 되어 발생되는 것으로 특히 물만으로 역세척 할 경우에 발생한다. Mud ball이 발생하면 여층의 폐색 고결, 여과손실수두의 급상승으로 인한 여과지속시간의 단축, 여층의 균열 발생, 여과수질의 악화 등을 야기한다.

Mud ball을 제거하기 위해서는 표면세척을 실시해야 한다. 표면세척은 여층 표층부에 억류된 탁질을 강력한 수류의 전단력으로 파쇄하는 것이다. 표면세척은 역세척 개시 전에 4~6분 정도 분출 노즐로 여층 전표면에 고루 분포되게 시행한다.

표면세척 방식에는 고정식과 회전식이 있다. 고정식은 수평관으로부터 수직관을 분지하여 그 선단에 다수의 구멍을 만들어 분출 노즐을 붙인 것이며, 회전식은 직회전축의 하단에 붙인 수평회전관의 측면 및 선단의 구멍에서 수류를 분출시키고, 그 압력에 의하여 수평회전축을 회전시키는 방식이다.

7.3 케이크 여과

케이크 여과의 여재로는 쇠그물, 헝겊, 여과지, 다공판 등 여러 가지 종류가 사용되고 있다. 이러한 여재 내에 유체를 통과시키는 추진력으로 중력, 압력(슬러지에 대한 가압 또는 감압, 찌꺼기층에 대한 직접적인 기계적 압력), 원심력 등이 사용되는데, 그에 따라 중력여과, 가압여과(압착여과), 진공여과, 원심여과 등으로 분류된다.

여과조작에는 반드시 여과 후에 포집한 찌꺼기를 분리, 회수하는 공정이 필요하고, 그 찌꺼기를 제품화하거나 여과액의 수득률을 올리기 위해서는 여과 찌꺼기의 세척이 필요하다. 또 콜로이드 상태의 물질을 내포하는 난여과성 물질에 대해서는 규조토, 셀룰로오스, 산성백토 등의 여과보조제가 사용된다.

7.3.1. 중력여과기(Gravity filter)

중력여과기는 중력작용으로 액체를 유출시키는 방식이다. 모래여과기, 백필터(Bag filter), 탱크필터, 누체 등이 있다.

7.3.2. 가압여과기(Pressure filter)

압력을 가하면서 여과하는 조작으로 압착여과로 알려져 있으며, 보통 여과에서는 고체와 액체를 분리하기 어려운 콜로이드상의 입자 혹은 점성이 높은 액체 등을 여과 선별할 경우에 사용하는 조작이다.

가압여과기는 일반적으로 연속식이 아닌 회분식 여과에 사용되며, 슬러지에 직접 압력을 가하기 위하여 높은 압력으로 조작한다. 연속식도 있으나 최근에는 회분식을 자동화하여 순연속 조작으로 작동하는 방법이 사용되고 있다.

가압여과기에는 2가지가 있는데, 하나는 압착여과기로 필터프레스라고도 한다. 수평축에 슬러지 공급 쪽과 청징액 배출 쪽의 두 종류 여과판을 하나씩 번갈아 늘어놓고, 그 사이에 여과포를 쳐서 그 위에 찌꺼기를 형성시킨다. 또 하나는 가압엽상여과기로 양면에 여과포를 싼 여엽을 압력용기 속의 슬러지에 담그고 가압하여, 이 여엽을 통해 청징액을 배출하고 여엽 위에 퇴적한 찌꺼기는 여엽을 들어 올려 수거한다. 여엽의 모양은 원통형 등 다양한 모양이 있으며 또 그것을 회전시키는 구조도 있다.

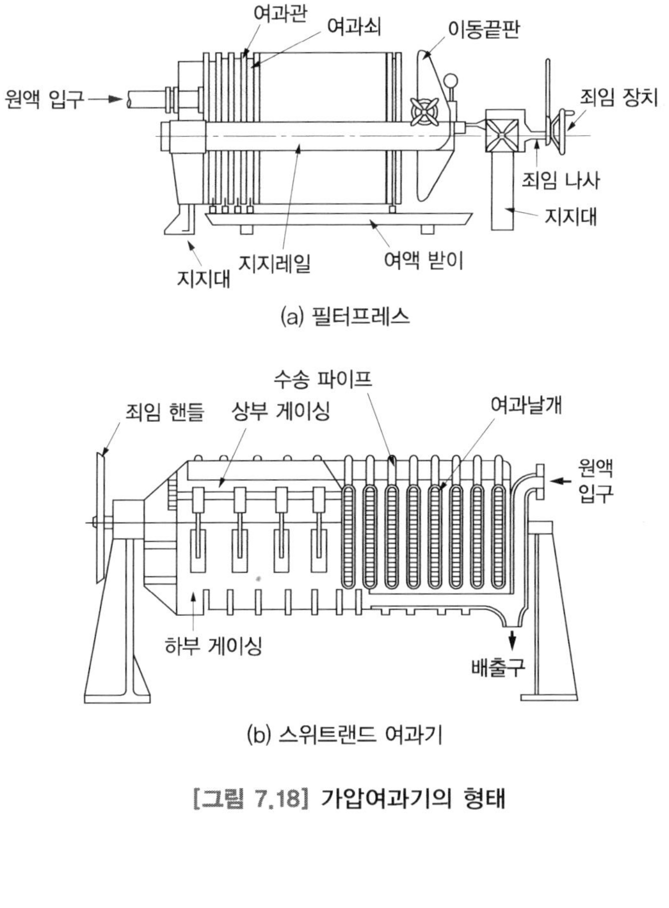

[그림 7.18] 가압여과기의 형태

7.3.3. 진공여과기(Vacuum filer)

진공여과기는 여재의 배출 쪽을 감압하고 상류 쪽의 대기압을 이용해 가압여과를 하는 방법으로 당연히 가압력은 1 atm을 초과하지 않고 연속조작이 쉽기 때문에 주로 연속여과기로서 널리 사용된다. 회분식도 있으며 특히 여과시험을 하는 누체와 같이 구조가 간단한 점을 이용한 것도 있다. 또 엽상여과기는 당연히 회분 진공여과기로도 사용된다. 가장 전형적인 진공여과기는 올리버 필터로 통칭되는 연속회전원통형 진공여과기로 슬러지 속에 원통여과기 하부를 담가 안쪽을 음압으로 하고 여과를 하여 원통모양 여과포위의 찌꺼기는 기계적으로 긁어내거나 가압으로 회수한다. 원통여과기 대신 디스크 모양의 여엽을 늘어놓고 그 하부를 슬러지에 담그는 아메리칸 필터, 디스크를 수평으로 하여 슬러지에 담그는 올리버 필터 등 여러 가지 형식이 개발되어 있다.

7.3.4. 원심여과기(Centrifugal filter)

원심여과기는 원심기의 원통 벽에 여재를 치고 원심분리와 동시에 여과하는 기종이다. 원심력을 사용하여 현탁액 또는 슬러리(Slurry)로부터 탈수, 탈액하는 기계로 점성이 작은 액체의 분리에 적합하다. 회분식은 일반적으로 바스켓(Basket)형이라고 부르며 바스켓의 지지 방법에 따라 직립형과 매달림형으로 구별된다. 탈수고체의 배출방법은 수동 또는 자동이 있으며 전자는 가정용 전기세탁기의 탈수장치를 생각하면 된다. 연속식은 원뿔형의 바스켓 또는 수평형 원통을 갖는 것이 있고 탈수고체의 배출방법에 따라 다시 분류된다.

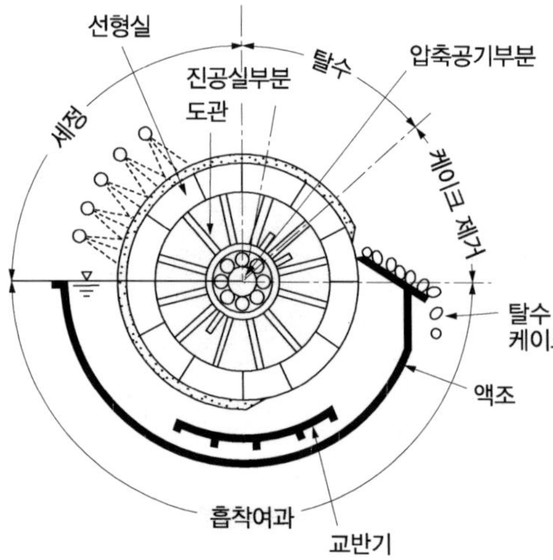

[그림 7.19] Oliver형 진공여과기

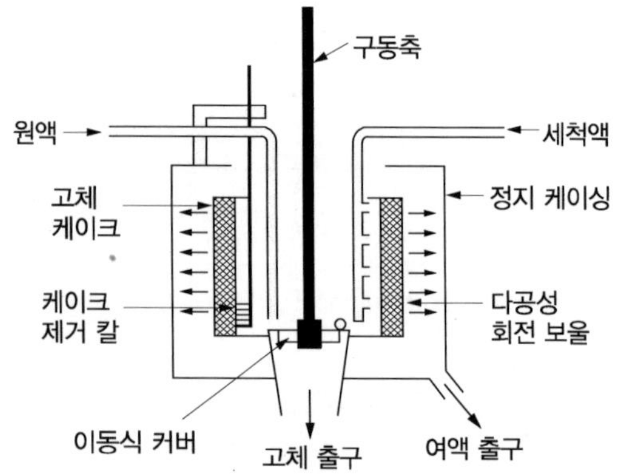

[그림 7.20] Basket형 원심여과기

7.4 실험방법

여과는 공극이 있는 여재에 물을 통과시켜 부유물질을 제거하는 단위조작이다. 여과의 주요한 변수는 유량, 응집제의 형태와 농도, 응집제의 주입위치, 여재의 특성과 형태, 여층의 깊이 등이 있다.

7.4.1. 실험기구

① 여과 실험장치[그림 7.21] : 높이 2.5 m, 직경 15∼20 cm(최소 10 cm)

② 역세척 노즐

③ 월류위어

④ 손실수두 측정관 : 직경 0.5∼1.0 cm

⑤ 탱크, 펌프, 튜브 등

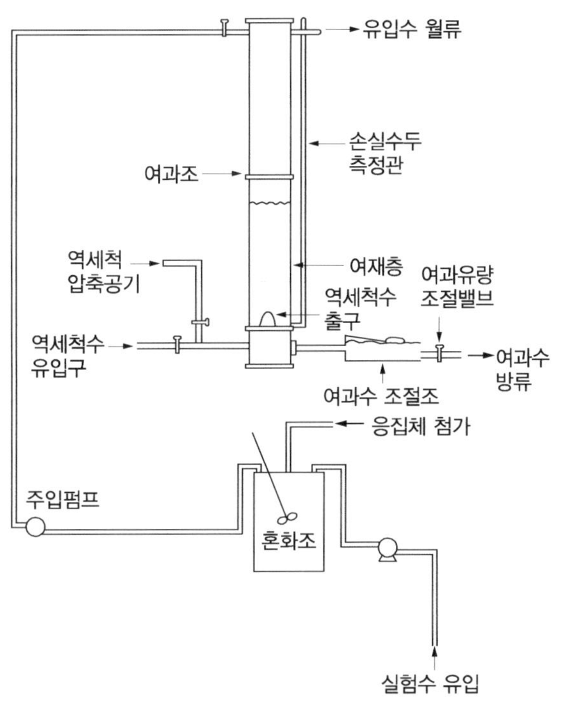

[그림 7.21] 여과 실험장치

7.4.2. 실험과정

① 실험장치에 일정한 깊이까지 여재(단층여재 또는 다층여재)를 넣는다.
② 응집제가 사용될 경우 응집제의 투여량과 조건은 Jar test 실험을 통하여 산정한다.
③ 유입고형물의 농도가 일정하게 되도록 하며 여상에 시료를 펌핑한다.
④ 정해진 표면부하율(1~3 $l/\text{min} \cdot \text{cm}^2$)을 펌핑속도와 방류수의 조정밸브로 유지시킨다. 이 경우 여상 위에 고형물이 증가됨에 따라 유량이 감소되므로, 방류조정 밸브에 의하여 주기적으로 유량을 일정하게 유지시키거나, 손실수두를 일정하게(1.8~2.4 m) 유지시켜 유량을 일정하게 조정한다.
⑤ 시간 경과에 따라 종합채취방법으로 시료를 채수하여 수질(COD, BOD, SS 등) 및 그때의 손실수두를 측정한다.
⑥ 역세척의 변화 및 팽창속도 등을 측정하여 선택된 여재의 팽창특성을 파악한다.
⑦ 같은 방법으로 3회 이상 실험을 실시한다.
⑧ 여재의 종류 및 수리학적 부하를 변화시켜 실험을 반복한다.

7.4.3. 결과정리 및 계산

(1) 고형물의 제거특성

① 실험값을 정리한다.
② 응집제의 양과 여재형태(단층 또는 다층)의 변화에 따라 유량과 고형물 분율(C_e/C_o)의 관계를 그래프에 그려서, 고형물 제거효과가 가장 큰 응집제 양과 여재형태를 산정한다.
③ 3회 이상 실험해서 각각 구한 결과의 산술평균값을 계산한다.

(2) 손실수두 및 고형물의 축척특성

① 실험값을 정리한다.
② 표면부하율과 여재형태에 따라 시간(time)과 손실수두(cm)의 관계를 대수그래프지에 그려서, 운전시간에 대한 손실수두를 산정한다.
③ 응집제 양과 여재형태의 변화에 따라 초기손실수두와 유량의 관계를 대수그래프지에 그려서, 응집제 양과 여재형태의 변화에 따라 초기손실수두의 변화를 산정한다.
④ 운전시간에 따라 축척된 총 고형물농도($\text{g} \cdot \text{SS}/\text{cm}^2 \cdot \text{min}$)를 유입수 및 여과수의 고

형물농도 변화로부터 계산하고, 운전시간 간격에 따른 손실수두의 변화를 계산한다.

⑤ 수면적 변화율에 기인한 운전시간에 따른 고형물 축척량과 손실수두의 관계를 대수그래프지에 그려서, 고형물 양에 따라 여재 이용기간 및 허용수두가 초과되기 전에 축척될 수 있는 고형물의 양을 산정한다.

⑥ 3회 이상 실험해서 각각 구한 결과의 산술평균값을 계산한다.

7.4.4. 관련 지식

① 여과는 여재형태(단층여재, 다층여재, 입자크기), 유량방향(상향류식, 하향류식), 유량의 시간 변화(일정, 변화), 운전압력(중력, 가압) 등에 따라 분류된다.

② 여과에 의한 손실수두는 식 (7.16)과 같이 고형물 부하량과 관계가 있다.

$$H = a\,S^n \tag{7.16}$$

여기서 H = 손실수두(m)

S = 축척된 고형물량($\mathrm{kg/m^2}$)

$a,\ n$ = 상수

③ 단층여재일 경우 손실수두는 식 (7.17)로 계산할 수 있다. 다층여재일 경우 총 손실수두의 계산은 각각 단일여재의 손실수두를 합산하여 계산한다.

$$h/l = (K/g)\,\nu\,v\,\frac{(1-f)^2}{f^3}\left(\frac{s}{d}\right)^2 \tag{7.17}$$

여기서 h = 손실수두(m)

l = 여층 두께(cm)

K = Kozeny 계수(= 5)

ν = 동점성계수($\mathrm{cm^2/sec}$)

v = 여과속도($\mathrm{cm/sec}$)

f = 여과사의 공극율

s = 입자형태 계수

d = 입자직경(cm)

④ 역세척할 경우의 손실수두는 식 (7.18)로 계산할 수 있다.

$$\frac{h}{l_o} = \left(\frac{\rho_s - \rho}{\rho}\right)(1 - f_e) \tag{7.18}$$

여기서 h = 손실수두(cm)

l_o = 팽창된 여층 두께(cm)

ρ_s = 고형물 밀도(g/cm^3)

ρ = 액체의 밀도(g/cm^3)

f_e = 공극비 = v/v_s

v = 역세척 유속(cm/sec)

v_s = 입자의 침강속도 = $(1/f_e)^5$

⑤ 여과지가 장기간 운전될 경우 제거대상물이 돌파되는 돌파현상이 일어난다. 이때의 손실수두는 식 (7.19)로 계산할 수 있다.

$$\frac{Q\,d^3\,h}{l} = B \tag{7.19}$$

여기서 Q = 여과량($m^3/m^2 \cdot sec$)

d = 입자의 크기(cm)

l = 여층 두께(m)

h = 손실수두(m)

B = 돌파 index

CHAPTER

8 소독

Disinfection

소독이란 질병을 유발하는 미생물을 선택적으로 제거하는 것을 의미하지만, 모든 미생물을 다 죽이는 것은 아니다. 이 점에서 모든 미생물이 다 죽는 멸균(Sterilization)과는 다르다. 소독은 비병원성 미생물 또는 포자상태의 병원성 균에는 적용하지 않는다.

따라서 소독과 살균은 비슷한 의미로 사용하는 것이 가능하고 멸균보다는 상위의 의미이다. 하지만 살균은 생물학적 의미가 크고, 소독은 화학적/물리적 의미가 크다.

소독법으로는 자외선 조사, 화염(火焰) 소독, 소각, 건열 소독, 습열 소독 등의 물리적 소독법과 화학 약품을 사용하는 화학적 소독법이 있다.

8.1 소독의 원리

소독은 미생물을 선택적으로 파괴하는 것으로, 그 원리는 다음과 같다.

① 미생물의 세포벽에 손상을 입히거나 파괴시켜 세포가 용해되거나 죽도록 한다.

② 세포질 막의 투과력을 변화시켜 선택적 투과를 못하도록 하여 질소와 인 같은 필수 영양소가 빠져나가도록 한다.

③ 원형질의 콜로이드 성질을 변화시킨다.

④ 미생물의 DNA나 RNA를 바꾼다.

⑤ 효소의 활동을 방해한다.

8.2 소독작용에 영향을 미치는 인자

소독제를 사용할 경우에는 접촉시간, 소독제의 농도, 물리적 수단의 강도와 성질, 온도, 미생물의 종류 및 개체수, 부유액의 성질 등을 고려하여야 한다.

8.2.1. 접촉시간

소독공정에서 가장 중요한 변수의 하나인 접촉시간은 소독제의 농도가 일정할 경우, 접촉시간이 길수록 소독효과가 커지는 것으로 나타났다(Chick의 법칙).

$$\frac{dN_t}{dt} = -k N_t \tag{8.1}$$

여기서, $\frac{dN_t}{dt}$ = 시간에 따른 미생물의 농도 변화율

N_t = 시간 t 에서 미생물의 개체수

t = 시간

k = 상수

N_o을 $t = 0$ 에서의 미생물 개체수라하고, 식 (8.1)을 적분하면 식 (8.2)와 같다.

$$\frac{N_t}{N_o} = e^{-kt} \tag{8.2}$$

$$\ln \frac{N_t}{N_o} = -kt \tag{8.3}$$

식 (8.3)의 반응속도 k 는 $-\ln \frac{N_t}{N_o}$ 와 접촉시간(t)의 관계를 그래프로 그려서 구할 수 있다.

8.2.2. 소독제의 농도

1900년대 초기에 수행된 Herbert Watson의 연구에서 반응속도 상수는 소독제의 주입

농도와 관계가 있음이 입증되었다.

$$k = k' C^n \tag{8.4}$$

여기서, k = 반응속도 상수

k' = 사멸계수

C = 소독제 농도

n = 희석배수

Chick와 Watson이 제안한 미분형태의 식 (8.1)과 식 (8.4)를 결합하면, 식 (8.5)와 같다.

$$\frac{dN_t}{dt} = -k' C^n N_t \tag{8.5}$$

식 (8.5)를 적분하면, 식 (8.6)과 같다.

$$\frac{N_t}{N_o} = e^{-k' C^n t} \quad \text{또는} \quad \ln\frac{N_t}{N_o} = -k' C^n t \tag{8.6}$$

식 (8.6)을 직선화하면, 식 (8.7)과 같다.

$$\ln C = -\frac{1}{n}\ln t + \frac{1}{n}\ln\left[\frac{1}{k'}\left(-\ln\frac{N_t}{N_o}\right)\right] \tag{8.7}$$

n값은 양대수지에 C와 t의 관계를 그래프로 그려서 구할 수 있다. 이때 직선의 구배는 $(-1/n)$의 값에 해당한다.

일반적으로 $n > 1$ 이면 소독작용은 소독제의 주입량에 크게 의존하며, $n < 1$ 이면 소독작용은 접촉시간에 의존하며, $n = 1$ 이면 접촉시간과 소독제 주입량의 영향이 거의 같게 된다. 그러나 식 (8.7)은 부유액의 성분에 따라서 소독반응 초기에 지체(lag)와 방해(Shoulder)효과가 나타나 직선의 구배를 구할 수 없는 경우가 흔히 있다.

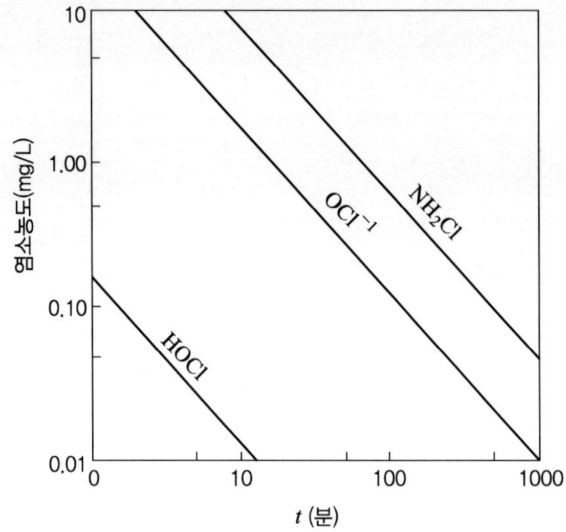

[그림 8.1] 염소를 이용한 소독에서 대장균 살균(99%)에 필요한 시간과 농도의 관계

예제 8.1

회분식 반응조를 사용하여 염소 소독처리 실험을 수행하였다. E. coli 생존자료(%)를 통하여 99% 감소 시 Chick/Waston 식 (8.5)의 상수를 구하시오.

Free Cl (mg/L)	접촉시간 (min)	1	3	5	10	20
0.05	생존율 (%)	97	82	63	21	0.3
0.07		93	60	28	0.5	-
0.14		67	11	0.7	-	-

pH = 8.5, 온도 = 5℃, Free Cl = HOCl, OCl

풀이

(1) Chick's 법칙의 Chick와 Watson식 상숫값을 결정하기 위하여 생존율 자료를 log 제거효율값으로 전환하고, 산술값과 양대수지에 그래프로 그려서 주어진 사멸 정도에 따른 요구시간을 결정한다.

① 예제에서 주어진 제거효율 자료를 log 값으로 전환

Free Cl (mg/L)	접촉시간 (min)	1	3	5	10	20
0.05	$-\ln\frac{N_t}{N_o}$	0.030	0.198	0.462	1.561	5.809
0.07		0.073	0.511	1.273	5.296	-
0.14		0.400	0.207	4.962	-	-

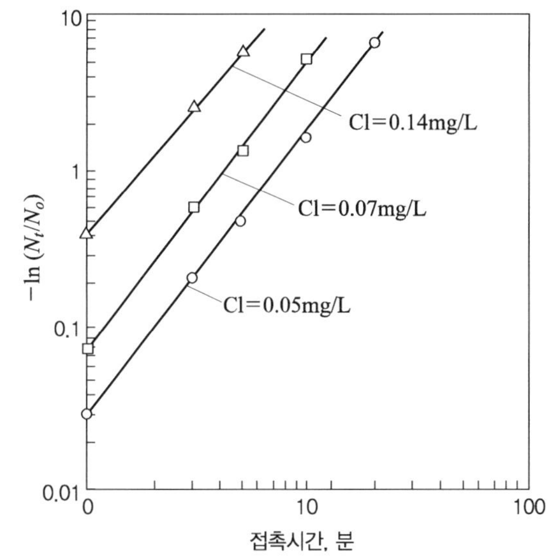

② 자료의 적정값을 산정하기 위해 산술값과 대수 전환값을 그래프에 그리고, 직선화하여 나타낸다.

③ log 반응값이 99% $\left[-\ln\frac{N_t}{N_o}=4.61\right]$가 되는 데 소요되는 접촉시간을 각 농도별로 결정한다.

Free Cl(mg/L)	접촉 시간(min)
0.05	18.0
0.07	10.0
0.14	4.7

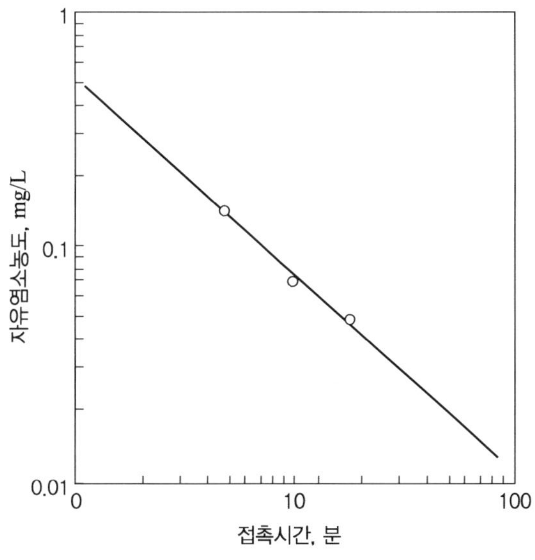

(2) 1단계 자료를 사용하여 Chick와 Watson 식의 상숫값을 결정한다.

① (1)의 ③단계에서 결정된 농도에 따른 시간값을 도시한다.

② 식 (8.7)의 직선식을 사용하여 상숫값을 결정한다.

$$\ln C = -\frac{1}{\mathrm{n}}\ln \mathrm{t} + \frac{1}{\mathrm{n}}\ln\left[\frac{1}{\mathrm{k}'}\left(-\ln\frac{N_t}{N_o}\right)\right]$$

$$\ln C = -\frac{1}{\mathrm{n}}\ln \mathrm{t} + \frac{1}{\mathrm{n}}(\mathrm{constant})$$

$$\mathrm{Slope} = -\frac{1}{\mathrm{n}} = -\frac{\log 0.5 - \log 0.011}{\log 100 - \log 1} = -\frac{[-0.30-(-1.96)]}{2-0} = -\frac{1.66}{2} = -0.83$$

$$\mathrm{n} = 1.20$$

이때 $t=1$, Y 절편 $= \ln 0.5 = \frac{1}{\mathrm{n}}\ln\left[\frac{1}{\mathrm{k}'}\left(-\ln\frac{N_t}{N_o}\right)\right]$

$$\mathrm{n}(\ln 0.5) = \ln\left[\frac{1}{\mathrm{k}'}(-\ln 0.01)\right]$$

$$0.44 = -\left[\frac{1}{\mathrm{k}'}(4.61)\right]$$

$$\mathrm{k}' = -\frac{1}{0.44}(4.61) = -10.48$$

$$\ln\frac{N_t}{N_o} = -10.48\, C^{1.20}\, t$$

8.2.3. 물리적 수단의 강도와 성질

폐수를 살균할 때 사용되는 열과 빛은 물리적 수단인데, 이것은 강도에 따라 효과가 달라진다. 물리적 소독제의 강도는 Chick의 법칙에서 상수 k값에 기능이 반영된다.

8.2.4. 온도

온도를 증가시키면 미생물의 사멸속도는 빨라지는데, 사멸속도에 대한 온도의 영향은 van't Hoff-Arrhenius 식으로 표현된다. 주어진 사멸율을 얻기 위해 필요한 시간 t를 사용하면, 관계식은 식 (8.8)과 같다.

$$\ln\frac{t_1}{t_2} = \frac{E(T_2 - T_1)}{R\,T_1\,T_2} \tag{8.8}$$

여기서 t_1, t_2 = 온도 T_1, T_2(°K)에서의 주어진 사멸율을 얻기 위한 시간

E = 활성에너지[J/mol(cal/mol)]

R = 기체상수(8.314 J/mol · °K)

예제 8.2

예제 (8.1)의 자료와 식을 이용하여 온도 20℃, pH 8.5의 조건에서 0.05 mg/L의 염소 주입을 통하여 E. coli를 99.9% 사멸시키기 위한 소요시간을 결정하라. 예제 (8.1)에 주어진 실험결과는 5℃에서 회분식 반응조를 통하여 산정된 결과이다.

풀이

① 예제 (8.1)에서 응용된 식을 사용하여 99.9% 사멸을 위한 소요시간을 산정한다.

$$\ln\frac{N_t}{N_o} = -10.48\ C^{1.20}\ t$$

$$\ln\frac{0.1}{100} = -(10.48)(0.05)^{1.20}\ t$$

$$t = \frac{-6.91}{(-10.48)(0.027)} = 24.4\ \text{min at } 5℃$$

② van't Hoff-Arrhenius 식 (8.8)의 수정식과 활성화 에너지, E= 26,800 J/mole 에서 소요되는 시간을 산정한다.

$$\ln\frac{t_1}{t_2} = \frac{E(T_2 - T_1)}{R\ T_1\ T_2}$$

$$\ln\frac{t_1}{24.4\ \text{min}} = \frac{(26{,}800\ \text{J/mole})[(278.15-293.15)°\text{K}]}{(8.314\ \text{J/mole °K})[(293.15\,°\text{K})(278.15\,°\text{K})]}$$

$$\ln\frac{t_1}{24.4\ \text{min}} = -0.60$$

$$\frac{t_1}{24.4\ \text{min}} = e^{-0.60} = 0.549$$

$$t = 13.4\ \text{min at } 20℃$$

8.2.5. 미생물의 종류 및 개체수

다양한 소독제의 효율은 미생물의 성질과 상태에 따라 영향을 받는다. 예를 들어 생존하여 자라고 있는 박테리아의 세포는 쉽게 죽일 수 있는 반면 박테리아의 포자는 저항력이 강하여 일반적인 소독제를 사용하여도 효과가 거의 없어서 가열과 같은 소독법을 사용해야 한다. 미생물의 농도가 크면 클수록 주어진 사멸율을 얻는 데 소요되는 시간은

길어지며, 이것은 식 (8.9)로 나타낼 수 있다.

$$C^q N_p = \text{constant} \tag{8.9}$$

여기서 C = 소독제의 농도

q = 상수

N_p = 주어진 시간 내에 주어진 비율로 감소된 미생물의 농도

8.2.6. 부유액의 성질

미생물의 외부에 유기물질이 있으면 산화성이 있는 소독제는 이들과 반응하여 효율이 떨어진다. 탁도 유발물질도 소독제를 흡착하거나 박테리아를 둘러쌓아 보호함으로써 소독제의 효과를 저하시킨다.

8.3 염소에 의한 소독

염소는 낮은 온도에서도 효과적이며, 가격이 저렴하고, 충분한 양을 투여하면 잔류염소 형태로 존재하기 때문에 가장 널리 사용되는 소독제이다. 이러한 염소는 가스 상태(Cl_2), 차아염소산 칼슘[$Ca(OCl)_2$], 차아염소산 나트륨($NaOCl$), 이산화염소(ClO_2)의 형태로 사용하지만, 일반적으로는 가스 형태를 많이 사용한다. 그러나 염소 소독공정에서 바람직하지 못한 결과를 초래하는 THM(trihalomethane)과 염소화된 유기화합물 등이 발견됨으로서 이러한 물질의 양을 줄이기 위한 새로운 방법들이 논의되고 있다.

따라서 음용수 공급과 폐수처리 소독에 사용되는 염소의 안전성에 대하여 다음과 같은 사항들을 고려해야 할 것이다.

① 염소는 맹독성 물질로 기차나 트럭에 의하여 운반되는데, 이러한 운송과정에서 사고가 쉽게 발생할 수 있다.

② 염소는 맹독성 물질로 사고에 의하여 노출될 경우 처리장의 운전 요원이나 일반 대중에게 건강상 위험을 야기하기 때문에 보관이나 중성화에 대한 요구조건을 Uniform Fire Code(UFC)에서 제시한 대로 따라야 한다.

③ 염소는 폐수 내의 유기물과 반응하여 악취 화합물을 생성하며, 발암성이나 돌연변이성으로 알려진 많은 부산물을 생성한다.

④ 폐수처리의 유출수에 포함된 염소는 수생 생태계에 독성으로 작용하며, 잘 알려지지 않은 유기염소 화합물이 생태계로 방출될 경우 위험요소를 내포하고 있다.

8.3.1. 수중에서의 반응

가스 상태의 염소가 수중에 들어가면 가수분해와 이온화 반응이 일어난다. 가수분해는 염소가스가 물과 반응하여 차아염소산(HOCl)을 생성하는 반응이다.

$$Cl_2 + H_2O \rightleftarrows HOCl + H^+ + Cl^- \quad (8.10)$$

차아염소산에서 차아염소산 이온으로 이온화되는 반응은 식 (8.11)과 같다.

$$HOCl \rightleftarrows H^+ + OCl^- \quad (8.11)$$

수중에 존재하는 HOCl과 OCl^-의 전체량을 유리 잔류염소라 한다. HOCl의 소독력이 OCl^-의 살균효율보다 40∼80배가 더 강하기 때문에 이 두 성분이 분포되어 있는 비율이 매우 중요하다. 차아염소산염이 물에 첨가될 경우, 차아염소산 칼슘과 차아염소산 나트륨은 식 (8.12), (8.13)과 같이 차아염소산 형태로 가수분해되며, 이온화 반응은 식 (8.11)과 같다.

$$Ca(OCl)_2 + 2H_2O \rightarrow 2HOCl + Ca(OH)_2 \quad (8.12)$$

$$NaOCl + H_2O \rightarrow HOCl + NaOH \quad (8.13)$$

또한 용존염소 가스는 수중의 환원된 물질 및 유기물질과도 반응하는데, H_2S와 반응하여 황산과 염산을 생성시키고, Fe^{2+}, Mn^{2+}, NO_2^- 등과 같은 물질과도 반응한다. 용존염소는 유기화합물과도 반응하는데 즉, Chlorophenol을 형성하는 것과 Trihalomethane을 생성하는 반응 등이 중요하다. Chlorophenol은 페놀과 염소의 반응으로 형성되는데, 페놀의 농도가 1 $\mu g/L$ 이하로 검출되는 물에서도 생성되어 불쾌한 맛과 냄새를 유발하고, 휴민질과 반응하여 Trihalomethane($CHCl_3$, $CHCl_2Br$, $CHClBr_2$ 등)을 형성한다. 이러한 화합물은 발암성이므로 음용수 수질기준에서 농도를 제한하고 있다.

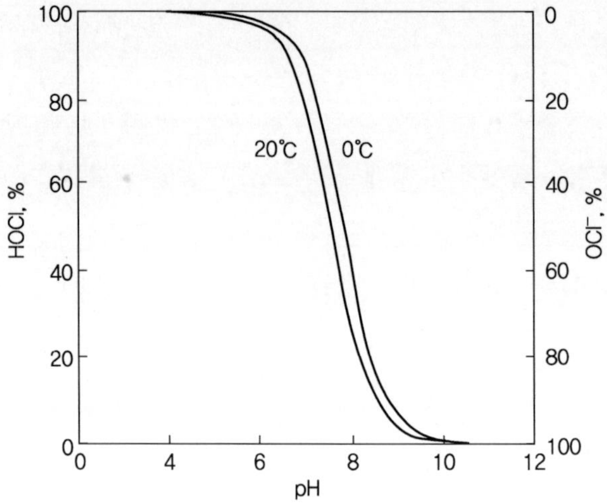

[그림 8.2] 차아염소산과 차아염소산 이온의 수중에서의 분포도

8.3.2. 암모니아와의 반응

미처리 상태의 폐수는 암모니아와 여러 가지 결합유기물 형태의 질소를 포함하고 있다. 대부분 처리장의 유출수에 많은 양의 질소가 포함되어 있으며, 대개는 암모니아 형태나 질산염 형태로 존재한다. 차아염소산은 매우 반응성이 강한 산화제이기 때문에 연쇄반응에 의하여 폐수 중의 암모니아와 결합하여 3가지 형태의 클로라민을 형성한다.

$$NH_3 + HOCl \rightarrow NH_2Cl\,(\text{monochloramine}) + H_2O \tag{8.14}$$

$$NH_2Cl + HOCl \rightarrow NHCl_2\,(\text{dichloramine}) + H_2O \tag{8.15}$$

$$NHCl_2 + HOCl \rightarrow NCl_3\,(\text{nitrogen trichloride}) + H_2O \tag{8.16}$$

이 반응들은 pH, 온도, 접촉시간, 암모니아와 염소의 비율에 따라 매우 큰 영향을 받는다. 대부분의 경우 많이 존재하는 물질은 NH_2Cl과 $NHCl_2$이다. 이 두 화합물 내에 있는 염소를 결합 잔류염소라 한다. 이러한 종류의 클로라민들도 소독제 역할을 하지만 그 반응속도는 매우 느리다.

8.3.3. 파과점 반응(Breakpoint reaction)

폐수의 소독을 목적으로 유리 또는 결합 잔류염소를 유지하는 것은 매우 복잡하다. 파과점 염소화란 염소를 충분히 주입함으로써 산화될 수 있는 모든 물질들과 반응하도록 하고, 만약 추가적으로 염소가 첨가되면 이것은 유리 잔류염소로 존재하게 되는 공정을 의미한다. 유리 잔류염소를 얻기 위하여 충분한 양의 염소를 첨가하는 주된 이유는 이 상태에서 효과적인 소독이 가능하기 때문이다. 유리염소는 암모니아와 반응하며, 그 자체가 강력한 산화제이므로 암모니아가 들어 있는 폐수에 첨가되면 여러 반응들이 발생하는데, 그 반응을 설명하면 [그림 8.3]과 같다.

염소가 첨가되면 Fe^{2+}, Mn^{2+}, H_2S, 유기물 등과 같이 쉽게 산화되는 물질들은 염소와 반응하여 대부분의 염소를 염소이온으로 환원시킨다(A점). 이와 같이 즉각적인 소요량을 만족시킨 후에 염소는 암모니아와 계속 반응하여 점 A와 B사이에서 클로라민을 형성한다. 염소와 암모니아의 몰비율이 1보다 작을 때는 NH_2Cl과 $NHCl_2$이 형성될 것이다. 이 두 물질의 생성량은 pH와 온도의 영향을 받는 생성속도에 의해 결정된다. B점과 파과점 사이에서 클로라민의 일부는 NCl_3로 변환되고, 나머지 클로라민은 N_2O나 N_2로 산화되며, 염소는 염소이온으로 환원된다. 이때 염소를 계속 주입하면 대부분의 클로라민은 파과점에서 산화될 것이다.

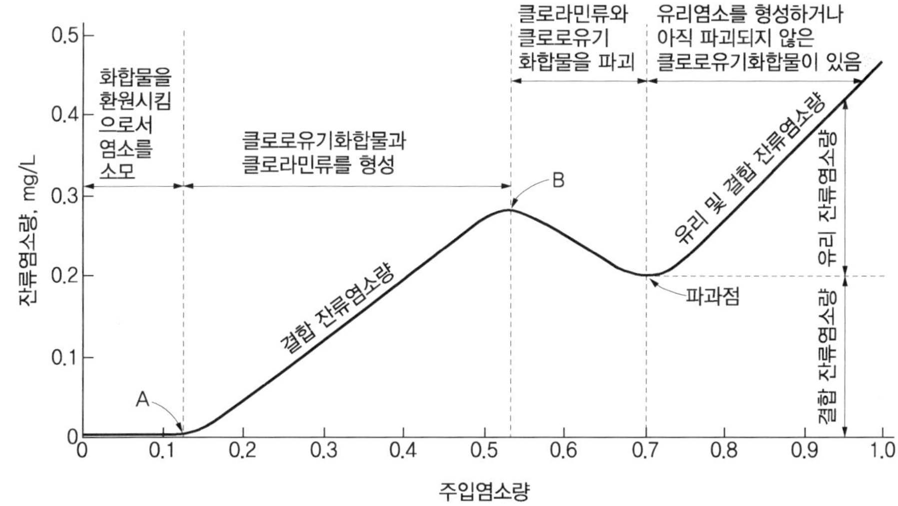

[그림 8.3] 파과점 염소처리 과정에서 발생하는 일반적인 곡선

이론적으로 파과점에서 염소와 암모니아성 질소의 무게비는 7.6 : 1 이 된다. 이와 같이 파과점 염소화가 진행되는 동안 N_2와 N_2O의 생성, 클로라민의 감소에 대한 반응은 다음과 같다.

$$NH_4^+ + HOCl \rightarrow NH_2Cl + H_2O + H^+ \quad (8.17)$$

$$NH_2Cl + HOCl \rightarrow NHCl_2 + H_2O \quad (8.18)$$

$$0.5NHCl_2 + 5H_2O \rightarrow 0.5NOH + H^+ + Cl^- \quad (8.19)$$

$$0.5NHCl_2 + 0.5NOH \rightarrow 0.5N_2 + 1.5HOCl + 0.5H^+ + 0.5Cl^- \quad (8.20)$$

식 (8.17)～식 (8.20)으로부터 얻을 수 있는 전체 반응식은 다음과 같다.

$$NH_4^+ + 1.5HOCl \rightarrow 0.5N_2 + 1.5H_2O + 2.5H^+ + 1.5Cl^- \quad (8.21)$$

파과점을 지나 염소를 계속 주입하면 [그림 8.3]에서 보는 바와 같이 유리 잔류염소(반응하지 않은 차아염소산)가 비례적으로 증가할 것이다. 어떤 경우에는 파과점 주입에 의한 염소살균 시 심각한 냄새가 발생하기도 하는데, 이것은 NCl_3와 그와 관련된 화합물이 생성되기 때문이다. 염소주입 시 다른 화합물이 존재하면 폐수 중의 알칼리도와 반응하게 되며, 대부분의 경우 pH가 약간 떨어지게 된다. 유기질소와 같이 염소와 반응하는 화합물이 존재하면 파과점 곡선의 모양을 변화시킬 수도 있다. 염소요구량이란 일정 한도의 잔류량에 도달하기 위하여 첨가되는 염소량을 말한다.

파과점 염소주입량은 수질에 따라 차이가 있지만 상수원에서 그 범위는 4～10 mg/L이며, 상수의 급수장에서 가장 먼 급수지점에서의 유리 잔류염소는 적어도 0.2 mg/L를 유지해야 한다.

예제 8.3

파과점에서 염소와 암모니아성 질소의 화학양론적인 질량비와 파과점에서 산화되는 암모니아성 질소 1.0 mg/L 당 요구되는 알칼리도의 양을 결정하시오.

풀이

① 파과점 현상에서 전체 반응식인 식 (8.21)을 이용하여 Cl_2로서 표현한 차아염소산과 질소로 표현되는 암모니아성 질소의 분자량비를 결정한다.

$$NH_4^+ + 1.5HOCl \rightarrow 0.5N_2 + 1.5H_2O + 2.5H^+ + 1.5Cl^-$$

(17)　1.5(52.45)

(14)　1.5(2×35.45)

분자량비 = Cl_2 /N = 1.5(2×35.45)/14 = 7.60

② 파과점에서 산화되는 1.0 mg/L당 요구되는 알칼리도를 구한다. 용액의 pH를 알칼리성이라고 가정하면, 다음 식으로 암모니아의 산화를 나타낼 수 있다.

$$NH_4^+ + Cl_2 \rightarrow 0.5N_2 + 4H^+ + 2Cl^-$$

산도를 중화하기 위하여 석회를 사용하였다고 가정하면, 요구되는 알칼리도 비율은 다음과 같다.

$$2CaO + 2H_2O \rightarrow 2Ca^{2+} + 4OH^-$$

요구되는 알칼리도 = 2(100 mg/millimole of $CaCO_3$) / (14 mg/millimole of NH_4^+ as N) = 14.3

화학양론적으로 암모니아 1.0 mg/L에 요구되는 알칼리도는 14.3 mg/L에 해당한다.

8.3.4. 탈염소화

탈염소 공정은 폐수처리수를 방류수역에 방류하거나 재이용하기 전에 염소 소독된 유출수의 독성을 줄이기 위하여 총 결합염소를 제거하는 것을 말한다.

염소 소독은 인간의 건강을 해칠 수 있는 전염병이나 유해한 미생물을 제거하는 데 사용되는 가장 보편적인 방법 중의 하나이다. 폐수 중의 어떤 유기물은 염소와 결합하여 독성물질을 합성하기 때문에 방류수역의 물을 효율적으로 이용하는 데 나쁜 영향을 가져올 수도 있다. 따라서 잠재적인 독성을 가진 염소 잔류물의 영향을 최소화하기 위하여 염소 소독된 폐수로부터 잔류염소를 제거할 필요가 있다.

폐수처리 유출수에 포함된 염소를 제거하기 위하여 이산화황이 가장 많이 사용되고 있다. 탈염소화에 이용되는 다른 화학약품들은 아황산나트륨(Na_2SO_3), 중아황산나트륨($NaHSO_3$), 메타중아황산나트륨($Na_2S_2O_5$), 티오황산나트륨($Na_2S_2O_3$), 활성탄 등이 있다.

(1) 이산화황에 의한 탈염소화

이산화황이 폐수 유출수에 첨가되면 다음과 같은 반응이 일어난다.

염소와의 반응 :

$$SO_2 + HOCl + H_2O \rightarrow Cl^- + SO_4^{-2} + 3H^+ \quad (8.22)$$

클로라민과의 반응 :

$$SO_2 + NH_2Cl + 2H_2O \rightarrow Cl^- + SO_4^{-2} + NH_4^+ + 2H^+ \quad (8.23)$$

이산화황과 염소의 전체 반응에서 분자식에 의한 질량비는 0.9 : 1 이나, 실제로는 염소 잔유물 1.0 mg/L을 제거하기 위해서는 이산화황 1.0 mg/L가 필요하다. 이산화황과 염소(또는 클로라민)의 반응은 거의 순간적으로 일어나므로 접촉시간이 문제가 되지 않아 접촉조를 사용하지 않으나, 주입지점에서 급속한 확산과 교반이 필요하다. 대부분의 경우 결합 잔류염소량을 정확하게 감지할 수 있다면, 폐수의 이산화황을 이용한 탈염소 공정은 믿을 수 있으므로, 이산화황의 주입량을 조절하여 화학약품의 낭비를 줄일 수 있다. 이산화황이 과잉 주입되면 수중의 산소요구량이 많아지게 되어 BOD나 COD의 측정치가 높아지고, pH가 낮아지기도 한다.

$$HSO_3^- + 0.5O_2 \rightarrow SO_4^{-2} + H^+ \tag{8.24}$$

(2) 활성탄에 의한 탈염소화

활성탄을 탈염소 공정에 이용하면 유리 및 결합 잔류염소와 다음과 같이 반응한다.

염소와의 반응 :

$$C + Cl_2 + 2H_2O \rightarrow 4HCl + CO_2 \tag{8.25}$$

클로라민과의 반응 :

$$C + NH_2Cl + 2H_2O \rightarrow CO_2 + 2NH_4^+ + 2Cl^- \tag{8.26}$$

$$C + 4NHCl_2 + 2H_2O \rightarrow CO_2 + 2N_2 + 8H^+ + 8Cl^- \tag{8.27}$$

탈염소 공정만을 위하여 활성탄을 이용한다면 활성탄에 의하여 제거되기 쉬운 다른 물질들은 미리 제거하여야 한다. 활성탄을 이용한 탈염소 공정은 값이 비싸므로 유기물질의 고도처리가 동시에 필요한 경우에 사용하는 것이 타당하다.

8.4 이산화염소에 의한 소독

이산화염소는 염소와 동등 이상의 소독력을 가진 박테리아를 죽이는 화학약품이며, 바이러스를 무기력화하는 데는 염소보다 더 효과가 있는 것으로 알려져 있다.

8.4.1. 이산화염소의 제조

이산화염소는 불안정하고 폭발성이 있는 가스이기 때문에 현장에서 제조되어야 하며, $NaClO_2$을 염소와 반응시키면 가스 상태의 이산화염소가 발생된다.

$$2NaClO_2 + Cl_2 \rightarrow 2ClO_2 + NaCl \quad (8.28)$$

8.4.2. 환경에 대한 영향

폐수의 소독제로 이산화염소를 사용할 경우, 환경에 미치는 영향에 대해서는 아직 잘 알려져 있지 않지만 그 영향은 염소보다 덜 나쁘다고 알려져 있다. 이산화염소는 물, 암모니아와 반응하지 않으나, $NaClO_2$와 염소의 반응에 의하여 생성되므로 유리염소가 이산화염소 용액에 남아서 염소 잔류물과 마찬가지로 수생환경에 영향을 줄 수도 있다. 이산화염소에 의해 소독된 폐수의 염소 잔류물은 다음과 같은 반응(탈염소)에 의하여 제거될 수 있다.

$$H_2SO_3 + 2ClO_2 + H_2O \rightarrow 5H_2SO_4 + 2HCl \quad (8.29)$$

8.5 브롬화염소에 의한 소독

8.5.1. 브롬화염소의 제조

브롬화염소 가스가 물에 녹으면 강력한 살균제인 차아브롬산(HOBr)을 형성한다.

$$BrCl + H_2O \rightarrow HOBr + HCl \quad (8.30)$$

브롬화염소는 암모니아와 반응하여 브롬화아민들을 생성한다.

$$NH_3 + HOBr \rightarrow NH_2Br + H_2O \quad (8.31)$$

$$NH_2Br + HOBr \rightarrow NHBr_2 + H_2O \quad (8.32)$$

$$NHBr_2 + HOBr \rightarrow NBr_3 + H_2O \quad (8.33)$$

브롬화아민들은 클로라민보다 덜 안정하며, 1시간 이내에 무해한 염소이온과 브롬염으로 분해한다.

8.5.2. 환경에 대한 영향

브롬화염소는 염소와 비슷하기 때문에 브롬화염소를 소독제로 사용할 경우, 환경에 미치는 영향은 염소와 비슷하다고 생각되나, 염소 소독보다는 나쁜 영향을 덜 주는 것으로 알려져 있다. 브롬화염소는 박테리아 세포에 흡수되어 효소작용을 방해한다고 볼 수 있고, 브롬화아민은 클로라민보다 더 효율이 좋고, 더 빨리 분해되는 것으로 알려져 있다.

브롬화 유기화합물은 브롬화염소로 살균한 폐수에 노출된 물고기의 생체 내에 축적되고, 그 양은 다른 독성물질(PCB, Chlordane 등)보다 작은 것으로 알려졌다.

8.6 오존에 의한 소독

오존은 1900년대 초에 프랑스에서 상수처리 공정의 맛, 냄새, 색도제거에 사용되기 시작하였다. 폐수(하수)처리 공정에서도 활성탄 대신에 냄새제거, 용존성 난분해성 유기물의 제거 등에 사용되고 있다.

8.6.1. 오존의 제조

오존은 화학적으로 불안정하여 생성된 후 빨리 산소로 분해되기 때문에 현장에서 직접 제조하여야 한다. 현재 가장 효율적인 오존 발생방법은 전기방전에 의한 것으로 이는 공기나 순산소를 원료로 하여 촘촘히 배치된 전극 사이로 고전압을 걸면 생성되는 고에너지의 코로나가 산소분자 하나를 분해시켜 다른 두 개의 산소분자와 결합시켜서 두 개의 오존분자를 생성하는 방식이다.

오존이 물과 반응하여 형성된 HO_2나 HO와 같은 자유기가 강력한 산화력을 갖는다.

$$O_3 + H_2O \rightarrow HO_3^+ + OH^- \tag{8.34}$$

$$HO_3^+ + OH^- \rightarrow 2HO_2 \tag{8.35}$$

$$O_3 + HO_2 \rightarrow HO + 2O_2 \tag{8.36}$$

$$HO + HO_2 \rightarrow H_2O + O_2 \tag{8.37}$$

8.6.2. 환경에 대한 영향

오존은 강력한 산화제이며, 박테리아의 세포막을 파괴시켜 사멸시킨다. 오존처리는 다른 용존물질을 만들지 않으며, 유입수 내의 암모니아 이온이나 pH의 영향도 받지 않는다.

오존을 소독 목적으로 사용하는 경우, 얻어지는 이익은 주입 후 산소로 분해되기 때문에 방류수의 용존산소가 포화상태까지 올라가므로 인하여 수질기준을 충족하기 위한 재포기가 필요 없으며 빨리 분해되기 때문에 방류수에 화학적 잔유물이 존재하지 않는다는 것이다.

8.7 자외선에 의한 소독

자외선은 1900년대에 상수의 소독에 사용되어 왔으나, 최근에 폐수의 소독에 사용되어 박테리아나 바이러스를 살균하고 있다.

8.7.1. 자외선 발생장치

소독용 자외선 에너지 발생장치로는 저압수은 램프가 주로 사용되고 있다. 수은 램프는 소독효과가 가장 높은 적정한 범위(250～270 nm) 내의 파장인 253.7 nm에서 많이 사용되고 있다. 자외선 램프를 사용할 경우에는 액체의 밖에 매달거나 액체 중에 넣어 사용하며, 램프가 식는 것을 방지하기 위하여 석영튜브로 감싸준다.

8.7.2. 환경에 대한 영향

자외선에 의한 소독은 물리적인 방법으로서 독성물질이 생성되지 않는다. 파장 254

nm 정도의 조사선이 미생물의 벽을 뚫고 들어가 DNA와 RNA 등과 같은 세포물질에 흡수되어 복제 증식을 방해하거나 세포가 죽도록 한다. 박테리아를 죽이기 위해서는 박테리아까지 자외선의 침투가 가능해야 하므로 물은 비교적 탁도를 낮게 하여 자외선 에너지가 흡수되거나, 탁도에 의해 박테리아가 보호되는 일이 없도록 해야 한다.

따라서 고형물의 농도가 높은 폐수에는 적합한 소독방법은 아니다. 자외선은 영향을 미치는 거리가 극히 짧으므로 얇은 막을 사용할 경우에 소독 효과가 가장 높다. 자외선이 투과해야 하는 액체의 두께를 적게 하기 위하여 대부분의 자외선 발생장치는 폐수의 흐름과 평행하게 여러 개의 자외선 램프를 유출수로 내에 배치하고 있다. 자외선에 의한 소독방법은 환경에 대하여 좋은 영향도 없고, 나쁜 영향도 없다고 생각할 수 있다.

8.8 실험방법

물을 소독하는 것은 병원균을 죽여서 수인성 전염병을 예방하는 데 목적이 있다. 소독제는 살균력이 높고, 효과가 빨라야 하지만 고등생물에 독성이 낮고, 비용이 적게 소요되는 것이 가장 좋다. 소독제로는 염소, 오존, 자외선, 요오드, 브롬, $KMnO_4$, H_2O_2 등이 있으나, 오늘날 염소와 오존이 가장 많이 이용되고 있다.

폐수처리에서 방류수에 염소를 주입하는 것은 살균이 주목적이지만, 냄새제거, 부식통제, BOD제거 등의 목적도 있다. 소독효율은 미생물의 특성, 소독제의 종류와 농도, 접촉시간, pH, 온도, 수중 불순물 농도 등의 영향을 받는다.

8.8.1. 실험기구

① 염소주입장치 ([그림 8.4])
② 교반기
③ 잔류염소 측정기구
④ $CaOCl_2$ or HOCl
⑤ 시료분석 기구

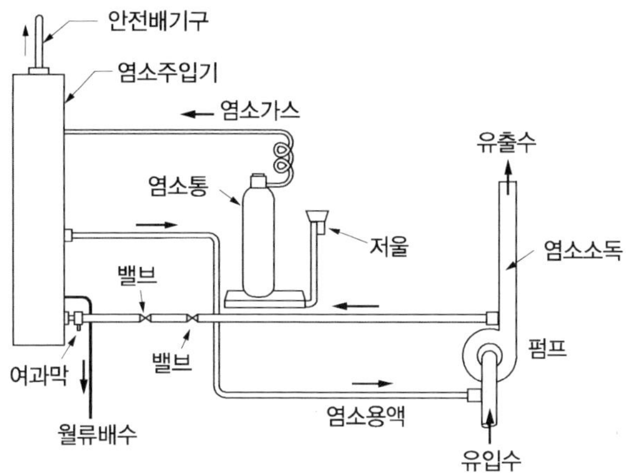

[그림 8.4] 염소 소독장치

8.8.2. 실험과정

① 반응조에 일정량의 시료를 넣고, 시료의 수질(pH, BOD, COD, 미생물의 종류 및 수)을 측정한다.

② 반응조에 염소주입기를 연결하고, 염소가스 유량을 조정하여 주입한다. $CaOCl_2$를 사용할 경우에는 일정량을 조금씩 부가하고 혼합한다.

③ 시간에 따라 잔류염소량(유리, 결합잔류염소) 및 수질을 측정한다.

④ 미생물의 종류 및 수, 소독제의 농도, 접촉시간, 온도 등을 변화시키면서 단계 ①~③과 같은 조작을 반복한다.

⑤ 같은 방법으로 3회 이상 실험을 실시한다.

8.8.3. 결과정리 및 계산

① 측정값을 기입한다.

② 염소주입량과 잔류염소 농도와의 관계를 그래프([그림 8.3])에 그리고, 그래프에서 염소요구량과 파과점 염소소독량을 구한다.

염소요구량 = 주입한 총 염소량 - (유리 + 결합 잔류염소량)

③ 염소농도, pH, 온도의 변화에 따른 접촉시간(min)과 미생물 생존율(%)을 확률지에

그래프로 그리고, 그래프에서 최적 접촉시간을 구하여 실험식으로 표현한다([그림 8.5]).

$$\frac{N_t}{N_0} = \exp(-kt)$$

여기서 N_0 = 초기 미생물 수

N_t = t시간 후 미생물 수

k = 상수

④ 각 미생물 종류의 변화에 따라 99%를 사멸시키는 접촉시간(min)과 소독제(HOCl)의 농도(mg/L)와의 관계를 대수지에 그래프로 그리고, 그래프에서 n값(기울기는 $-1/n$)을 구하여 소독제의 효과를 파악한다([그림 8.6]).

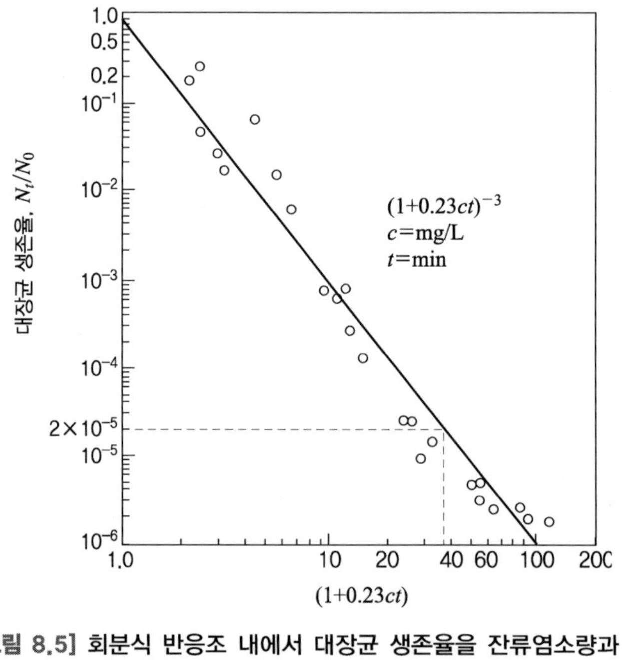

[그림 8.5] 회분식 반응조 내에서 대장균 생존율을 잔류염소량과 접촉시간의 함수로 나타낸 그래프 (온도 범위 15~18℃)

$$C^n t = \text{constant}$$

여기서 C = 소독제의 농도

n = 희석계수

t = 미생물을 일정 %까지 사멸시키는 데 요구되는 시간

$n > 1$ 이면 소독작용은 소독제의 주입량에 크게 의존하며, $n < 1$ 이면 소독작용은 접촉시간에 의존하고, $n = 1$ 이면 접촉시간과 소독제 주입량의 영향이 거의 같게 된다.

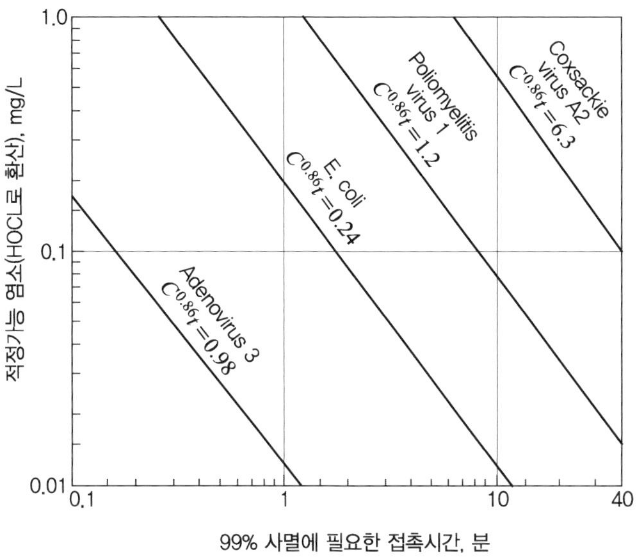

[그림 8.6] 대장균 99% 사멸에 필요한 접촉시간(min)과 염소농도 (HOCl로 환산)와의 관계 (온도 범위 0~6℃)

⑤ 접촉시간 또는 염소주입량과 유기물 제거효율(BOD, COD, NH_3-N 등)의 관계를 그래프로 그리고, 그래프에서 유기물 제거효율 및 그때의 접촉시간, 염소주입량을 계산한다([그림 8.7]).

⑥ 3회 이상 실험해서 각각 측정한 결과의 산술평균값을 구한다.

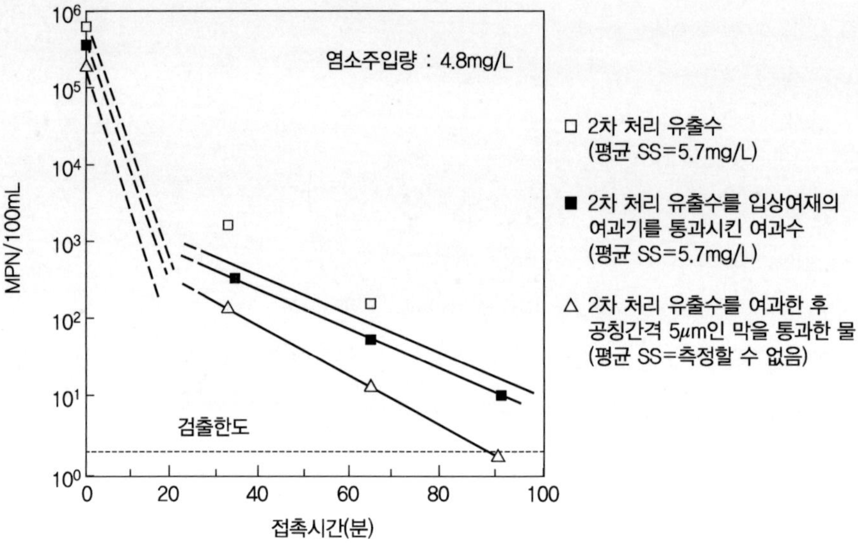

[그림 8.7] 부유물질이 있을 경우 접촉시간에 따른 미생물의 제거효율

CHAPTER

9 흡착

Adsorption

흡착이란 흡착제의 표면으로 피흡착질이 모이는 것이고, 흡수(Absorption)는 모인 피흡착질이 흡착제 속으로 침투되는 것을 말한다. 이 2가지 현상이 동시에 발생하기 때문에 수착(Sorption)이라 부르기도 한다. 그러나 흡착과 흡수가 활성탄이나 다른 매질에서 함께 발생해도 단위조작에서는 보통 흡착이라 부른다.

C.W. Scheele(1773), A.F. Fontana(1777) 등이 과학적으로 흡착 현상을 규명하였고, Kayser(1881)에 의하여 흡착이란 용어가 사용되었다.

9.1 흡착의 원리

흡착은 대개 피흡착질과 흡착제 표면(혹은 계면) 간의 개별 원자, 이온 또는 분자 간의 결합력에 의해 발생하는 현상이라 할 수 있으며, 흡착 현상은 크게 4가지로 분류할 수 있다.

① 교환흡착(혹은 이온교환) : 흡착제의 표면에 존재하는 상대하전이 더 큰 정전기적 친화력을 가진 이온종에 의해 대체되는 경우

② 물리적 흡착 : London 분산력과 정전기력의 조합으로 이루어진 반데르발스 인력의 작용으로 일어나는 흡착의 경우

③ 화학적 흡착 : 피흡착질과 흡착제 표면 사이의 반응에 의하여 피흡착질이 화학적으로 흡착제에 결합하는 경우

④ 비흡착(Specific adsorption) : 흡착제 표면의 특정한 관능기에 피흡착질이 흡착한 경우이며, 이때의 결합력은 물리적 흡착부터 화학적 흡착의 범위값을 갖는다.

흡착현상은 이와 같이 피흡착질－흡착제 표면과의 상호관계에 의하여 나타나기 때문에 피흡착질의 분자 크기, 구조, 극성 및 입체 형태와 흡착제의 세공구조, 표면적, 표면 성질에 의하여 변하게 되며, 또한 조작 온도, 압력(또는 농도), pH 등에 따라 민감하게 변화한다.

<표 9.1>은 물리적 흡착과 화학적 흡착을 비교한 것이다. 물리적 흡착과 화학적 흡착의 특성은 흡착온도, 흡착속도, 가역성 및 화학적 결합과 관계가 있는 전자의 이동 특성에서 구분되어지나 2가지 경우를 정량적으로 구분할 수 있는 기준은 제시되지 않고 있다. 또한 흡착열은 피흡착질과 흡착제의 결합력을 직접적으로 나타내는 것으로 흡착열이 낮은 물리적 흡착의 결합력은 일반적으로 알려진 반데르발스 인력과 극성화에 따른 정전기력에 의하여 발생된 것으로 이는 화학적 결합력 보다 낮다.

〈표 9.1〉 물리적 흡착과 화학적 흡착의 특성비교

변수	물리적 흡착	화학적 흡착
흡착제(Adsorbent)	All solids	Some solids
피흡착질(Adsorbate)	All gases	Some specific gases
흡착온도	낮다	높다
흡착열	낮다	높다
흡착속도	빠르다	늦다
적용성	단분자층 or 다분자층	단분자층
가역성	가역적	비가역적
전자의 이동성	없다	있다

일반적으로 물리적 흡착은 온도가 높을수록 흡착량이 감소하는 반면에 화학적 흡착은 일정한 온도까지는 온도의 증가에 따라서 흡착량이 증가하다가 온도가 너무 상승하면 흡착량이 감소하는 경향을 보인다.

대부분의 흡착분리 공정은 화학적 흡착보다 물리적 흡착에 의존하고 있으며, 이로 인하여 흡착의 일반적인 이론은 물리적 흡착에 초점이 맞추어지고 있다. 또한 기상의 피흡착질이 흡착제에 물리적 흡착을 할 경우에 대표적인 열역학적 특징은 흡착되지 않은 기체분자의 자유도가 흡착된 기체분자에 비하여 크며, 이로 인하여 가스상의 피흡착질 분자 엔트로피는 흡착한 분자의 엔트로피 보다 크다. 따라서 물리적 흡착은 발열이 수반된 흡착이므로 흡착온도가 낮을수록 흡착량이 증가하는 것으로 알려지고 있다.

흡착제와 기상의 피흡착질 사이에서 발생된 흡착력에 의하여 피흡착질이 흡착제에 흡착되는 과정은 피흡착질에 대한 흡착제 외부의 물질전달과 흡착제 내부의 물질전달로 구분하여 설명할 수 있다. 전자의 경우는 피흡착질이 기상 가장자리에서 흡착제 표면까지의 전달현상을 지칭하는데, 이것은 다시 흡착제 주위를 유체의 유동특성에 의하여 형성하고 있는 기체막(Film)까지 전달되는 과정(Bulk transport)과 그 기체막을 통과하는 과정(Film transport)으로 나누어진다. 이와 같은 과정으로 흡착제 표면에 전달된 피흡착질은 흡착제 표면에 흡착 또는 다공성 흡착제의 세공 및 표면을 통하여 확산(Pore/surface diffusion)되어 결국은 흡착제 표면에 흡착되는 내부 전달과정을 갖게 된다. 이와 같은 과정 중에서 피흡착질이 기상의 가장자리로부터 기체막까지의 이동과 기체막 내의 이동은 순차적으로 진행되고, 표면흡착이나 세공 및 표면확산 현상은 동시에 진행된다.

흡착제의 총괄속도는 흡착과정의 속도에 의하여 결정되나 대부분이 세공 및 표면확산과 기체막에서의 피흡착질 이동속도에 의하여 지배되는데, 이 중에서 세공확산 및 표면확산 속도의 영향이 큰 것으로 알려지고 있다.

9.2 흡착평형

9.2.1. 흡착평형 이론

흡착제와 유체상 사이에 평형이 이루어지면, 2가지 상에 분포된 피흡착질의 양은 온도 및 농도에 따라 특정 관계식으로 나타낼 수 있다. 특히 온도가 일정하게 유지되는 상태에서 이러한 관계식을 흡착등온식이라 부른다.

흡착등온식은 흡착제 및 피흡착질의 종류에 따라 달라지며, 이는 흡착제의 세공분포, 세공경의 크기, 표면상태 및 흡착제－피흡착질의 상호작용에 의하여 결정된다. 단일성분의 흡착등온식은 평형실험을 통하여 흡착평형 자료를 얻은 후 간단한 수학적 표현을 이용하여 구할 수 있다. 이것은 흡착공정을 이용한 분리현상을 설명하는 가장 기초적인 정보라 할 수 있다. 그러나 실제의 흡착공정은 2가지 성분 이상이 존재하는 경우가 많아 실험적인 방법만으로 흡착평형에 관련된 정보를 얻기는 어렵다. 따라서 단일성분들의 흡착평형 자료를 이용하여 다성분 흡착계를 예측하는 방법들이 연구 대상이 되어 왔다.

$$q = f(C, T) \tag{9.1}$$

식 (9.1)에서 보는 바와 같이 흡착계의 온도(T)가 일정하다면, 흡착평형을 이루는 흡착제에 흡착된 피흡착질의 양(q)은 피흡착질 농도만의 함수로 표현할 수 있는데, 이와 같이 일정 온도에서 흡착제에 흡착된 피흡착질 농도를 나타낸 흡착평형식을 흡착평형등온식(Adsorption equilibrium isotherm)이라 한다. 흡착평형등온식은 대상 흡착계의 온도와 피흡착질의 농도로부터 흡착제에 흡착된 피흡착질의 농도 또는 흡착량을 계산할 수 있는 정보를 제공한다.

9.2.2. 단일성분의 흡착평형

단일성분의 등온흡착식 중 가장 널리 사용되고 있는 식은 Langmuir 등온식, Freundlich 등온식, Henry 등온식 등이 있다.

(1) Langmuir 등온식

물리적 흡착과 화학적 흡착에서 가장 간단하면서도 가장 유용하게 사용되는 식이 Langmuir 등온식이며, 균일표면에서 단분자층 흡착의 경우에 사용할 수 있다.

Langmuir 등온식은 다음과 같은 가정에 기초를 두고 있다.

① 흡착된 분자나 원자가 특정한 국부적인 흡착점에 존재한다.

② 각각의 흡착점은 한 개의 분자나 원자와 결합할 수 있다.

③ 모든 흡착점의 흡착에너지는 일정하며, 이웃하는 피흡착질과는 서로 영향이 없다.

액상의 농도(C)와 흡착량(q)의 관계를 Langmuir 등온식으로 나타내면 식 (9.2)와 같다.

$$q = \frac{x}{m} = \frac{a\,b\,C}{1 + b\,C} \tag{9.2}$$

여기서 q = 단위중량의 흡착제에 흡착된 피흡착질의 양

x = 흡착된 피흡착질의 양

m = 흡착제의 양

$a,\ b$ = 실험에 의해 구해지는 상수

C = 흡착이 일어난 후 용액 내 피흡착질의 평형농도

식 (9.2)를 정리하면 식 (9.3)과 같다.

$$\frac{1}{q}=\frac{1}{a\,b}\frac{1}{C}+\frac{1}{a} \tag{9.3}$$

Langmuir형 흡착평형이 성립한 경우에 (1/q)와 (1/C)의 관계를 그래프로 그리면 직선을 얻을 수 있다.

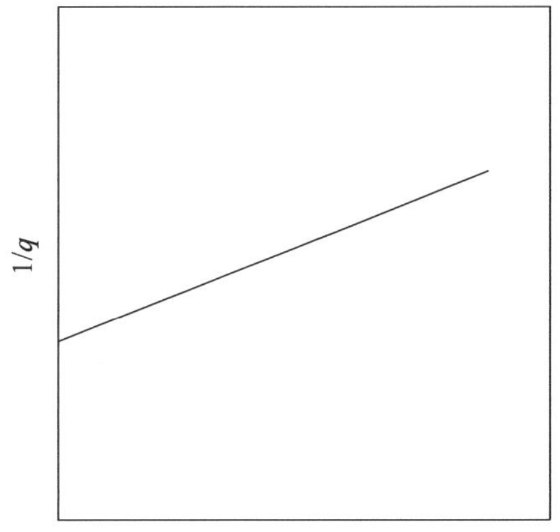

[그림 9.1] Langmuir 흡착등온선

액 농도가 충분히 적을 경우에는 bC≪1 이므로, 식 (9.2)의 분모인 bC를 생략하면 식 (9.4)가 된다.

$$q=a\,b\,C \tag{9.4}$$

식 (9.4)는 q가 C에 비례하므로, Henry 식 (9.10)에 근사하게 된다.

역으로 액 농도가 큰 범위에서는 bC≫1 이므로, 식 (9.2)는 식 (9.5)에 근사하게 된다.

$$q=a \tag{9.5}$$

이것은 액 농도가 증가하면, 흡착량은 일정한 극한치에 가까워진다는 것을 의미한다. 극한치는 단분자층 흡착의 최대 흡착량이 되므로, 이 값을 Q_o라 하면, 식 (9.2)는 식 (9.6)으로 나타낼 수 있다.

$$q = \frac{Q_o\, b\, C}{1 + b\, C} \tag{9.6}$$

식 (9.4)와 식 (9.5)에 의해 저농도에서 흡착량이 농도에 비례하고, 고농도가 되면 일정치에 근접한다고 생각하면, 중간의 액 농도 범위에 있어서 흡착량은 식 (9.7)로 표시된다.

$$q = k\, C^{\,m} \tag{9.7}$$

식 (9.7)은 Freundlich 등온식이 된다.

(2) Freundlich 등온식

무정형 표면에서 흡착이 일어날 경우에 표면의 흡착율이 증가함에 따라서 흡착열이 지수함수로 감소한다고 가정하면, Langmuir 등온식을 통계적으로 처리하여 Freundlich 등온식을 이론적으로 유도할 수 있다. 이 식은 원래 실험적으로 구하였으며, 식 (9.8)과 같다.

$$q = k\, C^{1/n} \tag{9.8}$$

식 (9.8)의 양변에 대수를 취하면 식 (9.9)와 같다.

$$\log q = \log k + (1/n) \log C \tag{9.9}$$

Freundlich형의 흡착평형이 맞을 경우, 양대수지에 농도(C)와 평형흡착량(q)의 관계를 그래프로 그리면 직선이 얻어진다. $C = 1$의 점에서 q로부터 k, 직선의 기울기로부터 (1/n)이 구해진다.

[그림 9.2, a]와 같이 직선의 기울기가 적을 때는 저농도로부터 고농도에 걸쳐 잘 흡착하며, (c)는 고농도에서 흡착량이 커지고 저농도에서 흡착량이 현저히 적어진다. 또 (b)와 같이 중간에 꺾어진 등온선을 얻을 수도 있다.

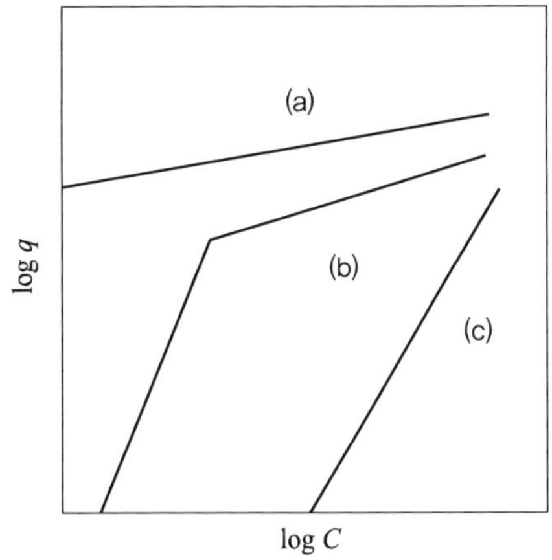

[그림 9.2] Freundlich형 흡착등온선

일반적으로 (1/n)이 0.1～0.5의 범위라면 흡착은 용이하고, (1/n)이 2 이상의 물질은 난흡착성이라 말할 수 있다. 따라서 항상 n>1이며, 온도가 증가함에 따라서 n과 k는 감소한다. 이 식은 Langmuir 등온식이 적용되지 않는 경우에 넓은 범위의 q값에 대해 잘 맞는다.

예제 9.1

입상 활성탄(GAC)을 이용하여 회분식 흡착실험을 수행한 결과는 다음 표와 같다. 흡착실험의 결과로부터 Freundlich와 Langmuir 흡착등온식의 상수를 구하시오. 회분식 흡착실험에 사용된 용액의 부피는 1 L이다.

용액중 GAC의 질량, m (g)	용액중 피흡착질의 평형농도, C (mg/L)
0.000	3.37
0.001	3.27
0.010	2.77
0.100	1.86
0.500	1.33

풀이

① 회분식 흡착실험의 자료를 이용하여 Freundlich와 Langmuir 흡착등온선을 그리는 데 필요한 값을 다음 표와 같이 계산한다.

C_o (mg/L)	C (mg/L)	x (mg) [$(C_o-C)V$]	m (g)	$q=x/m$	C/q (mg/L)
3.37	3.37	0.00	0.000	-	-
3.37	3.27	0.10	0.001	0.1000	32.7
3.37	2.77	0.60	0.010	0.0600	41.2
3.37	1.86	1.51	0.100	0.0151	123.2
3.37	1.33	2.04	0.500	0.0041	324.4

② 상기 값을 이용하여 Freundlich와 Langmuir 흡착등온선을 그린다.

③ 흡착등온식의 상수를 결정한다.

- Freundlich 공식

C = 1.0 에서 $q = x/\mathrm{m}$ = 0.0015, k = 0.0015

q = 1.0 에서 C = 6.2, $1/n$ = 3.56

따라서 $q = x/m = 0.0015\ C^{3.56}$

- Langmuir 공식

Langmuir 흡착등온식은 그래프가 직선이 되지 않으므로, 이 식의 적용은 부적합하다.

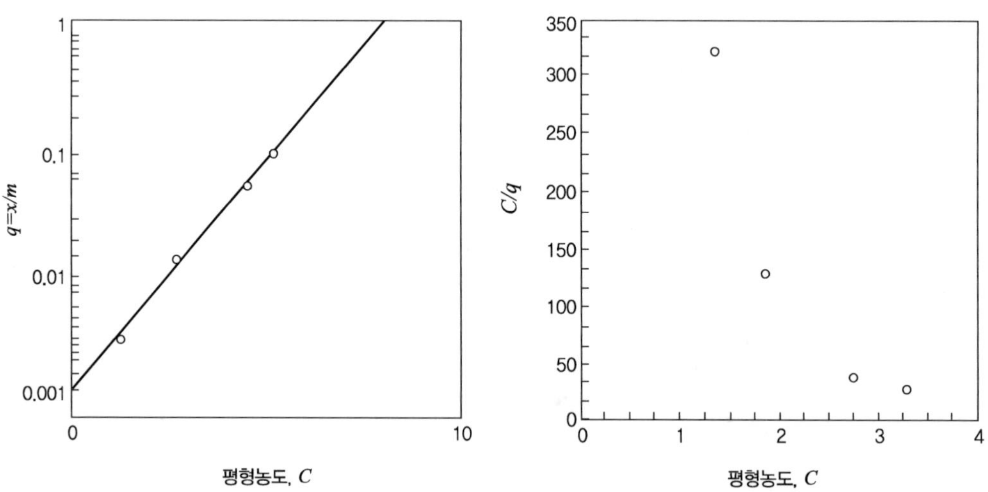

(a) Freundlich 흡착등온선 (b) Langmuir 흡착등온선

(3) Henry 등온식

기－액의 평형관계를 나타내는 Henry의 법칙과 같이 흡착량이 액농도에 비례하는 경우의 흡착평형 관계를 나타낸 것으로 식 (9.10)과 같다. Henry형의 등온식은 저농도의 미량 유기물 흡착에 적용할 수 있다.

$$q = HC \tag{9.10}$$

여기서 q = 흡착량

H = 상수

C = 평형농도

(4) B.E.T. 등온식

Langmuir의 단분자 모델과 비교하여, Brunauer, Emmett, Teller 등은 흡착표면에 분자가 차례차례로 겹쳐서 무한정 흡착 가능할 것 같은 다분자층 흡착모델을 착안하여, 식 (9.11)과 같은 흡착등온식을 유도하였다.

$$q = \frac{V_m A_m C}{(C_s - C)[1 + (A_m - 1)(C/C_s)]} \tag{9.11}$$

여기서 C_s = 포화농도

V_m, A_m = 단분자층 흡착의 최대흡착량과 흡착에너지에 대한 상수

식 (9.11)을 B.E.T.식이라 부르고, 이것을 다시 정리하면 식 (9.12)가 얻어진다.

$$\frac{C}{q(C_s - C)} = \frac{1}{A_m V_m} + \left(\frac{A_m - 1}{A_m V_m}\right)\frac{C}{C_s} \tag{9.12}$$

식 (9.12)에서 $\frac{C}{q(C_s - C)}$와 (C/C_s)의 관계를 그래프에 그리면 직선관계가 얻어진다. C가 C_s에 비하여 무시할 수 있을 정도로 작을 경우, $A_m = b\,C_s\,(> 1)$로 놓으면 식 (9.11)은 식 (9.13)과 같다.

$$q = \frac{V_m b C}{1 + bC} \tag{9.13}$$

식 (9.13)은 Langmuir 식과 같다. B.E.T.식은 활성탄의 비표면적 산정에 자주 이용된다.

9.2.3. 흡착속도

피흡착질을 함유한 액을 비커에 넣고, 그 속에 활성탄(흡착제) 입자를 넣어서 액을 교반하면, 먼저 활성탄 입자표면에 접촉하고 있는 액으로부터 유기물을 흡착하고, 계속하여 활성탄 입자로부터 떨어진 곳에 있던 피흡착질이 대류에 의하여 활성탄 근처로 이동하여 차례로 흡착한다. 활성탄 표면까지 이동한 피흡착질의 일부는 입자 외부표면에서 흡착하고, 나머지는 입자 내의 세공을 향하여 이동하면서 세공벽면에서 흡착한다. 이와 같이 세공내부에서 액속을 확산하여 피흡착질이 이동하는 것을 세공확산이라 한다.

또 활성탄의 외부표면이나 세공입구 부근의 벽면에 흡착한 분자는 세공벽으로부터 흡착량의 농도구배를 추진력으로 하여 흡착부위를 조금씩 벗어나면서 세공의 내부로 서서히 이동한다. 이것을 표면확산이라 한다. 이러한 세공확산과 표면확산은 활성탄 입자 내부에서 일어난 확산이므로, 이 2가지를 합하여 입자 내 확산이라고 한다.

물질이동과정에서 흡착속도는 다음 3가지의 영향을 받지만 주로 ①과 ②에 의해서 지배된다.

① 활성탄 부근의 액경막에 있어서 물질이동속도

② 활성탄 입자 내의 확산속도

③ 흡착부위에 있어서 흡착반응속도

피흡착질과 액상조건에 의해 비교적 흡착량이 적은 흡착 초기단계에서는 액경막확산율속, 또는 흡착량이 증가하면 입자 내 확산율속이 흡착속도를 지배한다.

(1) 흡착대와 파과곡선(Break through curve)

활성탄 충전층에 폐수를 통수하여 유기물을 흡착시키면 폐수가 통과한 초기에는 순도가 좋은 처리수를 얻을 수 있다. 그러나 처리수 양이 증가하면 충전층 유출수의 유기물 농도는 증가하고 수질은 점차 악화된다. 일정한 통수조건에서 처리수의 유기물 농도가 허용치에 도달하는 점을 파과점이라 한다. 파과점을 넘어서 통수를 계속하면 처리수의 유기물 농도는 급격히 증가하고 원수농도에 가까워진다. 처리수 양과 처리수의 농도 관계를 표시한 [그림 9.3]을 파과곡선이라 부른다.

고정층 흡착장치에 폐수를 통수하기 시작한 때로부터 약간 시간이 경과한 후에 활성탄층 내부가 [그림 9.4]과 같은 흡착량의 분포를 하고 있는 것으로 가정하자.

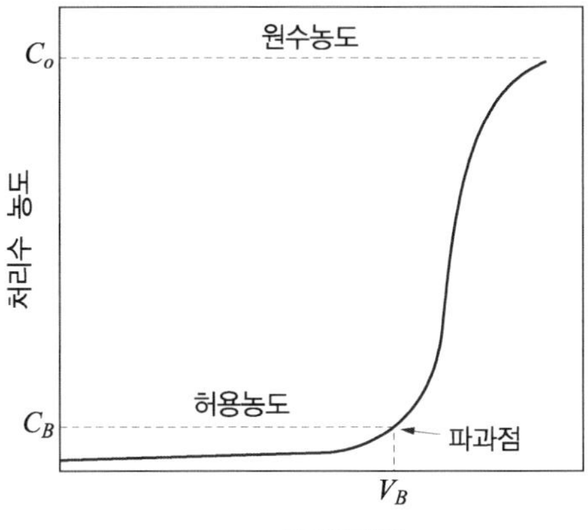

[그림 9.3] 파과곡선

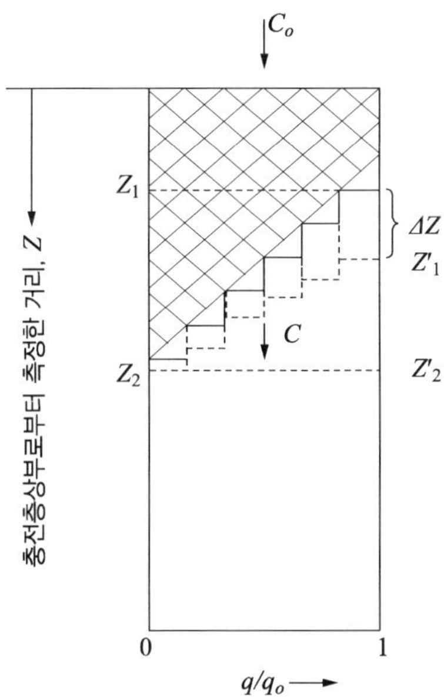

[그림 9.4] 흡착대의 형성

충전층의 입구로부터 z_1까지의 활성탄층은 유기물로 포화되어 있어서 흡착능력이 없기 때문에 z_1에서 채취한 처리수는 원수와 같은 농도를 나타내고, 층 내를 유하하여 z_2을 지나면 처리수의 농도는 거의 0까지 저하한다. 이와 같은 경우에 흡착이 실제로 이루어지는 것은 $z_1 \sim z_2$ 사이이므로 이 부분을 흡착대라 한다. 흡착대는 처리한 액량의 증가에 따라서 층 내를 이동하고, 흡착대의 선단이 충전층 저부에 도달한 때가 파과점이 된다.

(2) 파과곡선을 구하는 법

파과점에 도달할 때까지의 처리수 농도를 0으로 가정하면, 파과곡선은 파과개시 후의 경과시간과 처리수 농도의 관계를 식 (9.14)과 같이 나타낼 수 있다.

$$t - t_B = \frac{\rho_b}{K_f\ a_v}\frac{q_o}{C_o}\int_{c_B}^{c}\frac{dC}{C - C^*} \tag{9.14}$$

여기서 t = 공탑기준의 접촉시간

t_B = 농도 C_B에 도달할 때까지의 기간

K_f = 총괄물질이동계수

a_v = 흡착제의 외부표면적/충전용적

ρ_b = 충전밀도(kg/m^3)

q_o = 충전탑 출구의 흡착량

C_o = 원수의 농도

C^* = 처리수의 농도

C_B = 흡착대 하한의 농도

식 (9.14)에서 $K_f\ a_v$와 평형관계를 알고 있으면, 임의의 시간(t)과 액농도(C)의 관계를 구하여 그래프를 그리면 파과곡선이 얻어진다. 흡착이 쉬운 물질이고 흡착속도가 클 경우의 파과곡선은 S자형이 되고, C/C_o= 1/2를 중심으로 대칭형이 되는 것이 많다. C/C_o= 1/2에 도달할 때까지의 시간을 $t_{1/2}$로 하고, 충전높이를 z라 하면 식 (9.15)과 같다.

$$z = v\ t_{1/2} = \frac{u\ C_o}{\rho_b\ q_o}\ t_{1/2} \tag{9.15}$$

여기서 z_a = 흡착대의 폭

u = 액의 공탑선속도(m/h)

$t_{1/2}$ = 반감기(h)

식 (9.14)의 t에 $t_{1/2}$을 이용하여 정리하면 식 (9.16)이 된다.

$$t_B = \frac{\rho_b\, q_o}{u\, C_o}\left(z - \frac{u}{K_f\, a_v}\int_{c_B}^{\frac{c_o}{2}} \frac{dC}{C - C^*}\right) = \frac{\rho_b\, q_o}{u\, C_o}\left(z - \frac{z_a}{2}\right) \tag{9.16}$$

흡착대의 폭(z_a)과 충전층 높이(z)로부터 파과시간이 구해진다.

9.3 흡착제

9.3.1. 흡착제의 선택

주어진 분리계에 대한 적절한 흡착제의 선택은 복잡한 문제이다. 흡착제의 선정에서 가장 주된 근거는 평형등온식이라 할 수 있으며, 실제 공정 조건 하에서 순수성분 혹은 혼합물에 대한 흡착평형등온선을 고려해야만 한다. 일반적으로 순수성분에 대한 등온선을 결정한 후, 이것을 이용하여 혼합물의 각 성분에 대한 흡착등온선을 예측하거나 혼합물을 구성하는 각 성분 간의 상호관계를 규명하게 된다.

흡착등온선을 근거로 하여 분리공정의 설계에 중요한 조작 조건으로부터 흡착제의 용량, 흡착제의 재생 방법, 미사용 길이(Length of Unused Bed : LUB), 생성물의 순도 등을 평가할 수 있다. 미사용 길이는 대략 물질전달대(MTZ)의 절반이 되며, 등온선에 포함된 농도와 관계된 수식으로 구할 수 있다.

또한, 흡착 용량에 큰 영향을 미치는 인자는 흡착제의 비표면적, 세공의 크기 및 분포, 흡착질 표면 간의 친화도(또는 흡착 에너지)이며, 피흡착질의 농도와 조작 온도에 따라 그 영향이 틀려진다. 그 다음으로 고려되어야 할 특성이 선택성이다. 일반적으로 흡착 공정은 혼합물 속에 존재하는 특정 성분을 분리(Isolation)하거나 제거하는 것이 목적이기 때문에 목적 성분에 대한 선택성이 우수하여야 한다. 선택성에 영향을 미치는 인자에는 세공의 크기 및 분포, 흡착제 표면의 성질이다. 세공의 크기는 흡착질 분자의 크기 및 형태에 따라 선택성에 변화를 주게 되며, 흡착제 표면의 성질에 친화력 차이를 주어 선택성을 부여한다.

<표 9.2>는 흡착제 선정에 필요한 특성을 간략하게 나타낸 것이다.

〈표 9.2〉 흡착제 선정에 필요한 특성

특성	영향을 주는 인자
흡착용량	비표면적, 세공의 크기 및 분포, 표면 성질
선택성	세공의 크기 및 분포, 표면 성질
흡착속도	세공의 크기 및 분포, 입자의 크기, 유속
흡착제의 경도 및 재생성	원료, 활성화 제조방법, 피흡착질 및 흡착제 표면 성질

9.3.2. 흡착제의 특성

흡착제에 관련된 주요 성질을 대별하면 흡착특성, 물리적 특성, 재생능력 등이 있는데, 이러한 각각의 성질들은 흡착분리 공정에 적용이 가능한지를 판단할 수 있는 중요한 요소이다.

(1) 흡착제의 물성과 특성

흡착제의 물리화학적 성질로는 형상, 입도, 충전밀도, 세공분포 및 평균 세공경, 비표면적, 흡착능력(요오드가, 메틸렌블루 탈색력) 등이 있으며, 품질을 나타내는 규격에는 그 외에 경도, 착화점, 건조감량, 회분량 등도 포함된다.

그러나 흡착공정을 해석하기 위한 기본적인 물성은 많지 않다. 흡착능력은 흡착등온선에 의하여 결정되는데, 이것은 흡착제의 비표면적, 세공분포 및 입자내부에서의 확산계수 등에 따라 결정되기 때문이다. 공정해석에 앞서 흡착등온식과 물질전달에 관련된 인자들이 결정되기 때문에 흡착공정을 해석하기 위하여 필요한 흡착제의 물성은 평균 입경, 충전밀도, 입도, 기공도 및 충전공간분율 등 물리적 성질이다.

<표 9.3>은 각종 흡착제의 물성과 선택성을 요약한 것이다. 활성탄의 경우 다른 흡착제와 비교하면 세공용적은 비슷하지만 비표면적이 월등히 큰 값을 나타내고 있어 흡착제로서의 폭넓은 응용성을 말해주고 있다.

〈표 9.3〉 각종 흡착제의 물성

구분	활성탄		실리카겔	알루미나겔	합성 zeolite	분자체 탄소
	입상	분말				
진밀도(g/cm^3)	2.0～2.2	0.9～2.2	2.2～2.3	0.3～3.3	2.0～2.5	1.9～2.0
겉보기밀도(g/cm^3)	0.6～1.0	-	0.8～1.3	0.9～1.9	0.9～1.3	0.9～1.1
충전밀도(g/cm^3)	0.35～0.6	0.15～0.6	0.5～0.85	0.5～1.0	0.6～0.75	0.55～0.65
공극률	0.33～0.45	0.45～0.75	0.4～0.45	0.4～0.45	0.32～0.4	0.35～0.42
세공용적(cm^3/g)	0.5～1.0	0.4～0.5	0.3～0.8	0.3～0.8	0.4～0.6	0.5～0.6
비표면적(m^2/g)	700～1500	700～1500	200～600	150～350	400～750	450～550
평균세공직경(Å)	12～30	15～30	20～120	40～150	-	10～15
열전도도 (Kcal/m· hr· ℃)	0.1～0.2	-	0.1～0.15	0.1～0.15	-	-
비열(cal/g· ℃)	0.2～0.25	-	0.2～0.25	0.2～0.3	-	-

(2) 재생 능력

흡착의 다양한 응용공정에서 재생을 통한 흡착제의 재사용은 경제적인 측면에서 필수적이라 할 수 있다. 흡착제의 재생은 일반적으로 압력, 열, 화학적 변화 혹은 용매의 이용 등에 의해 수행된다. 이러한 방법들은 피흡착질, 흡착제, 시스템 등에 따라 장점과 단점을 가지고 있다.

9.3.3. 흡착제의 종류

활성탄은 소비량이나 시장규모 면에서 가장 널리 사용되고 있는 흡착제이며 목재, 석탄, 코우크스, 뼈, 과일 열매 등과 같은 탄소 원료를 열분해한 후 700～1,100℃ 온도에서 증기나 이산화탄소로 활성화하여 제조한다.

활성탄이 갖는 장점은 다음과 같다.

① 습기를 처리하는 전처리 단계를 거치지 않고 분리나 정제에 사용할 수 있는 유일한 흡착제이다.

② 내부표면적이 매우 크므로 비극성이거나 약한 극성을 갖는 유기성 분자를 다른 흡착제보다 많이 흡착할 수 있다.

③ 흡착열이나 결합력이 다른 흡착제에 비해서 낮으므로 피흡착질의 탈착이 쉬워서, 재생에 소요되는 에너지를 절약할 수 있다.

〈표 9.4〉 흡착제의 종류와 용도

종류	용도
활성탄	냄새 제거, 기체 정제, 용매 회수, 유독성분의 제거
알루미나	기체 및 액체의 건조
보오크사이트	석유 유분의 처리, 기체 및 액체의 건조
골탄	설탕 용액의 탈색
탈색탄소	유지 및 왁스의 탈색, 상수의 탈취
산성백토	동물유, 윤활유, 식물유, 지방 및 왁스의 정제
마그네시아	가솔린 및 용매의 처리, 가성용액으로부터 금속불순물의 제거
분자체탄소	Hg, SO_2, NO_2 배출의 제어 및 회수, 공기분리
제올라이트	기체의 정제, 공기분리, 탄화수소의 분리 및 회수
실리카겔	기체의 건조 및 정제
황산스트론튬	가성용액으로부터 철의 제거

활성알루미나는 물에 대한 친화력이 매우 큰 고체 중의 하나이므로, 기체나 액체 중의 습기를 제거하는 데 공업적으로 매우 중요하다.

실리카겔은 콜로이드 실리카(SiO_2)의 구형으로 이루어진 무정형체로서 실리카겔 표면은 수분에 대해 큰 친화성을 가지고 있으며 기체와 액체의 건조에 가장 널리 사용된다. 재생할 경우에는 제올라이트보다 저렴하고 용이하나, 고온에서는 건조된 기체를 생산할 수 없다. 실리카겔은 액체수분에 의해 손상되기 때문에 되도록 수분을 피해야 한다.

분자체탄소(Molecular sieve carbone : MSC)는 제올라이트보다는 소수성이므로 습기를 함유한 기체의 건조나 분리에 널리 사용되며, 특히 공기에서 질소를 분리하는 데 주로 사용된다. 제올라이트(Zeolite)는 다공성 결정체인 aluminosilicate의 총칭으로 SiO_4 및 AlO_4 사면체를 기본단위로 구성되어 있다.

제올라이트(특히 합성된 것)의 특징은 다음과 같다.

① 규칙적인 세공의 크기를 갖고 있다.

② 골격 구조가 튼튼하다.

③ 이온교환이 용이하다.

④ 필요한 흡착 및 촉매작용이 가능하도록 조절된다.

활성탄소섬유(ACF)는 셀룰로오스 아크릴(PAN), 페놀수지 및 피치계 탄소섬유의 개발로 관심의 대상이 되고 있다. 입상 활성탄소가 광범위한 세공분포를 지니고 있는 반면 ACF는 10~20Å 크기로 세공이 잘 발달되어 있어 비표면적이 크다. 또한 세공크기의 조절이 용이하고 흡착, 탈착 속도가 뛰어난 것으로 알려져 있다.

기타 흡착제로 사용되는 유기고분자 수지(Organic polymer resin)는 수십 년간 이온교환제로 이용되어 왔으며, 산성수지(Acidic resin)는 음전하를 띠고 있어 양이온과 이온교환이 일어나며, 염기성수지(Basic resin)는 양전하를 띠고 있어 음이온과 이온교환이 이루어진다.

골탄은 19세기 이후 당의 탈색과 정제를 위한 흡착제로 사용되어 왔는데, 이는 이온교환 이외에 동물체에 존재하는 칼슘히드록시기를 가지고 있기 때문에 일반 활성탄보다 흡착능이 더욱 커진다.

금속산화물(Metal oxide)들은 일정한 화학구조를 지닌 무기물이며, 산화물이 제조되는 방법에 따라 산화표면의 성질이 매우 복잡하게 나타난다. 공업용 흡착제를 위한 금속산화물들은 마그네슘 산화물, 티타늄 산화물, 지르코늄 산화물, 세슘 산화물 등이 있다.

9.3.4. 흡착제의 응용 분야

(1) 상수처리

상수로 공급되는 음용수는 각종 산업폐수, 생활하수로부터 유입되는 기름, 농약, 유기물, 계면활성제의 제거나 염소 소독으로 발생하는 염소화합물, 특히 발암성, 기형 유발성 물질로 알려진 THM이 제거되어야 한다. 이러한 목적을 달성하기 위하여 입상 및 분말 활성탄이 주로 이용된다.

(2) 폐수처리

공장(가정)폐수는 다양한 유기물, 색소, 중금속을 포함하여 하천·호수를 오염시키기 때문에 계통적인 처리가 필요하다. 응집, 침전, 여과 등을 거친 후에 흡착에 의한 3차 처리가 필요하지만, 설비 및 운영비용이 많이 들기 때문에 아직은 일반화되어 있지 않다. 용존되어 있는 성분들이 잡다하기 때문에 BOD, COD, TOC라는 총량 개념으로 나타내는 유기물과 중금속 제거를 위하여 입상 활성탄이 주로 이용된다. 입상 활성탄은 유기물을 분해하는 박테리아에 생활공간을 제공함으로써 흡착 및 생물학적 처리를 병행하여 상승효과를 가져온다.

(3) 금속의 회수

물에 존재하는 우라늄이나 도금폐액에 존재하는 Cu, Cr, Ni, Au 등을 회수하는 데 이온교환수지나 킬레이트수지가 이용된다.

(4) 분리 매질

발효공정에서 만들어지는 알코올, 유기산, 아미노산, 항생물질 등을 분리하기 위해서는 흡착공정이 필요하다. 분리방법에는 크로마토그래피를 이용한 분취법과 흡착–탈착–세척을 반복하는 주기적 조작법(Cyclic operation)이 있다.

(5) 의류 및 생활용품

생활수준의 향상으로 다양한 의류 및 생활용품이 요구되고 있다. 그들 중 하나가 생리대, 기저귀, 병원용 seat 등이다. 이들은 많은 양의 수분을 흡수하고 새어나오지 않도록 하여 장시간 안심하고 사용할 수 있도록 해야 하는데, 이러한 목적으로 고흡수성 및 고흡유성 섬유 흡착제가 주로 이용된다.

9.3.5. 흡착제의 전망

새로운 흡착제의 개발이나 기존 흡착제의 개선은 기존의 것보다 선택도, 동적용량, 안정성, 재생의 용이성 등을 향상시키는 것이다. 향후 흡착제에 관련된 연구는 범용으로 이용될 수 있는 획기적인 새로운 흡착제의 개발보다는 특정 분야에 응용될 수 있는 방향으로 개발 및 개선이 진행될 것이다.

9.4 실험방법

흡착은 용액 중의 분자가 물리적 혹은 화학적 결합에 의해 고체표면에 달라붙는 현상이다. 이때 달라붙는 분자를 피흡착질(Adsorbate), 분자가 달라붙을 수 있도록 표면을 제공하는 물질을 흡착제(Adsorbent)라 한다.

9.4.1. 실험기구

(1) 회분식 실험

① Jar test 장치

② 분말 또는 입상 활성탄

③ 비커

(2) 연속식 실험

① 연속식 흡착 실험장치 ([그림 9.5]) : 직경 8∼15 cm, 높이 2 m)

② 압력계

③ 펌프

④ 입상 활성탄

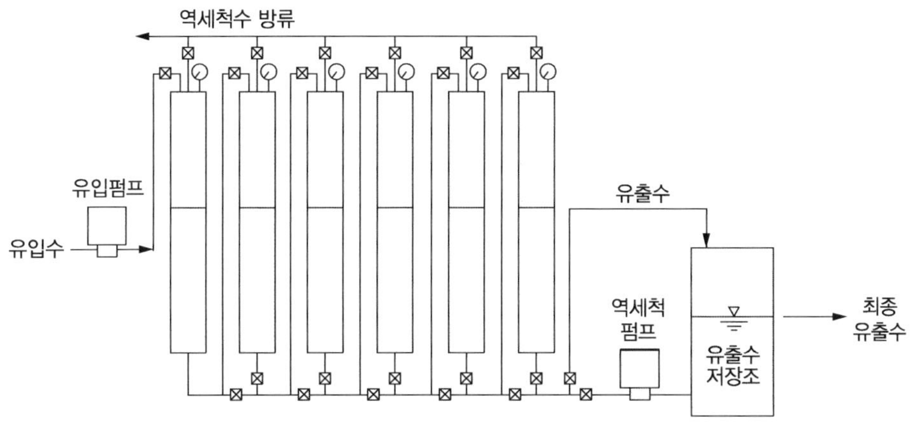

[그림 9.5] 연속식 흡착 실험장치

9.4.2. 실험과정

(1) 회분식 실험

① 실험할 폐수의 수질(BOD, COD, TOC 등)을 측정하고, 비커 6∼8개에 일정량의 폐수를 넣는다.

② 증류수에 24시간 활성탄을 담가둔 후, 103℃에서 24시간 건조시킨 다음, 비커에 각각 정해진 양을 넣는다(초기 (X/M) = 0.05∼5.0 kg-COD/kg-활성탄). 이 경우 탈기될 수 있는 휘발성 물질이 폐수 중에 있다면 대조(blank)실험을 실시한다.

③ Jar test 장치에 비커를 놓고 교반시킨다.

④ 시간 경과에 따라 시료를 채취하여 여과한 후 수질을 측정한다. 이때 시료량은 전 폐수량의 5% 이하가 되어야 한다.

⑤ 비커 내 폐수의 수질이 안정되면, 안정에 도달되는 시간과 그때의 평형농도를 구한다.

⑥ 같은 방법으로 3회 이상 실험을 실시한다.

(2) 연속식 실험

① 연속식 흡착 실험장치를 설치하고, 부속장치를 흐름방식(상향류, 하향류)에 따라 설치한다.

② 같은 양의 활성탄을 각 칼럼에 넣는다. 실험 중 광선의 침투를 방지하기 위하여 검게 색칠하거나 덮는다.

③ 폐수의 초기 수질을 측정한 후, 일정한 유속으로 폐수를 주입한다.

④ 1일에 1회 각 칼럼에서 시료를 채취하여 수질을 측정한다(BOD, COD, TOC 등).

⑤ 각 칼럼에서 규정된 압력강하가 생길 경우, 방류수 약 200 ml를 집수하여 역세척한다.

⑥ 실험은 흡착능력이 전환(Breakthrough)될 때까지 실시한다.

⑦ 같은 방법으로 3회 이상 실험을 실시한다.

9.4.3. 결과정리 및 계산

(1) 회분식 실험

① 측정값을 기입하고, 대수그래프지에 평형농도(C)와 (X/M)의 관계를 그린다.

② 그래프에서 Freundrich 등온식의 계수, n(기울기는 1/n) 및 k (y축 절단점)를 구한다.

Freundrich 등온식 (식 9.8) : $q = \dfrac{X}{M} = k\,C^{\frac{1}{n}}$

③ 3회 이상 실험해서 각각 구한 결과를 산술평균하여 계산한다.

(2) 연속식 실험

① 측정값을 기입하고, 그래프지에 시간(day)과 남은 수질농도(C_B/C_o)의 관계를 그래프로 그린다.

② 그래프에서 흡착능력 전환점을 구한다.

③ BDST(Bed-Depth / Service-Time) 관계식을 구한다.

Bohart-Adams 방법 : $t = \frac{N_o D}{C_o V} - \frac{1}{K\ C_o} \ln\left(\frac{C_o}{C_B} - 1\right)$

여기서 t = 운전기간(hr)

D = 층 깊이(cm)

V = 수리학적 부하량 또는 유속(cm/hr)

C_o = 유입수 농도(mg/L)

C_B = 유출수 농도(mg/L)

N_o = 흡착 제거효율(mg/L)

K = 흡착속도 상수(L/mg -hr)

④ 활성탄의 흡착능력 및 관찰된 잔유물의 등온값(Isotherm value)을 비교하여 평가한다.

⑤ 3회 이상 실험해서 각각 구한 결과를 산술평균하여 계산한다.

9.4.4. 관련 지식

① 활성탄은 정수장에서 주로 원수의 맛, 냄새, 기타 유독성 유기물을 제거시키기 위하여 사용하며, 폐수처리장에서는 생물학적 처리를 거친 폐수 중에 남아 있는 유기물을 더 제거하기 위하여 사용한다.

② 사용된 활성탄은 재생하여 사용할 수 있으나, 재사용 여부는 경제성을 검토하여 결정한다.

③ 활성탄 이외의 흡착제로는 제올라이트, 활성알루미나, 실리카겔, 골탄, 산성백토, 보크사이트, 무연탄, 활성역청탄, fly ash, 연탄재 등이 있다.

CHAPTER

10 부상

Flotation

부상이란 액체 상태로부터 고체 또는 액체를 분리하는 데 사용되는 단위조작이다. 부상분리는 분산매(액체) 중에 함유된 부유상(입자성 물질)에 미소한 기포를 부착시켜 분산매와 공기가 접하고 있는 경계면까지 부상시켜 고액분리를 유도하는 조작이다. 이 경우 기포가 부착된 입자성 물질은 액체보다 밀도가 작아져서 액체표면까지 상승한다.

10.1 부상법의 분류

폐수(하수)처리 공정에서 부상분리는 주로 부유물질을 제거하고, 생물학적 슬러지를 농축하기 위하여 사용된다. 현재 폐수처리장에서 활용하고 있는 부상분리 공정은 부상촉진제로서 공기를 사용하는 것에 국한되어 있으며, 분산공기 부상법과 용존공기 부상법이 사용되고 있다.

부상법을 기포의 발생방법에 따라 분류하면 다음과 같다.

10.1.1. 분산공기 부상법

대기압에서 프로펠러나 다공판을 통하여 공기를 불어넣어 기포를 생성하는 방법

10.1.2. 용존공기 부상법

① 진공 부상법 : 대기압에서 공기를 물속에 포화시킨 후, 부상조에서 압력을 감압하면 과포화된 공기가 용액 내에서 기포로 발생된다.

② 가압 부상법 : 대기압보다 높은 압력에서 공기를 물속에 용해시킨 후, 부상조에서 압력을 대기압까지 저하시키면 과포화된 공기가 용액 내에서 기포로 발생된다.

10.1.3. 전해 부상법

물을 전기분해하면 발생하는 수소나 산소로 이루어진 미세한 기포를 이용하는 방법

10.1.4. 미생물학적 부상법

생물학적 질화/탈질화 공정에 의하여 질소나 이산화탄소와 같은 기포를 생성하거나 또는 조류가 다량 성장하여 광합성에 의해 과포화 상태의 산소를 배출하는 경우에 물로부터 용출되어 나오는 기포와 함께 부유물질을 부상시키는 방법

10.2 분산공기 부상법(또는 포말 부상법)

분산공기 부상법은 회전하는 임펠러나 산기관을 통하여 기포를 현탁액 중에 불어넣은 후, 급격한 교반을 통하여 기포를 분산시켜서 기포에 현탁질이 부착되도록 하여 기포와 함께 부상시키는 방법이다.

이 방법은 비교적 농도가 높은 광분 slurry의 분급선별에 옛날부터 광산, 야금 분야에 이용되어 왔던 부유선광법으로 생성된 기포는 직경 1 mm 정도이고, 제거해야 할 대상입자(수십 micron 정도)는 생성된 포말의 표면에 부착되어 농축된 후, 포말을 분리 파괴함으로서 현탁액 중의 대상물보다 고농도의 농축물을 얻는 것이 가능하다.

분산공기 부상법은 폐수처리 공정에 자주 사용되지는 않았지만, ABS나 LAS의 제거에 응용되고 있다. 1970년대 미국의 Kraft 제지공장에서 폐수 중의 BOD, SS, TOC 등의 제거에 이 방법을 사용하였으나 제거효율이 낮고 불안정하였기 때문에 폐수처리 공정보다는 양식장 순환수에 함유된 유기물이나 오일 성분의 제거에 주로 이용되었다. 산업용으로는 유화유의 제거, 대량의 쓰레기 처리, 처리수의 부유물질 제거 등에 이용되고 있다.

분산공기 부상법의 장점은 장치가 소형이고, 운전시간이 짧으며, 운전비용이 저렴하고, 유리된 오일이나 부유고형물을 제거하는 용량이 비교적 크다는 것이다. 단점은 가압부상 시스템보다 더 높은 접촉력을 요구한다는 것이다.

10.2.1. 분산공기 부상법의 종류

(1) 포말 분별법(Foam fractionation)

포말 분별법은 용액 내 용존물질을 기포 표면에 흡착시킨 후, 포말에 동반시켜 분리하는 것으로, 용존 유기물이나 수용성 물질을 분리 · 농축하는 방법이다.

(2) 포말 부상법(Foam flotation)

포말 부상법은 불용성의 입자상 물질을 포말에 동반시켜 분리하는 공법이다. 이 공법을 용액 내 제거 또는 농축 대상물질에 따라 분류하면 다음과 같다.

① 광석 부상법 : 용액 내의 광물질(Mineral) 성분을 분리하는 방법
② 거대 부상법 : 분리하고자 하는 입자의 크기가 육안으로 식별이 가능한 물질을 분리하는 방법
③ 극소 부상법 : 분리하고자 하는 입자의 크기가 육안으로 식별이 불가능한 콜로이드나 미생물을 분리하는 방법
④ 침전 부상법 : 용액 내의 이온을 침전물 형태로 만들고, 그 침전물 표면을 계면활성제를 이용하여 소수성이 되게 한 후, 포말에 흡착시켜 침전물이 흡착된 포말을 회수하는 방법
⑤ 분자 부상법 : 불용성 물질을 포집제가 포함된 포말에 흡착시켜 분리하는 방법
⑥ 이온 부상법 : 용액 내의 이온을 계면활성제를 이용하여 활성화된 기액계면에 흡착되도록 하거나, 이온을 계면활성제와 결합시켜 소수성을 띄게 한 후, 포말에 흡착시켜 포말을 회수하는 방법
⑦ 흡착콜로이드 부상법 : 용액 내에 Fe(Ⅲ)나 Alum 등을 첨가하여 흡착콜로이드를 형성시킨 후, 이 흡착콜로이드의 표면에 이온성분이나 부유물질을 흡착 또는 공침시켜 생성된 침전물을 소수성으로 전환시킨 다음, 상승하는 기포의 계면에 흡착시켜 제거하는 방법

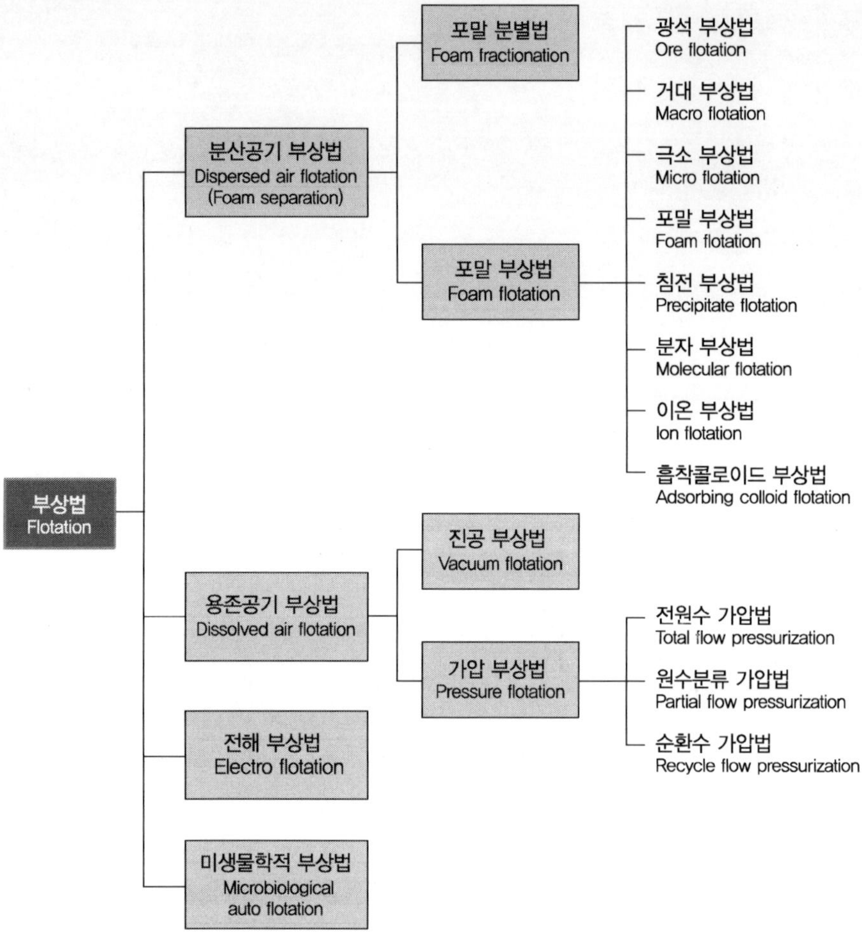

[그림 10.1] 부상법의 분류

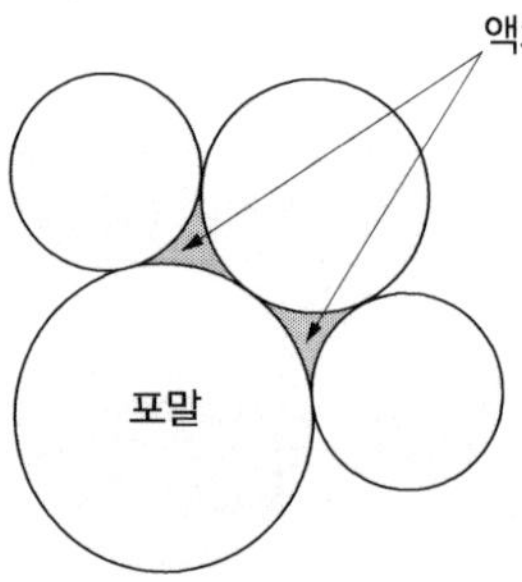

[그림 10.2] 포말내 액체모세관의 단면도

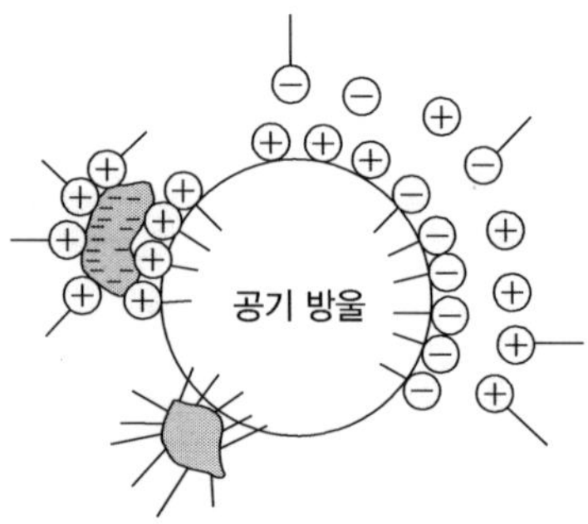

[그림 10.3] 포말분리 과정에서 공기방울과 계면활성제의 상호작용

10.2.2. 분산공기 부상실험 장치

분산공기 부상실험에 영향을 미치는 인자에는 계면활성 물질의 종류와 농도, 부유물질의 종류와 농도, pH, 온도, 원수 공급속도, 기체 유입속도, 습도, 거품 직경, 체류시간 등이 있다. 이러한 영향 인자들을 변화시키면서 실험을 수행하여 부유물질의 제거효율, 분리속도, 농축율, 처리수의 농도 등을 측정하여 부유물질의 분리 가능성 또는 분리의 최적 조건을 구한다.

일반적인 분산공기 부상장치의 개략도는 [그림 10.4], [그림 10.5]와 같고, 운전형식에는 칼럼형([그림 10.6]), 트로프형([그림 10.7]) 등이 있다. 칼럼형은 제거효율이 좋고, 실험실 규모로 주로 사용되며, 대규모 장치로 사용할 경우에는 설계상 많은 어려움이 있다. 트로프형은 폐수처리 분야의 pilot 실험이나 실제 조업에 활용된다.

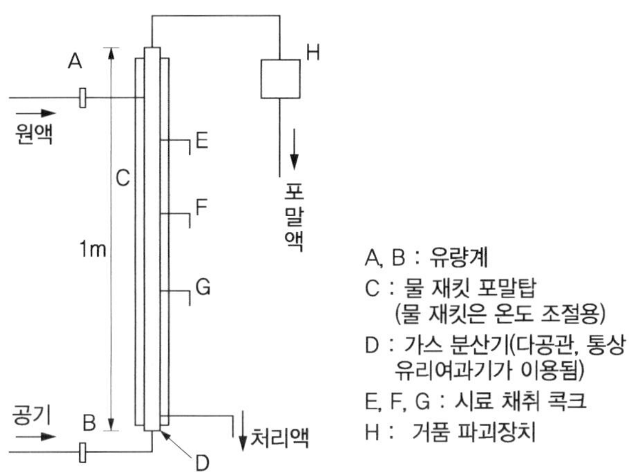

[그림 10.4] 분산공기 부상장치

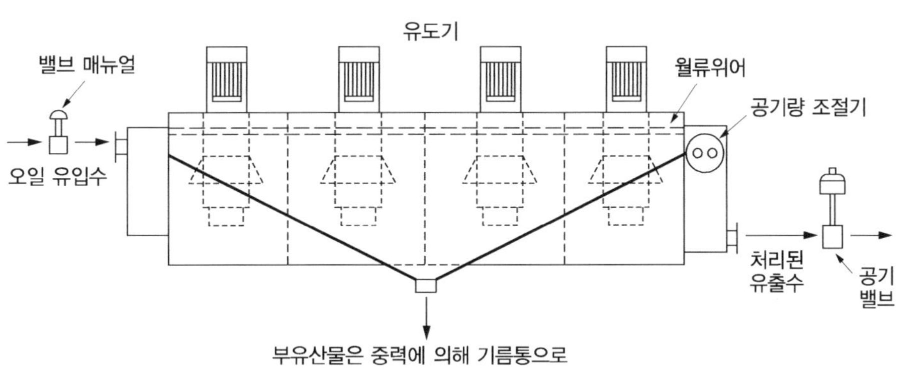

[그림 10.5] 분산공기 부상시스템

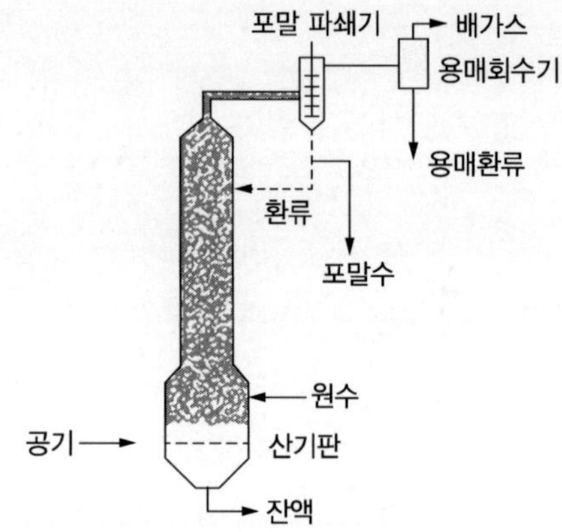

[그림 10.6] 칼럼형 연속실험장치

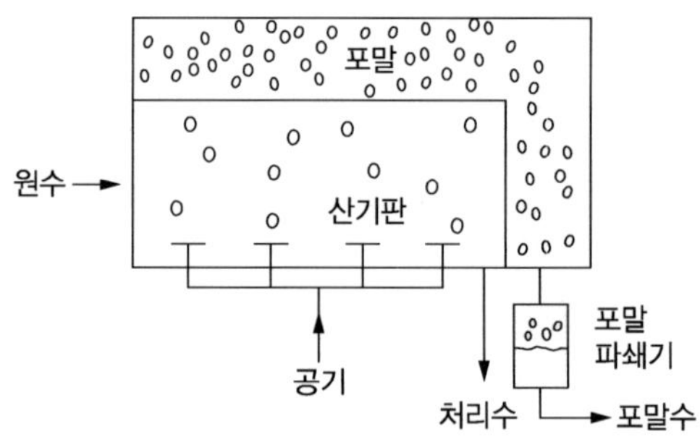

[그림 10.7] 트로프형 연속 분산공기 부상장치

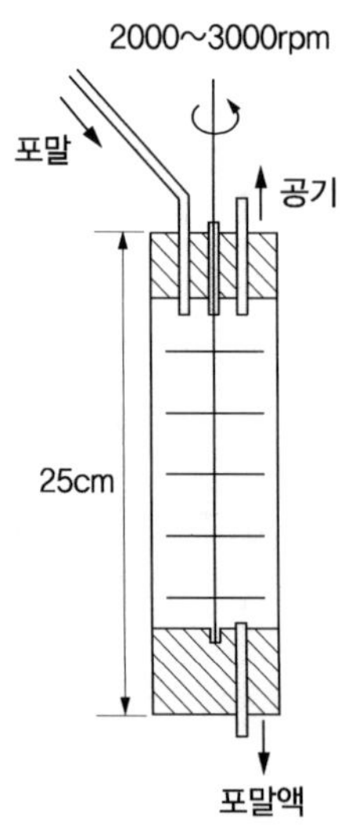

[그림 10.8] 거품 파괴장치

분산공기 부상장치의 운전과정에서 생성된 거품의 파괴장치는 [그림 10.8]과 같다. 거품의 파괴방법에는 원심력, 다른 유체의 분사, 압력변화, 초음파 등을 이용하는 기계적 방법, 가열 또는 냉각에 의한 열적 방법, 실리콘유 등의 소포제를 첨가하는 화학적 방법 등이 사용되고 있다.

10.3 용존공기 부상법(Dissolved Air Flotation : DAF)

용존공기 부상법은 가압 하에서 수중에 공기를 과포화 상태로 용해시킨 후, 공기(또는 용해된 공기)의 압력을 저하시켜 미세기포가 고체표면이나 플록의 내외표면에 석출되도록 하여 부상시키는 방법으로 발생된 미세포기의 직경은 70～90 μm 정도이다.

용존공기 부상법을 하수나 산업폐수처리에 적용하는 경우에는 고가의 부상제를 사용하는 일은 거의 없고, 일반적으로 부유물질이 기포에 부착하기 쉬운 경우나 pH 조정제 또는 응집제의 첨가 등에 의하여 부상분리가 가능한 경우에 사용된다.

10.3.1. 진공 부상법(Vacuum flotation)

진공 부상법은 짧은 시간 동안 대기압에서 공기를 포화시킨 후(원수가 공기로 포화되어 있으면 필요 없음), 감압조에서 공기의 용해도를 감소시켜 기포가 발생하도록 하는 방법이다. 이때 발생된 기포가 현탁입자에 부착되어 함께 부상한다.

이 방법을 이용할 경우에 공기량이 대기압(1기압)에서 용해된 양만으로는 바람직하지 않으므로 대형의 감압 분리조를 만들어야 하고, 또 부상분리된 기체－고체입자 덩어리를 장치 밖으로 인출하는 것이 어려워서 실용가치는 낮다. 그러나 감압조 내에서 고액분리가 행하여지기 때문에 냄새가 심한 폐수처리에 적용하면 효율적이다.

10.3.2. 가압 부상법(Pressure flotation)

가압 부상법은 1900년대 초 제지산업에서 사용되기 시작하여 산업폐수처리와 슬러지 농축에 적용되었으며, 그 후 1960년대에 스칸디나비아의 스웨덴, 핀란드 등에서 상수처리 분야에 사용하기 시작하였다.

이 방법은 원수의 전부 또는 일부, 혹은 처리수의 일부를 압력조에 도입하여 포화점 부근까지 2～5기압 정도로 공기를 용해시킨 다음, 대기압 하의 부상조에 도입하여 원수와 혼합시키면 대기압까지 감압되기 때문에 이때 발생된 직경 70～90 μm정도의 미세기포가 플록 등에 부착하여 부상하는 방법이다. 따라서 미세기포가 처음부터 분리하고자 하는 고체 표면에 발생되기 때문에 부유선광법과 같이 기포를 집어넣고 교반하거나 기포를 분산시켜 입자에 포족시킬 필요는 없다.

가압 부상법의 장점은 다음과 같다.

① 침전분리보다 천천히 침전하는 작거나 가벼운 입자들을 짧은 시간 내에 완전히 제거할 수 있고, 일반적인 침전공정보다 부상처리수의 잔류 응집제 농도가 낮다.

② 4℃ 이하의 낮은 수온에서도 처리수질이 양호하고, 30분 이내의 처리시간으로 양호한 처리수질을 얻을 수 있다.

③ 신속한 start up이 가능하고, 짧은 응집시간이 소요되므로 응집면적을 축소시킬 수 있다.

④ 부상분리로 얻어진 슬러지는 고형물 농도가 3% 정도로 침전슬러지 보다 높고, 탈수성이 좋아 처리·처분이 용이하다.

⑤ 침전공정에 비해 고액분리 소요면적이 적어 초기 시설투자비가 낮으며, 수심이 깊지 않은 시설에 가능하다.

⑥ 휘발성 유기물질의 제거효율이 우수하여 THM(Trihalomethane) 형성을 감소시킬 수 있다.

⑦ 부상기간 동안 air stripping에 의해 수중의 휘발성 유기물질, 냄새, 조류, 오일, 합성세제, 철, 마그네슘 등의 제거효율이 우수하다.

10.3.3. 일반적인 부상 조건

부상 조건을 설정하기 위해서는 원(폐)수의 고형물 농도, 가압 공기압, 순환(분류)수량 및 부상조의 표면부하율(체류시간) 등을 고려해야 한다.

① 부유물질 농도 : 0.5% 정도가 양호

② 가압 공기압 : 2～5 kg/cm^2가 적당

③ 도입 공기량 : 활성슬러지를 부상 처리할 때 적합한 A/S 비는 0.03～0.04 정도가 적당

④ 체류시간 : 입자의 부상속도는 8～16 cm/min 정도의 표면부하율을 채택

부착과 부상의 2조건을 만족하는 고체－기체 입자는 부상하여 액상에서 분리하는 것이 가능하다. 이 경우 부상속도는 침전의 경우와 같은 식을 사용한다.

$$W_f = \sqrt{\frac{4}{3}\frac{d}{C_D}\left(\frac{\rho_l - \rho_{sa}}{\rho_l}\right)g} \qquad (10.1)$$

여기서 W_f = 부상속도(cm/sec)
d = 고체－기체입자의 직경(cm)
ρ_l = 액체의 밀도(g/cm^3)
ρ_{sa} = 고체－기체입자의 밀도(g/cm^3)
C_D = 저항계수
g = 중력가속도

전원수 가압법에서 A/S비와 공기 용해도, 운전압력, 슬러지 농도와의 관계는 식 (10.2)와 같다.

$$A/S = \frac{1.3\,S_a(f\,P - 1)}{S} \qquad (10.2)$$

여기서, A/S = 고형물당 공기량 비(ml/mg)
S_a = 공기의 용해도(ml/L)
f = 압력 P에서 용존되는 공기의 비율(보통 0.5)
P = 압력(atm) = $\frac{p + 101.35}{101.35}$(SI 단위)
p = 계기압력(kPa)
S = 슬러지 고형물 농도(mg/L)

순환수 가압법에서는 식 (10.3)을 사용한다.

$$A/S = \frac{1.3\ S_a(f\,P - 1)}{S}\frac{R}{Q} \qquad (10.3)$$

여기서, R = 가압되는 유량(m^3/d)
Q = 전체 혼합유량(m^3/d)

〈표 10.1〉 공기의 용해도

온도 (℃)	부피 용해도 (mL/L)	무게 용해도 (mg/L)	밀도 (g/L)
0	28.8	37.2	1.293
10	23.5	29.3	1.249
20	20.1	24.3	1.206
30	17.9	20.9	1.166
40	16.4	18.5	1.130
50	15.6	17.0	1.093
60	15.0	15.9	1.061
70	14.9	15.3	1.030
80	15.0	15.0	1.000
90	15.2	14.9	0.974
100	15.9	15.0	0.949

예제 10.1

활성슬러지 혼합액을 고형물의 농도 0.3%에서 4.0%로 농축하기 위한 부상분리 농축조를 가압순환이 없는 경우와 있는 경우에 대하여 다음 조건에 따라 설계하시오.

① 최적 A/S 비 = 0.008 ml/mg
② 온도 = 20℃
③ 공기용해도 = 18.7 ml/L
④ 계기압력 = 275 kPa
⑤ 포화도(압력 P에서 용존되는 공기의 비율) = 0.5
⑥ 표면부하율 = 8 $l/m^2 \cdot min$
⑦ 슬러지 유량 = 400 m^3/day

풀이

(1) 순환하지 않는 경우

① 식 (10.2)에 의하여 소요압력을 계산한다.

$$0.008 = \frac{1.3\,(18.7)\,(0.5\mathrm{P}-1)}{3000}$$

$$\mathrm{P} = 3.97\ \mathrm{atm} = \frac{\mathrm{p}+101.35}{101.35} \qquad \therefore\ \mathrm{p} = 301\ \mathrm{kPa}$$

② 필요한 표면적을 계산한다.

$$A = \frac{400\ \mathrm{m^3/day}(1000\ l/\mathrm{m^3})}{8\ l/\mathrm{m^2}\cdot\mathrm{min}(60\ \mathrm{min/hr})(24\ \mathrm{hr/day})} = 34.7\ \mathrm{m^2}$$

③ 고형물 부하량을 계산한다.

$$\text{고형물 부하량} = \frac{3000\ \text{mg/L}\,(400\ \text{m}^3/\text{day})\,(1000\ l/\text{m}^3)}{34.7\ \text{kg/m}^2\,(10^6\ \text{mg/kg})} = 34.58\ \ \text{kg/m}^2 \cdot \text{day}$$

(2) 순환하는 경우

① 대기 중에서 압력을 계산한다.

$$P = \frac{275\ \text{kPa} + 101.35}{101.35} = 3.71\ \text{atm}$$

② 식 (10.3)에 의하여 R 값을 계산한다.

$$A/S = \frac{1.3\ S_a(fP-1)}{S}\frac{R}{Q}$$

$$0.008 = \frac{1.3(18.7\ \text{ml/L})(0.5 \times 3.71 - 1)\text{R}}{3000\ \text{mg/L}(400\ \text{m}^3/\text{day})}$$

$$R = 461.9\ \ \text{m}^3/\text{day}$$

③ 필요한 표면적을 계산한다.

$$A = \frac{461.9\ \text{m}^3/\text{day}\,(1000\ l/\text{m}^3)}{8\ l/\text{m}^2 \cdot \text{min}\,(60\ \text{min/hr})\,(24\ \text{hr/day})} = 40.1\ \text{m}^2$$

10.3.4. 부상 이론

공기를 현탁액에 도입하여 현탁입자와 결합되어 있는 고체 또는 액체의 현탁입자와 결합시켜 부상시키는 과정에서 기포와 현탁입자의 접촉 메카니즘을 살펴보면 다음과 같다.

(1) 플록 내부에 미세기포를 포함하는 경우

응집성 입자의 부상처리 과정에서 발생된 기포가 플록형성 과정에 있는 플록의 공극 내에 도입되든지 또는 형성된 플록 내에서 기포가 발생하는 경우에 플록 내부에 미세기포가 포함된다. 기포와 입자의 결합은 단지 물리적으로 입자 사이의 공극에 기포가 포함되는 것이다.

(2) 현탁입자에 기포가 부착하는 경우

3상간의 계면에 작용하는 분자 간의 인력 즉, 표면장력에 의해서 생기는 것으로 물, 공기, 현탁입자의 계면 사이에 발생하는 계면장력을 고려해야 한다.

[그림 10.9]에 나타난 바와 같이 기체－고체－액체의 3상이 접촉한 점에 대한 기액계면과 고액계면이 이루는 각 θ를 접촉각이라 부른다. 이 3상의 접점에 대한 힘(계면장력)의 평형관계로부터 식 (10.4)가 성립된다.

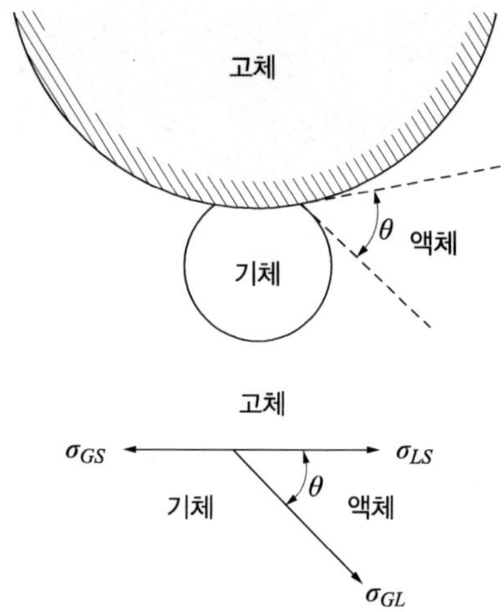

[그림 10.9] 기체-고체-액체 계면의 평형관계

$$\sigma_{GS} = \sigma_{LS} + \sigma_{GL}\cos\theta \tag{10.4}$$

여기서, σ_{GS} = 기체와 고체 간의 계면장력

σ_{LS} = 액체와 고체 간의 계면장력

σ_{GL} = 기체와 액체 간의 계면장력

$\cos\theta$ = 접촉각

Vrablik는 기포가 입자에 부착하는 과정을 다음 3가지 현상으로 정의하였다([그림 10.10]).

① 입자에 기포의 부착
부착(Adhesion)은 기포와 입자의 충돌현상(Collision), 기포의 급격한 돌진현상(Precipitation), 기포의 핵 생성과정(Process of nucleation)의 결과이다.

② 형성된 플록에 의한 상승기포의 트래핑(Trapping)

③ 플록형성 시 플록구조 내부에 기포의 흡수(Absorption) 및 흡착(Adsorption) 현상

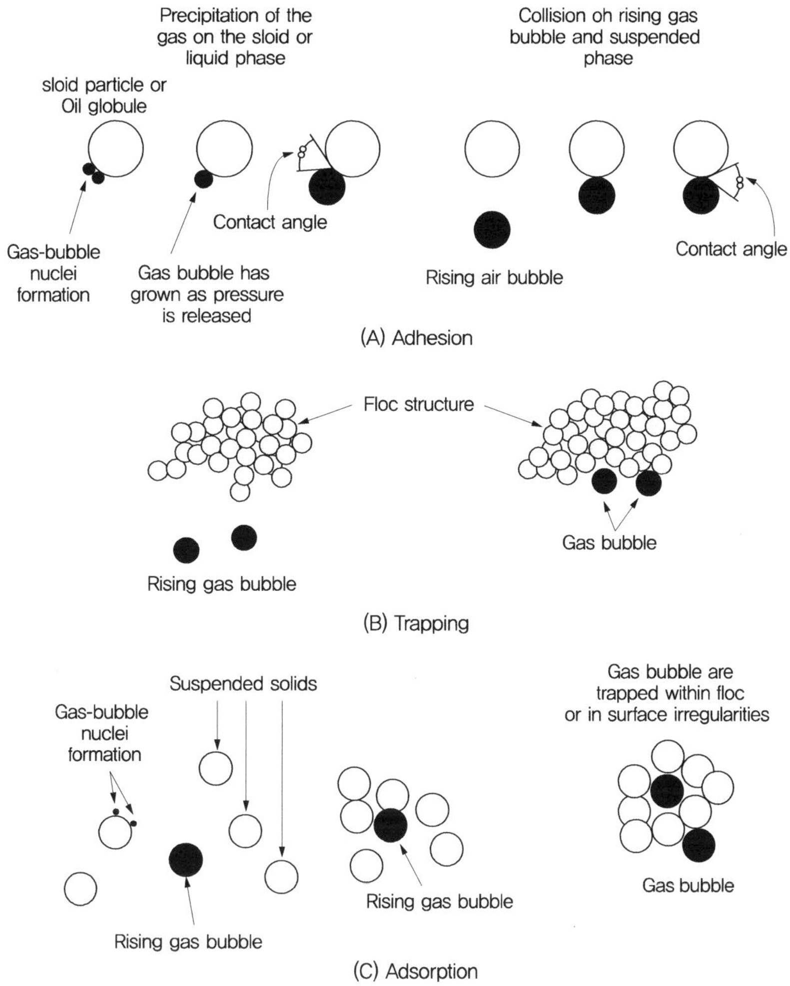

[그림 10.10] DAF 공정에서 기포가 입자에 부착하는 과정

10.3.5. 가압 부상법의 분류

가압 부상법을 공기의 가압용해 및 원수의 첨가 방법에 따라 분류하면 다음과 같다.

(1) 전원수 가압법

원수의 전량을 가압조에 도입하여 공기를 흡수시키는 방법으로 가압조의 용량이 커지는 단점이 있다([그림 10.11]).

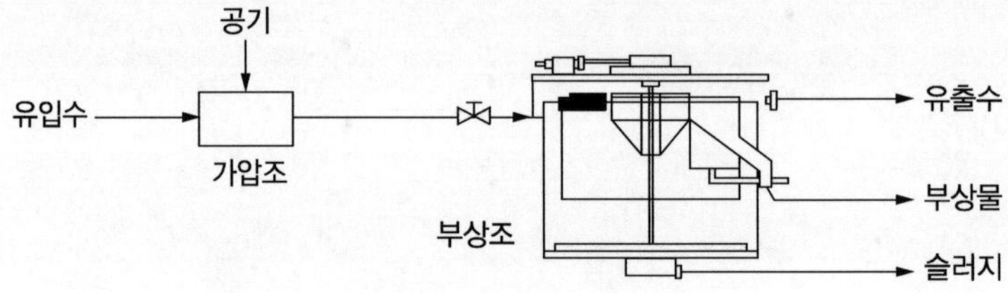

[그림 10.11] 전원수 가압법

(2) 원수분류 가압법

전원수 가압법의 단점을 보충하기 위하여 원수의 일부를 분류하여 공기를 가압 흡수시킨 후, 대기압 근처까지 압력을 낮추고 미세기포를 발생시켜 잔존하는 비가압 원수와 혼합시켜 전체 현탁 플록에 기포를 부착 · 포함시키는 방법이다. 일반적으로 원수의 1/2정도를 가압시킨다고 하면 가압조의 크기를 1/2로 줄일 수 있다.

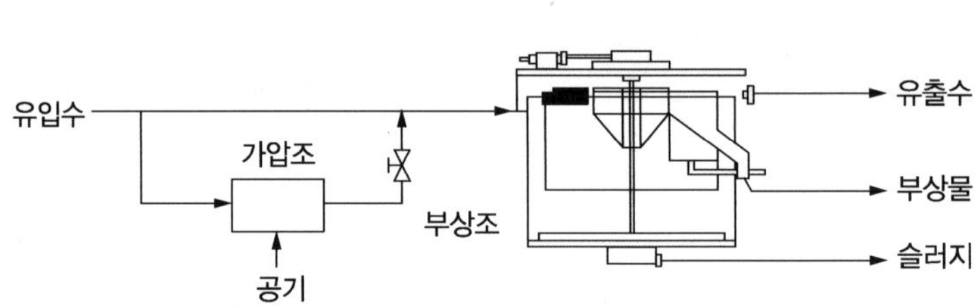

[그림 10.12] 원수분류 가압법

(3) 순환수 가압법

현탁질을 포함하지 않는 처리수의 일부가 가압공기 흡수의 대상이 되며, 감압 직후 플록형성을 끝낸 원수와 부상분리조 앞에서 혼합되어, 플록에 기포의 부착이 이루어진다. 플록을 함유한 원수는 가압펌프, 감압밸브를 통과하지 않으므로 플록의 파괴로 인한 제거효율의 저하를 방지할 수 있다.

부상조의 처리유량이 순환수와 원수를 합한 것이 되므로, 조의 크기가 증가되고, 소요동력도 크게 된다. 일반적으로 순환수량은 원수량의 20~30% 이하로 취하며, 처리효과는 높은 편이다.

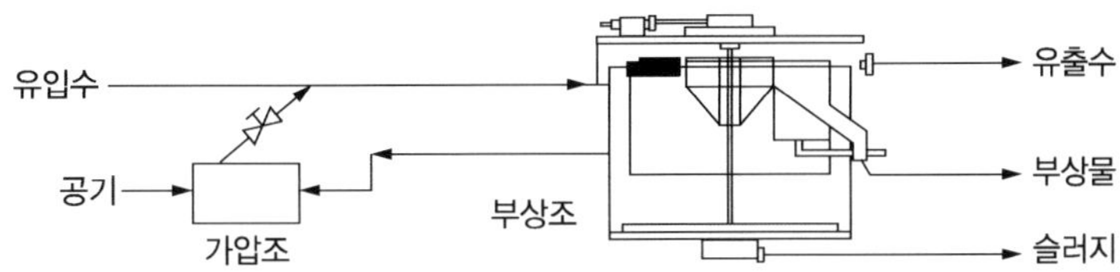

[그림 10.13] 순환수 가압법

10.3.6. 부상처리에 이용되는 약품(부상제 : Flotation agents)

수처리에서는 주로 용존공기 부상법을 이용하는데, 이때 부상제로는 주로 응집제가 사용되고 가끔 포집제가 이용되는 이외에 다른 부상제는 그다지 이용되지 않는다. 부상제는 수처리 약제에 비하여 일반적으로 가격이 비싸기 때문에 특별한 경우 외에는 사용하지 않는다.

(1) 응집제(Coagulating chemicals, Flocculation aids)

응집제는 현탁액에 첨가되어 입자의 표면전하를 중화시킴으로써 입자간의 반발전위가 감소되어 결합을 강화하는 가교작용을 돕는다. 침전처리를 위한 플록형성에 일반적으로 이용되고 있는 알루미늄염, 철염, 고분자 응집제 등이 부상처리의 경우에도 똑같이 이용된다.

응집제는 부상에 적합한 크기(100 μm 이하)의 단단한 플록을 형성하도록 함으로써 플록조직 내 부정형의 가장자리에 기포를 포함하기가 쉬워져서 안정한 분리가 가능하게 된다.

(2) 기포제(Foaming agent)

기포제는 분산공기 부상법의 부유선광 등에 주로 이용하는데, 수면에 안정한 포말을 만들 수 있도록 발포를 촉진시키기 위하여 기액 간의 계면장력을 감소시킬 목적으로 이용된다.

기포제는 분자의 한쪽이 극성을 갖지 않고 다른 쪽이 극성을 갖는 특성이 있는 유기물질이 이용된다(예 : 아밀알코올($C_5H_{11}OH$), 크레졸($CH_3C_6H_4OH$) 등).

(3) 포집제(Collectors)

포집제는 현탁질의 표면에 흡착되어 그 표면을 적시므로(접촉각을 증대) 기포의 안정한 부착을 촉진하는 약품이다. 소수기를 갖는 화합물이나 또 그 자체가 소수성 물질 및 소수성기를 갖지 않은 현탁물과 반응해서 소수성을 갖도록 하는 물질이다.

포집제는 소수기와 활성기가 있는 계면활성 물질로서 소수기를 외측에 작용시켜 활성기에서 현탁질을 흡수하도록 하며, 소수기로는 알킬기, 아닐기 등이 이용되고, 활성기로는 현탁질에 적합한 것이 이용된다.

(4) 활성제(Activators)

포집제의 효과를 높이기 위해서 이용되는 것을 활성제, 어떤 것에 대하여 포집 효과를 낮추어 분급 포집을 가능하게 할 목적으로 이용되는 것을 억제제(Depressants)라 한다.

10.3.7. 가압부상 분리장치

가압부상 분리장치는 액의 흐름 방향에 따라 상향류식과 수평류식으로 분류할 수 있다.

(1) 상향류식 가압부상 분리장치

원형 또는 사각형조의 중앙에 원수 유입부를 설치하여, 유입원수가 가지고 있는 에너지를 감소시켜 균일한 상향류로 만든다. 부상물질은 상승해서 액표면에 층상을 이루며, 상부에 설치된 스키머(Skimmer)에 의하여 부상물질을 배출한다.

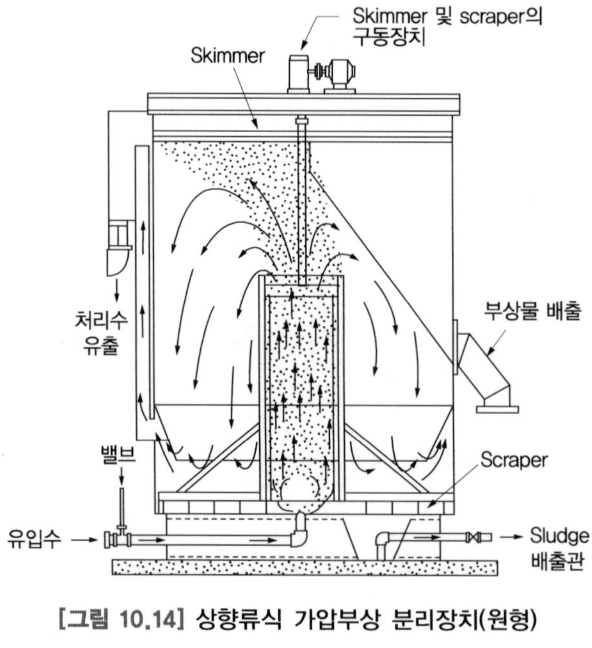

[그림 10.14] 상향류식 가압부상 분리장치(원형)

(2) 수평류식 가압부상 분리장치

장방형조의 일단에 원수 유입부를 설치하고, 여기서 원수에 기포를 부착시켜 상단에서 수평으로 분리조에 유입시킨다. 분리조에서 부상물질과 상등액을 분리해서 상부에 모인 부상물질은 스키머를 통하여 외부로 배출시킨다.

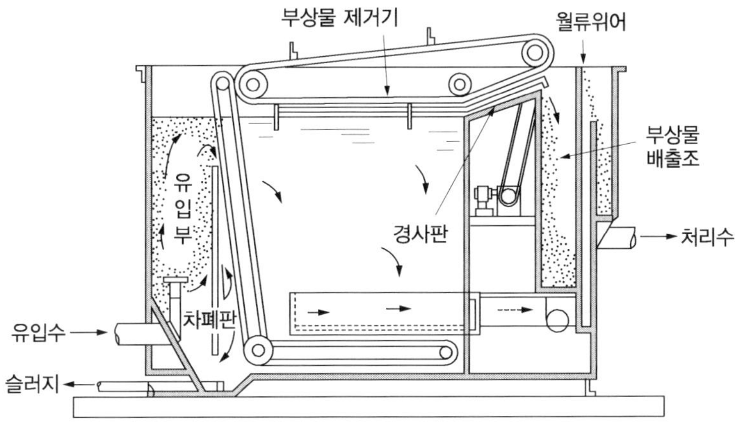

[그림 10.15] 수평류식 가압부상 분리장치(사각형)

(3) 다단부상 분리장치

부상분리조에 경사판을 설치하여 다단으로 분리하여 여러 개의 부상분리조를 만들고, 각 분리조의 하부에 처리수 유출관, 중앙부에 원수 유입관을 설치한 부상 분리장치이다.

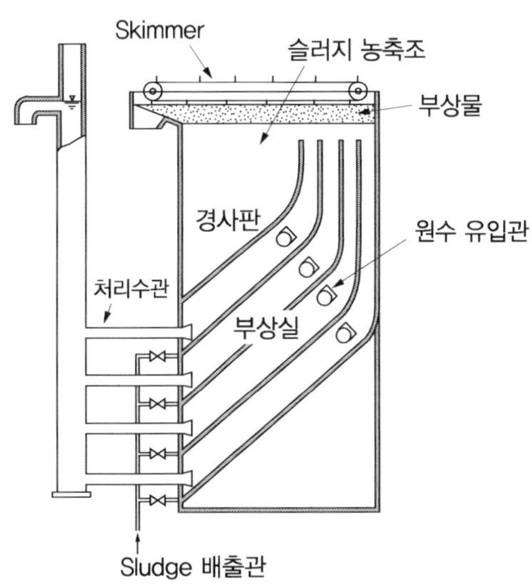

[그림 10.16] 다단부상 분리장치

10.3.8. 가압부상 분리의 Flow-sheet

[그림 10.17]은 청징분리에 부상법을 활용한 예로서 원수에 응집제를 주입하여 응집 반응조에서 교반한 후, 이 액의 일부를 가압수로 사용하여 공기를 용해시키고 응집교반액과 혼합하여 플록에 기포를 부착시킨 다음 부상분리조에 유입시켜 청징분리를 수행한다.

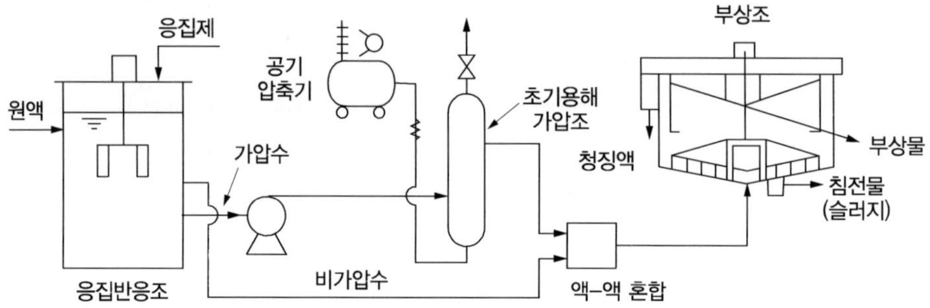

[그림 10.17] 청징분리를 위한 flow sheet

[그림 10.18]은 슬러지 농축의 flow sheet를 나타낸 것으로, 청징분리액의 일부를 순환시켜 공기를 가압 용해하고, 이 가압수와 슬러지를 혼합해서 부상조에 유입시켜 분리 농축한다.

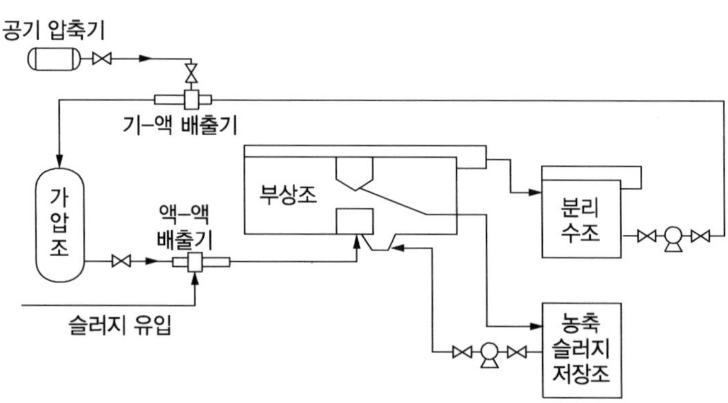

[그림 10.18] Sludge 농축을 위한 flow sheet

10.4 유수(油水) 분리장치(Oil separator)

유수 분리장치는 오일처럼 액체보다 가벼운 물질을 액체와의 비중 차이를 이용하여 분리하는 방법이다. 입자의 침강과 비교할 때 물보다 가벼운 오일방울이 액체 내에서 부상하는 것만 다르므로 입자의 침강원리를 그대로 적용할 수 있다.

10.4.1. API 오일 분리기(America Petroleum Institute : API)

API에서 제정한 장치로서 횡류식 침전장치와 아주 유사하며, 부상한 오일을 회수하기 위한 회전식 집유기가 설치되어 있어 150 μm까지의 오일방울을 제거할 수 있다.

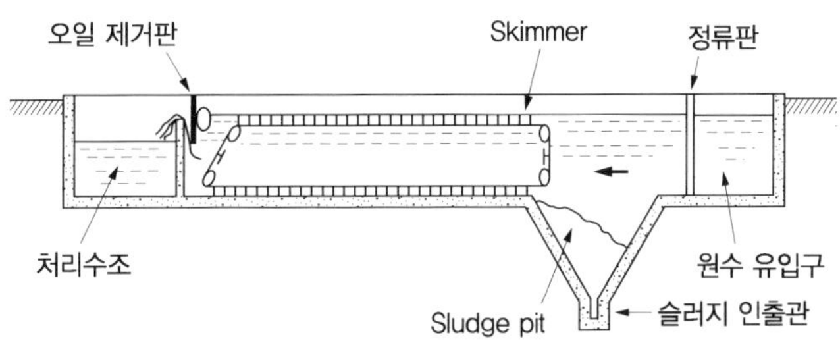

[그림 10.19] API Oil Separator

10.4.2. PPI 오일 분리기(Parallel Plate Intercepter : PPI)

네덜란드의 Shell사가 개발한 경사판식 오일 분리기로서 60 μm까지의 오일방울을 제거할 수 있다.

PPI 오일 분리장치의 구조는 분리조 내 흐름의 방향에 다수의 경사판을 설치하여 오일방울 제거 능력의 함수인 월류속도를 감소시켜 오일을 제거하는 효과를 증가시키고 있다.

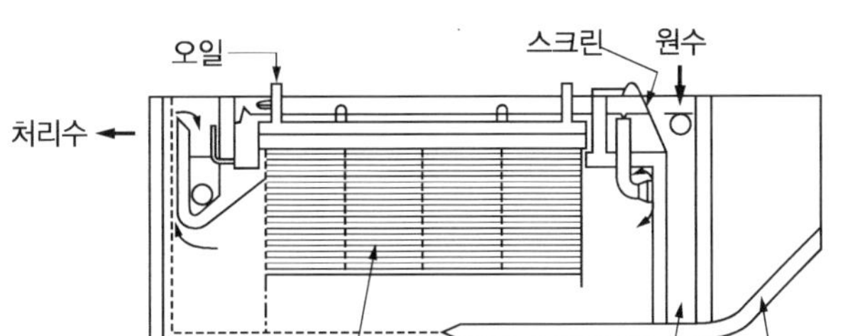

[그림 10.20] PPI Oil Separator

10.4.3. CPI 오일 분리기(Coagulator Plate Intercepter : CPI)

Shell사가 개발한 파형 경사판식 오일 분리기(PPI 장치와 유사)로서 60 μm까지의 오일 방울을 제거할 수 있다.

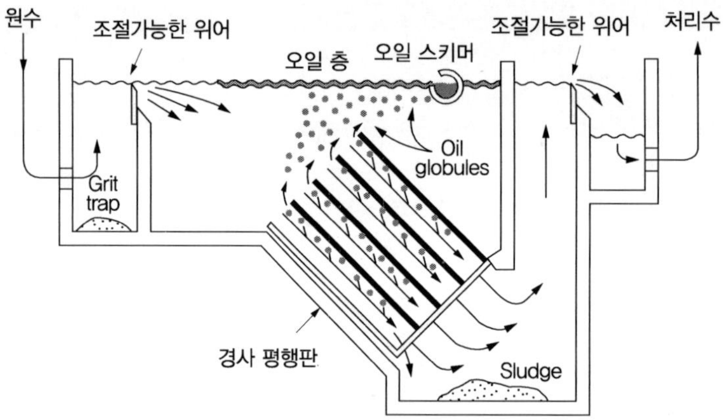

[그림 10.21] CPI Oil Separator

10.5 실험방법

부상분리법은 액체 중의 부유물질을 제거하는 데 사용되는 단위공정이다. 폐수 중에서 물보다 가벼운 물질(Oil, grease 등)을 부상분리시키고, 활성슬러지나 응집슬러지를 농축시키는 데 사용된다.

10.5.1. 용존공기 부상법(전원수 가압법)

(1) 실험장치

① 용존공기 부상 실험장치 ([그림 10.22])

② 분석장치

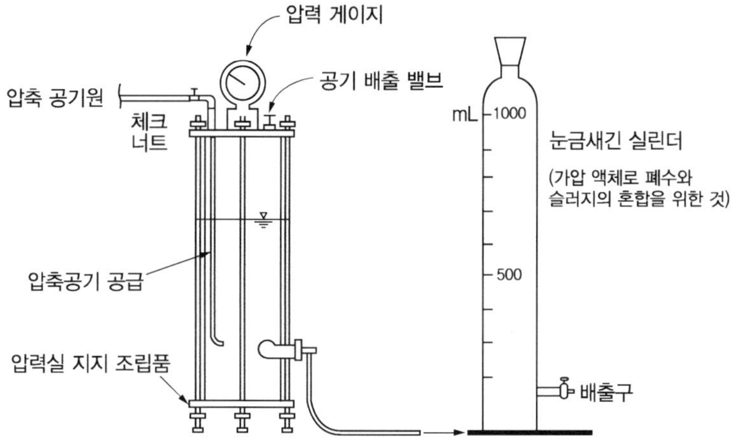

[그림 10.22] 용존공기 부상(DAF) 실험장치

(2) 실험방법

① 가압실에 시료(폐수)를 채우고, 정해진 압력(2~5 kg/cm^2)으로 가압시킨다.

② 압력용기 중 액체-기체 혼합물이 포화되도록 가압조를 약 1분간 혼합한 후, 3분 동안 정치시킨다.

③ 가압조의 시료를 부상조(Mess cylinder)에 방출한 후, 시간경과에 따른 부상물질의 계면상승고를 측정한다(슬러지의 상승속도를 계산한다[그림 10.23]).

④ 부상분리는 10~20분 정도 수행한다.

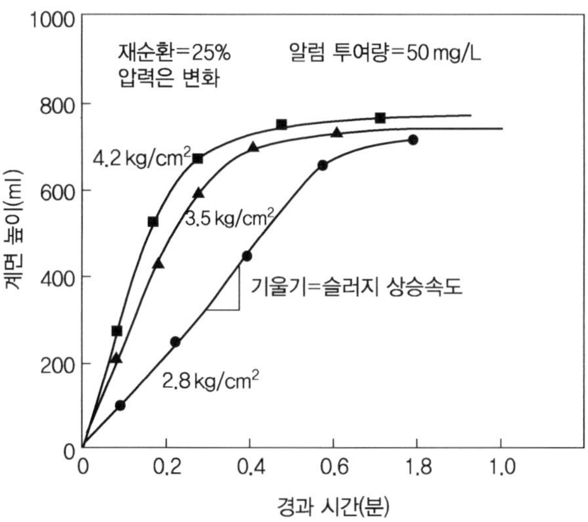

[그림 10.23] 압력변화에 따른 슬러지 상승속도

⑤ 부상된 고형물 및 하부액을 채취하여 분석한다.
⑥ 같은 방법으로 3회 이상 실험을 실시한다.
⑦ A/S 비를 식 (10.2)에 의하여 계산한다. 최적의 A/S 비를 구하려면 고형물의 농도와 압력을 변화시켜서 반복실험을 수행한다.
⑧ 필요하다면 응집제를 가압조에 첨가한다.

10.5.2. 용존공기 부상법(순환수 가압법)

(1) 실험장치

용존공기 부상법(전원수 가압법)과 동일함.

(2) 실험방법

① 시료(원수) 750 ml를 1 L 부상조(Mess cylinder)에 넣는다(재순환율 33%).
② 가압조에 재순환수를 넣고 압력을 가하여 가압수를 조제한다.
③ 가압조를 1분간 혼합한 후, 3분 동안 정치시킨다.
④ 부상조에 가압수를 방출시켜 시료와 혼합시킨 후, 시간 경과에 따른 부상물질의 계면 상승고를 측정한다(슬러지의 상승속도를 계산한다[그림 10.23]).
⑤ 부상분리를 수행(10~20분)한 후, 상부 계면의 고형물 및 하부액을 채취하여 분석한다.
⑥ 같은 방법으로 3회 이상 실험을 실시한다.
⑦ A/S 비를 계산(식 10.3)한다. 최적의 A/S 비를 구하려면 고형물의 농도와 압력을 변화시켜서 반복실험을 수행한다.
⑧ 필요하다면 응집제를 첨가한다.

10.5.3. 결과정리 및 계산

① 실험 결과를 기입한다(<표 10.1>).
② A/S 비를 계산한다(식 10.2 또는 식 10.3).
③ 부상고형물 농도(%)과 A/S 비의 관계를 그래프로 그린다([그림 10.24]).
④ 유출수의 고형물 농도(mg/L)와 A/S 비의 관계를 그래프로 그린다([그림 10.25]).
⑤ 시간과 부상물질 계면높이의 관계를 그래프로 그려서 부상속도를 구하고([그림 10.23]), 이 부상속도로부터 표면부하율을 계산하여 유출수 수질과의 관계를 그래프로 그린다([그림 10.26]).

〈표 10.1〉 부상실험 결과

유입수 SS (mg/L)	압력 (kg/cm²)	재순환율 (%)	부상고형물 (%)	유출수 SS (mg/L)	A/S 비
9,000	2.8	230	3.6	217	0.0169
9,000	2.8	100	2.6	324	0.0073
6,000	2.8	100	3.2	243	0.0110
7,000	3.5	230	3.8	100	0.0272
7,000	4.2	230	3.9	75	0.0326
4,400	2.8	100	3.6	153	0.0150
6,000	3.5	100	3.2	215	0.0138

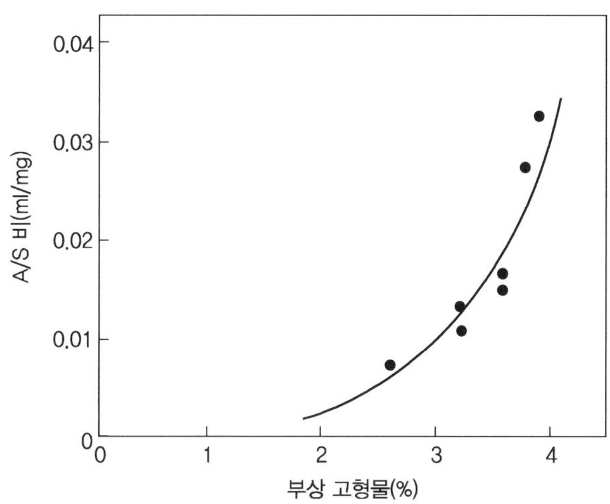

[그림 10.24] 부상고형물 농도와 A/S 비의 관계

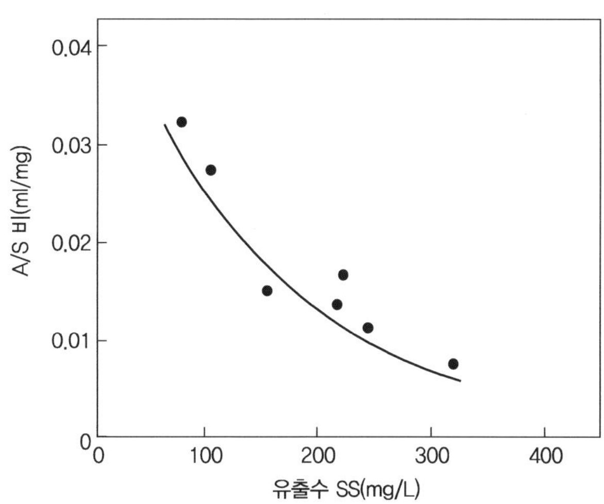

[그림 10.25] 유출수 SS와 A/S 비의 관계

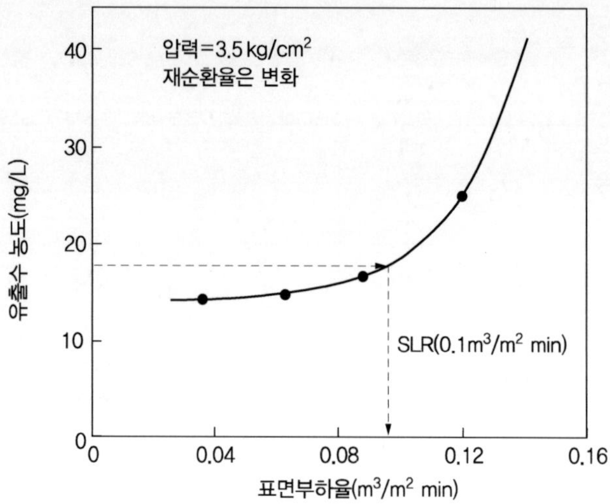

[그림 10.26] 표면부하율과 유출수 수질의 관계

10.5.4. 관련 지식

(1) 실험을 통하여 구해야만 하는 부상분리법의 인자

① 부상분리성, 응집제의 필요성, 응집제 종류의 선택 및 주입량 등
② 가압수량과 부상속도의 관계
③ 부상물의 용적, 농도
④ 부상속도와 청징액 중의 오탁물질과의 상관성

(2) 실험상의 문제점

부상속도에 영향을 미치는 주요 인자는 부상조의 직경, 높이, 가압력 등이다. 부상조의 직경이 부상에 미치는 영향을 살펴보면, 활성슬러지 농도 2,300 mg/L 이하에서는 직경이 증가할수록 부상속도가 저하되는데, 그 원인은 가교와 응집력이 부족하기 때문이다.

가압력의 영향을 살펴보면, A/S 비와 원수의 농도가 일정한 조건에서는 가압력이 증가하면 부상속도가 감소한다.

CHAPTER

11 포기

Aeration

포기는 기체상태의 산소를 액체상태의 수중에 전달하는 것을 말하며, 폐수처리 공정에서 산소의 전달은 처리장의 설계와 운전에 있어서 매우 중요한 인자이다. 산소는 용해도가 낮기 때문에 전달속도가 느리고, 호기성 폐수처리 공정에서 필요한 산소를 보통 기체와 액체의 경계면을 통해서는 공급할 수 없다. 따라서 많은 양의 산소를 액체 속에 용해시키기 위해서는 별도의 경계면이 만들어져야 하는데, 일반적으로 공기나 기포를 물속에 집어넣어 기체와 물의 경계면을 많이 만들어줌으로써 산소가 원활하게 공급될 수 있다.

11.1 산소의 전달

11.1.1. 이중막 이론

이중막 이론은 [그림 11.1]과 같이 기체－액체의 경계면에 두 개의 막이 존재한다는 물리학적 모델에 근거를 두고 있다. 하나는 액체이고 다른 하나는 기체인 두 개의 막은 액체덩어리(Bulk-liquid)와 기체덩어리(Bulk-gas) 사이로 가스분자가 지나갈 때 저항을 일으키게 된다. 기체 상태로부터 액체 상태로 기체분자가 이동할 때, 용해도가 작은 기체는 액체막으로부터, 용해도가 큰 기체는 기체막으로부터, 중간 정도의 용해도를 가진 기체는 두 개의 막으로부터 주된 저항을 받아 용해된다.

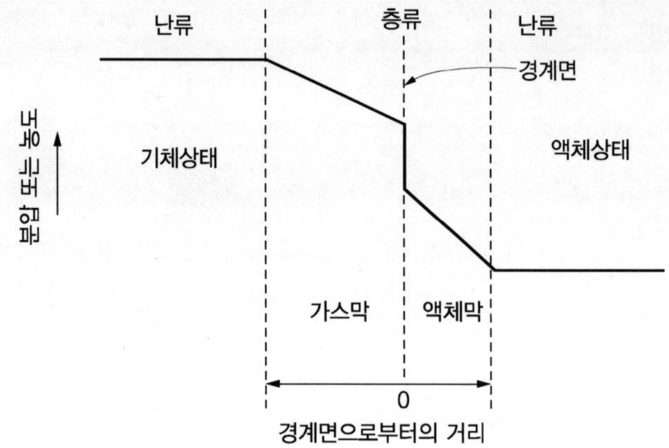

[그림 11.1] 가스전달의 이중막 이론 개념도

11.1.2. 산소의 주입

폐수처리 공정에 사용되는 포기시스템의 산소전달속도는 액체 내의 산소농도와 평형농도의 차이에 비례하므로 식 (11.1)과 같이 표현된다.

$$r_m = K_g A(C_s - C) \tag{11.1}$$

여기서 r_m = 물질전달속도
K_g = 산소의 확산계수
A = 산소가 확산되어 나가는 면적
C_s = 물속의 산소 포화농도
C = 물속의 산소 농도

산소나 CO_2처럼 잘 녹지 않는 기체는 액체막 저항이 물질전달속도를 지배하고, 암모니아처럼 잘 녹는 기체는 기체막 저항이 물질전달의 율속과정이 된다. 폐수처리에서는 주로 액체막 저항이 율속단계가 된다. 유체의 난류도를 증가시키면 액체막 두께가 감소하여 K_L(액체막 계수)이 증가한다. Danckwertz는 K_L을 분자확산계수(D_L)와 표면재생율(r)의 관계로부터 식 (11.2)로 정의했다.

$$K_L = \sqrt{D_L\ r} \tag{11.2}$$

여기서 K_L = 액체막 계수

D_L = 분자확산계수

r = 표면재생율(Surface renewal rate)

표면재생율(r)은 계면막이 용액의 액체와 대체되는 평균빈도이다. 난류의 흐름을 갖는 대부분의 호기성 생물학적 처리시스템에서 산소전달율은 표면재생율의 함수이다.

물질전달이 발생하는 조건 하에서 $r_m = V\dfrac{dC}{dt}$ 이며, 이를 이용하여 식 (11.1)을 다시 쓰면 식 (11.3)과 같다.($r_c = r_m / V$)

$$r_c = \frac{dC}{dt} = K_g\frac{A}{V}(C_s - C) \tag{11.3}$$

실제로는 $K_g\dfrac{A}{V}$ 항은 그때의 노출조건과 관련된 비례상수인 $K_L a$로 나타내므로, 이것을 식 (11.3)에 대입하면 식 (11.4)와 같다.

$$r_c = \frac{dC}{dt} = K_L a(C_s - C) \tag{11.4}$$

여기서 r_c = 산소농도의 변화(mg/L sec)

$K_L a$ = 총괄산소전달계수(sec^{-1})

식 (11.4)을 $C = C_0 \sim C$, $t = t_0 \sim t$의 구간에서 적분식으로 나타내면, 식 (11.5)와 같다.

$$\int_{C_0}^{C}\frac{dC}{C_s - C} = K_L a\int_{t_0}^{t}dt \tag{11.5}$$

이것을 풀면, 식 (1.6)과 같다.

$$\frac{C_s - C_t}{C_s - C_{t_0}} = e^{-(K_L a)t} \tag{11.6}$$

여기서 C_{t_0} = 시간 t_0에서의 DO농도(mg/L)

C_t = 시간 t에서의 DO농도(mg/L)

식 (11.6)에서 $(C_s - C_t)$와 $(C_s - C_{t_0})$는 각각 최종 시간과 최초 시간에서 포화상태로부터 산소부족량을 나타낸다. 식 (11.6)을 직선식의 형태로 변환하면 식 (11.7)과 같이 되고, 이것을 다시 $K_L a$에 대하여 정리하면 식 (11.8)과 같이 된다.

$$\log(C_s - C_t) = \log(C_s - C_{t_0}) - \frac{K_L a}{2.303}t \quad (11.7)$$

$$K_L a = \frac{2.303 \log\left[(C_s - C_{t_0})/(C_s - C_t)\right]}{t - t_0} \quad (11.8)$$

11.2 산소전달계수의 결정

포기하고자 하는 물의 일정한 부피에 대하여 포기기의 성능을 결정하기 위해서는 동일한 조건 하에서 단위공기량당 전달된 산소량을 이용한다.

11.2.1. 깨끗한 물에서의 산소전달

깨끗한 물에서 산소전달계수를 결정하기 위한 실험방법은 먼저 아황산나트륨(Na_2SO_3)을 주입하여, 주어진 부피의 물에서 용존산소(DO)를 제거한 후, 포화농도에 도달하도록 재포기를 수행한다. 포기 중에 탱크의 상태를 잘 나타낼 수 있는 여러 지점에서 계속 DO를 측정한 후, 식 (11.8)을 이용하여 $K_L a$ 값을 구한다.

11.2.2. 폐수에서의 산소전달

활성슬러지법에서 $K_L a$ 값의 산정은 미생물에 의해 산소가 섭취되는 것을 고려하여 구할 수 있다. 보통 포기조의 DO농도는 1~3 mg/L가 유지되고, 산소는 공급되자마자 미생물에 의해 사용된다. 이것을 식으로 표현하면, 식 (11.9)와 같다.

$$\frac{dC}{dt} = K_L a(C_s - C) - \gamma_M \quad (11.9)$$

여기서 γ_M은 미생물에 의해 소비되는 산소의 양으로서 보통 MLVSS 단위무게당 2~7 g/d의 값을 가진다. 산소의 농도가 일정한 값으로 유지된다면, dC/dt=0 이 되므로 식 (11.9)는 식 (11.10)과 같이 표현할 수 있다.

$$\gamma_M = K_L a(C_s - C) \tag{11.10}$$

여기서 γ_M의 값은 Warburg장치에 의해 실험실에서 결정할 수 있다. 이 경우 $K_L a$는 식 (11.11)로 쉽게 구할 수 있다.

$$K_L a = \frac{\gamma_M}{(C_s - C)} \tag{11.11}$$

11.3 산소전달에 영향을 미치는 인자

포기장치에서 산소전달속도를 예측하는 것은 산소속도 모델을 기초로 하여 행해진다. 대부분 총괄산소전달계수($K_L a$) 값은 실제규모 실험이나 또는 실험실에서 결정된다. 만약 pilot plant 시설에서 $K_L a$ 값을 산정하게 되면 scale-up 효과를 반드시 고려하여야 한다. $K_L a$ 값은 온도, 교반 정도, 물속의 성분에 따라서 달라진다.

11.3.1. 온도의 영향

$K_L a$ 값에 영향을 미치는 가장 중요한 인자 중의 하나는 온도이다. 온도의 영향은 BOD 제거속도 계수를 구하는 데 사용되는 반트호프－아레니우스(Vant's Hoff-Arrhenius) 관계를 추측하는 지수함수를 사용하여 보정한다.

$$K_L a_{(T)} = K_L a_{(20℃)}\, \theta^{(T-20)} \tag{11.12}$$

여기서 $K_L a_{(T)}$ = 온도 T℃에서의 산소전달계수(hr^{-1})

$K_L a_{(20℃)}$ = 온도 20℃에서의 산소전달계수(hr^{-1})

θ의 값은 실험조건에 따라 다르며, 보통 사용되는 θ의 값은 1.015～1.040이다. 보통 산기식이나 기계식 포기에서는 $\theta = 1.024$의 값을 사용한다.

11.3.2. 교반 강도와 탱크 형상에 따른 영향

교반 강도와 탱크 형상에 따른 영향을 이론적으로 다루기는 어렵지만, 포기장치는 효율에 의해 선택되므로 설계 당시에 꼭 고려되어야만 한다. 효율은 주어진 포기장치의 $K_L a$ 값과 밀접한 관계가 있다. 대부분의 경우 포기장치는 수돗물과 저농도의 용존고형물을 사용하여 일정한 운전조건의 범위에 대하여 평가된다. 따라서 실제 시스템에서는 $K_L a$ 값을 추측하기 위하여 보정계수 α가 이용된다.

$$\alpha = \frac{K_L a(\text{폐수})}{K_L a(\text{깨끗한 물})} \tag{11.13}$$

α는 일반적으로 [그림 11.2]에 나타낸 바와 같이 생물산화가 진행되면 산소전달속도에 영향을 미치는 물질이 제거되므로 α가 1.0에 근접한다. α의 값은 포기장치의 형태, 탱크 형상, 교반 정도, 폐수의 성상에 따라 달라지며 0.4～1.2의 값을 가진다. α 값은 증가할 수도 있고 감소할 수도 있는데, α 값이 1.0보다 커질 수 있는 것은 난류가 심하여 산소전달이 주로 표면재생율에 의존되고 계면저항을 통한 확산의 영향이 크지 않아 A/V의 비가 증가하기 때문이다.

산기식 포기장치는 0.4～0.8, 기계식 포기장치는 0.6～1.2의 값을 가진다.

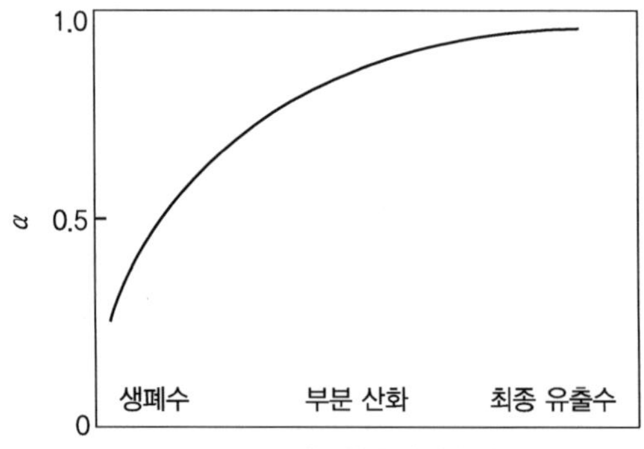

[그림 11.2] α에 관한 생물학적 안정성의 영향

11.3.3. 폐수 특성에 따른 영향

물속에 녹아있는 염, 입자, 표면활성제 등의 성분에 따라서 산소의 용해도가 다르므로, 실험 시스템의 산소전달계수를 보정하기 위해서는 보정계수 β을 사용한다.

$$\beta = \frac{C_s(\text{폐수})}{C_s(\text{깨끗한 물})} \tag{11.14}$$

β의 값은 0.7~0.98까지 변화하며, 폐수에서 보통 사용되는 값은 0.95이다. 대부분 폐수처리장 실험실의 장비로 β를 결정하는 것은 그다지 어렵지 않으므로, 가정된 값이 맞는지를 실험에 의해 확인하는 것이 바람직하다.

11.3.4. 보정계수의 적용

보정계수의 사용 예는 실험용 시설에서 측정한 값을 근거로 기계식 표면포기기의 실제 산소전달계수를 예측하는 공식에 적용된다.

$$OTR_f = SOTR\left(\frac{\beta\, C_s - C_w}{C_{s20}}\right)\theta^{T-20}(\alpha) \tag{11.15}$$

여기서 OTR_f = 현장 운전조건 하에서의 실제 산소전달속도(kg · O_2/kw · hr)
$SOTR$ = 20℃에서 DO가 없는 상태에서 실험한 표준 산소전달속도 (kg · O_2/kw · hr)
C_s = 현장 운전조건 하에서 수돗물에 대한 포화 산소농도(mg/L)
C_w = 폐수에서 운전 산소농도(mg/L)
C_{s20} = 20℃ 수돗물에서 포화 산소농도(mg/L)

산기기를 이용한 포기시스템에서는 공기가 탱크의 밑바닥으로부터 불어 넣어지므로 대기압에서의 포화 산소농도보다 높은 것을 감안하여 식 (11.15)에서의 C_s값을 보정해야만 한다. 이때 C_s값은 무한시간 후에 얻어지는 평균 용존산소 농도를 사용하면 된다.

11.4 포기시스템

폐수처리 공정에 사용되는 포기시스템은 여러 가지가 있는데 실행되는 기능, 반응조의 형태 및 기하학, 시스템을 설치하고 운영하기 위한 비용 등에 의존한다. 포기시스템은 크게 산기식 포기, 터빈식 포기, 기계식 포기 등으로 나눌 수 있고, 포기장치의 모식도는 [그림 11.3]과 같다.

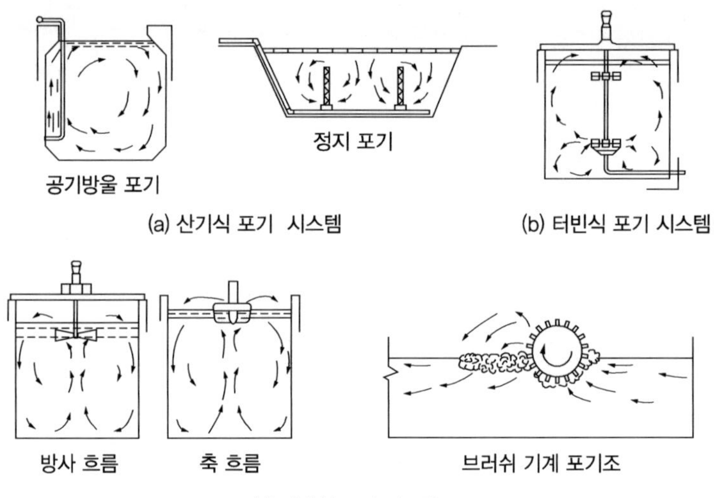

[그림 11.3] 포기장치의 모식도

11.4.1. 산기식 포기시스템

폐수를 포기하는 데는 2가지 기본적인 방법이 있다. 하나는 폐수에 공기나 순산소를 산기관 또는 다른 포기장치를 통하여 저부에서 공급하는 방법과 다른 하나는 대기로부터 공기의 용해를 촉진시키기 위해서 기계적으로 폐수를 교반시키는 방법이 있다. 폐수에서 산소전달효율은 식 (11.16)과 같이 공기량의 함수이다.

$$N = C\,G_s^n \tag{11.16}$$

여기서 N = 산소전달효율(kg · O_2/kw · hr)

G_s = 공기량(m^3/h)

C, n = 산기장치 설계의 함수인 상수

산소전달효율에 영향을 미치는 탱크의 깊이와 폭을 고려하면, 식 (11.16)은 식 (11.17)과 같이 된다.

$$N = C\,G_s^n \left(\frac{H^m}{W^p}\right) \tag{11.17}$$

여기서 H = 포기 탱크의 깊이(m)
W = 포기 탱크의 폭(m)
p = 폭 보정 멱지수(≈0.36)
m = 깊이 보정 멱지수(≈0.72∼0.88)

산소의 결핍량, 온도보정 및 산소전달 보정계수를 고려하면, 식 (11.17)은 식 (11.18)과 같이 된다.

$$N = C\,G_s^n \,\frac{H^m}{W^p}\,\frac{(C_{sm} - C_L)}{C_s}\,\theta^{(T-20)}\,(\alpha) \tag{11.18}$$

여기서 C_{sm} = 탱크 중간 깊이에서의 용존산소 포화농도(mg/L)
C_L = 포기 탱크 내의 운전시 용존산소 농도(mg/L)

C_{sm}값은 식 (11.19)와 같이 계산할 수 있다.

$$C_{sm} = \beta\,C_s \left(\frac{P_b}{2.07} + \frac{O_t}{42}\right) \tag{11.19}$$

여기서 P_b = 공기 방출 깊이에서의 절대압력(kg/cm^2)
O_t = 출구 가스의 산소농도(%)

산기식 포기시스템의 산소전달계수는 0.9∼1.5의 범위로 알려져 있다.

11.4.2. 터빈식 포기시스템

터빈식 포기시스템에서는 임펠러 회전날개 아래의 관 또는 살포 고리를 통하여 공기를 배출시킨다. 공기량, 임펠러의 직경, 임펠러의 회전속도 등은 공기방울 크기와 속도에 영향을 미치고, 총괄산소전달계수($K_L a$)를 결정하는 변수로 작용한다.

터빈식 포기시스템의 산소전달효율은 식 (11.20)과 같다.

$$N = C\, G_s^n\, d_t^y\, R^x \frac{(\beta\, C_s - C_L)}{C_s}\, \theta^{(T-20)}(\alpha) \tag{11.20}$$

여기서 N = 산소전달효율
d_t = 임펠러 직경
R = 임펠러 원주속도
x, y = 멱지수

산소전달효율과 회전날개와 압축기로부터 시스템에 공급되는 압력 사이의 상관관계는 식 (11.21)로 설명할 수 있다.

$$N = C\, P_d^n \tag{11.21}$$

여기서 P_d = 회전날개와 압축기의 압력 분할(hp_R/hp_C)
C, n = 상수

산소화 효율(P_d)은 터빈과 압축기의 압력비로 나타낼 수 있다. 이 값은 식 (11.22)에서 멱지수 "n"의 함수이다.

$$P_d = \left(\frac{n}{1-n}\right) \tag{11.22}$$

P_d는 최적 산소화 효율에 대한 압력 분배이다. 대부분의 경우에 P_d는 1.0 가까이에서 일어난다(이것은 터빈과 압축기에 의해 같은 압력 소비를 의미한다). 극단적으로 높은 공기 유속($P_d \ll 1.0$)에서 큰 공기방울과 임펠러의 범람은 나쁜 산소화 효율을 나타내는 반면, 매우 낮은 유속($P_d \gg 1.0$)에서는 액체 혼합에 관련된 산소전달이 없어 터빈의 효율이 낮아진다.

시스템 내의 산소요구량의 변동은 임펠러 아래의 공기 유속을 바꿈으로써 아주 쉽게 조정할 수 있다. 즉 P_d을 변화시킨다. 예상되는 운전 범위는 P_d에 관련된 최대 범위의 산소화 효율을 포함해야 한다. 물속 터빈 포기조의 산소화 효율을 나타내는 데이터는 모터와 유도기 손실을 포함하여 1.52～1.82 kg · O_2 / kw · hr에서 변동해야 한다.

11.4.3. 기계식 포기시스템

기계식 포기조는 특히 산업시설의 폐수처리 공정에서 인기가 있다. 기계식 포기기는 기본적으로 방사흐름 저속포기기, 축흐름 고속포기기, 브러쉬 기계포기기 등 3가지로 분류할 수 있다. 방사흐름 저속포기기는 기본적으로 저수두 고용량 펌프이다. 출구 유속을 2.4 m/sec로 가정하고 임펠러의 침윤을 15.24 cm로 가정하면, 총 동수두는 단지 45.7 cm이다. 단위마력당 양수된 용량은 [그림 11.4]에 나타낸 바와 같이 모터 크기의 함수이고, 2～15 m^3/sec · hp의 값을 갖는다.

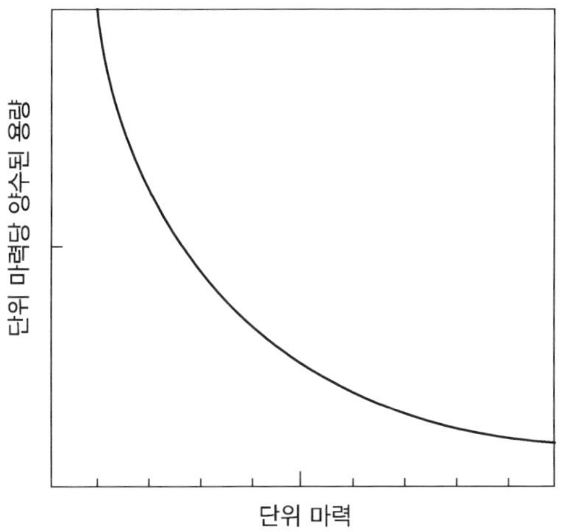

[그림 11.4] 펌프크기와 양수효율의 관계

산소전달은 유도 수리학적 펌프와 연결된 비말동반(飛沫同伴)을 통하여 수행된다. 이들 장비의 구성은 모터, 기어 감속기, 임펠러이다. 임펠러 직경은 0.9～3.7 m, 모터 크기는 2.2～110 kw 범위이다. 이들 포기기는 깊이 0.9～5.5 m의 포기조 내용물을 혼합할 수 있다.

축흐름 고속포기기는 널리 이용되고 있으며, 대개 float-mounted인 모터와 프로펠러로 조립되어 있다. 대부분의 산소전달은 스프레이 유형으로 일어나고, 스프레이의 바깥쪽

원주 면적의 난류 영역에서도 전달은 일어난다. 운전에 필요한 적절한 액체 깊이는 0.9~4.6 m 범위로 포기조의 크기에 의존한다.

브러쉬 포기기는 산화구(Oxidation ditch)에 이용되는 기계식 포기장치이고, 산소를 가스상으로부터 액체상으로 공급하는 방식으로 산소를 전달한다. 스프레이를 통하여 접촉하고, 공기가 비말동반한다. 이들의 산소전달효율은 브러쉬 형태, 회전속도, 침윤, 포기조건에 따라 다르다. 기계식 포기시스템의 산소전달효율은 임펠러의 직경, 구성, 변류기 판, 회전속도, 침윤 깊이 등에 따라 다르다.

기계식 포기기에 대한 전통적인 설계식은 다음과 같다.

$$N = N_0 \left(\beta \frac{C_s - C_L}{C_s} \right) \theta^{(T-20)} (\alpha) \tag{11.23}$$

여기서 N = 산소전달효율, 현장 조건(lb O_2/hp-hr)

N_0 = 산소전달효율, 시험 탱크 조건(lb O_2/hp-hr)

여러 가지 형태의 포기장치에 대한 특성을 요약하면 <표 11.1>과 같다.

〈표 11.1〉 여러 가지 형태의 포기장치에 대한 특성과 적용

포기장치		장치 특성	이용되는 공정	폐수의 종류	장 점	단점
산기식	미세기포식	발생한 기포는 미세하다. 세라믹 판, 플라스틱의 실이나 포를 관에 붙인 것이나 나이론 주머니를 관에 덮어 씌운 모자형 장치가 사용된다.	대용량의 표준활성 슬러지법	도시하수	산소이동효율은 높고, 액의 혼합이 충분히 수행된다. 수온을 높게 유지할 수 있다.	건설비, 유지관리비가 높고, 산기장치가 막히기 쉬우며, 완전혼합형은 아니다.
	조대기포식	기포는 크고 산기장치는 노즐, 밸브, 오리피스 전단형이 있고, 플라스틱 제품의 역지 밸브형도 있다.	표준활성 슬러지법	도시하수 공장폐수	산기장치의 폐색은 없고, 수온을 높게 유지할 수 있다. 유지관리가 용이하다.	건설비가 높고, 산소이동효율은 낮으며, 동력비가 높다.
기계식	터빈식	회전속도는 작고, 대형 터빈식은 고정장치가 필요하며, 변속기가 필요하다.	활성 슬러지법 포기 lagoon법	도시하수 공장폐수	건설비, 유지관리비가 적고, 산소이동효율은 높다. 어떤 형상의 터빈도 설치가 가능하다.	한랭지에서 부적합하다. 탱크내 전체를 혼합하기 어렵다.
	프로펠러식	회전속도는 크고, 날개직경은 작다. 모터 직결형이고 수면부상식이다.	포기 lagoon법	도시하수 공장폐수	건설비가 저렴하고, 산소이동효율은 보통이다.	한랭지에 부적합하며, 유지관리가 악화되기 쉽다.

11.5 실험방법

포기장치의 산소전달능력을 정확히 평가할 필요가 있다는 것을 제조업자와 설계 기술자 모두가 알아야 한다. 포기장치의 산소전달효율을 결정하기 위해 가장 널리 이용되는 방법에는 다음과 같은 것들이 있다.

① 깨끗한 물에서의 산소전달계수 측정

② 폐수에서의 산소전달계수 측정

11.5.1. 깨끗한 물에서의 산소전달계수 측정

포기조의 산소전달능력을 평가하는 가장 일반적인 방법이며, 실험 과정은 다음과 같다.

① 초기에 "청정수"의 용존산소 농도 및 온도를 측정하고, 용존산소 mg/L 당 7.9 mg/L의 Na_2SO_3을 넣는다(계산 값의 20~30% 정도 더 넣는다).

DO 1.0 mg/L을 제거하는 데 요구되는 Na_2SO_3 양의 산정

$$O_2 + 2Na_2SO_3 \rightarrow 2Na_2SO_4$$
$$32 + 2\times126 \text{ .... } 252 / 32 = 7.9 \text{ mg/L}$$

② 코발트 이온의 농도를 0.5~1.5 mg/L로 첨가하고, 용존산소가 완전히 고갈될 때까지 화학약품–물을 혼합하기 위해 포기장치를 가동한다.

③ 용존산소가 완전히 고갈된 것을 확인한 후 재포기를 실시한다. 이때 매 시간별로 75~90%의 포화가 관찰될 때까지 용존산소를 측정한다.

④ 시간에 대한 산소결핍은 [그림 11.5]의 예와 같이 반대수 그래프지로 나타내고, 총괄산소전달효율은 [그림 11.5]의 기울기로부터 식 (11.8)을 이용하여 계산하고, 식 (11.12)를 이용하여 최종적으로 온도에 대한 영향을 보정해준다.

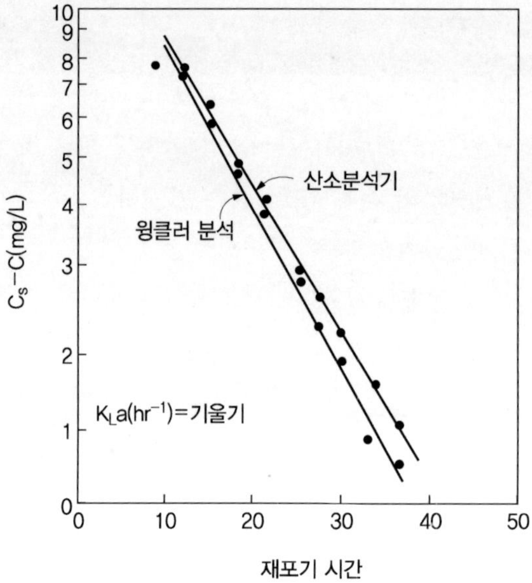

[그림 11.5] K_La**의 도해적 해석**

청정수에서 측정된 온도에 대한 C_s 값은 <표 11.2>에 나타낸 표준 산소 포화값에서 얻을 수 있다. 이 값은 식 (11.24)에 따라 "요구되는" 대기압과 청정수와 시험수질의 차이에 대해 보정할 수 있다.

$$C_s = C_s'(P/29.92)(\beta) \tag{11.24}$$

여기서 P = 대기압(mmHg)

β = 시험수의 포화값 / 청정수의 포화값

C_s' = 보정하지 않은 DO 포화값

이 상태의 재포기는 시험 포기조의 전체 액체 혼합물이 완전히 혼합되고, $K_L a$ 값이 일정하고 시간에 독립적일 때만 타당하다. 이 평가방법은 정밀한 해석에 한계가 있어 동력, 온도, α 보정계수를 적절하게 고려하여야 한다.

〈표 11.2〉 표준조건에서 증류수에 대한 산소 포화값(C_s)

T(°F)	T(℃)	mg O_2/L	T(°F)	T(℃)	mg O_2/L
32.0	0	14.6	78.8	26	8.2
33.8	1	14.2	80.6	27	8.1
35.6	2	13.8	82.4	28	7.9
37.4	3	13.5	84.2	29	7.8
39.2	4	13.1	86.0	30	7.6
41.0	5	12.8	87.8	31	7.5
42.8	6	12.5	89.6	32	7.4
44.6	7	12.2	91.4	33	7.3
46.4	8	11.9	93.2	34	7.2
48.2	9	11.6	95.0	35	7.1
50.0	10	11.3	96.8	36	7.0
51.8	11	11.1	98.6	37	6.9
53.6	12	10.8	100.4	38	6.8
55.4	13	10.6	102.2	39	6.7
57.2	14	10.4	104.0	40	6.6
59.0	15	10.1	105.8	41	6.5
60.8	16	10.0	107.6	42	6.4
62.6	17	9.7	109.4	43	6.3
64.4	18	9.5	111.2	44	6.2
66.2	19	9.4	113.0	45	6.1
68.0	20	9.2	114.8	46	6.0
69.8	21	9.0	116.6	47	5.9
71.6	22	8.8	118.4	48	5.8
73.4	23	8.7	120.2	49	5.7
75.2	24	8.5	122.0	50	5.6
77.0	25	8.4			

예제 11.1

수온 15℃, 대기압 750 mmHg에서 50 l의 물이 들어 있는 수조에 아황산나트륨과 염화코발트를 주입하여 탈산소화 시킨 후, 표면 포기장치로 포기시키면서 측정한 수조의 DO농도는 〈표 11.3〉과 같다. K_La 값을 구하시오.

〈표 11.3〉 포기실험 결과

시간(min)	DO 농도 : C (mg/L)	C_s-C (mg/L)	비고
0	0.0	10.1	수온 15℃에서 DO 포화농도 : C_s= 10.1 mg/L
10	2.6	7.5	
20	4.8	5.3	
30	6.0	4.1	
40	7.1	3.0	
50	7.9	2.2	
60	8.5	1.6	

풀이

DO 1.0 mg/L을 제거하는 데 요구되는 아황산나트륨의 양은 7.9 mg/L이므로, 포기 전의 DO 농도가 9.0 mg/L이고, 아황산나트륨을 20%정도 과잉 사용한다면 :

Na_2SO_3 요구농도 = 7.9 × 9(1+0.2) = 85.3 mg/L

Na_2SO_3 요구량 = 85.3 mg/L × 50 l = 4,265 mg

촉매 Co^{2+}의 기준은 1.5 mg/L 이므로, 이것을 $CoCl_2$로 환산하면 3.3 mg/L이다.

$CoCl_2$ 요구량 = 3.3 mg/L × 50 l = 165 mg

<표 11.3>에 나타난 실험 자료를 반대수 그래프지에 그리면 [그림 11.6]과 같다.

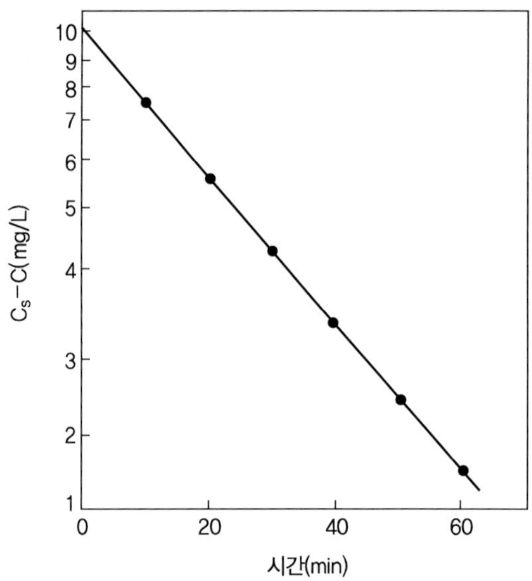

[그림 11.6] (C_s−C)와 포기 시간과의 관계

$K_L a$ 값을 식 (11.8)을 이용하여 계산하고, 표준상태(20℃)의 값으로 식 (11.12)을 이용하여 온도 보정을 시행한다.

$$K_L a(15℃) = 2.303[(\log 10.1 - \log 3.0) / (40-0) \times 60 = 1.85\ hr^{-1}$$

$$K_L a(20℃) = 1.85 \times 1.024^{(20-15)} = 2.08\ \mathrm{hr}^{-1}$$

11.5.2. 폐수에서의 산소전달계수 측정

현장 활성슬러지 포기조 내에서의 포기시험은 장치가 실제 현장조건에서 수행되고 있기 때문에 “청정수”의 시험결과를 “현장상황”으로 해석하는 어려움이 적어지는 장점이 있는 반면에 플랜트가 가동되어 적절히 운전될 때까지 포기조의 평가가 지연되는 단점이 있다. 포기조 내에 유사 정상상태 조건이 성립되면 산소 소모율은 일정하므로 통계적으로 정확성을 확인하기 위해 포기조 내의 여러 지점에서 산소농도를 측정해야 한다.

식 (11.11)으로부터 얻어진 $K_L a$ 값은 α, 온도, 고형물 농도의 영향을 포함하고, 특정 폐수와 특정 시스템에 대해서만 적용된다. 폐수처리 시스템은 일정한 유기물 부하, 먹이 구성, 시험 기간 중 포기조의 용존산소 농도에 대하여 안정성을 필요로 한다.

프로세스 내의 $K_L a$ 값을 평가하는 다른 방법은 활성슬러지의 실험실 내 재포기이다. 시스템의 폐수 유입을 차단하고, 활성슬러지에 의하여 용존산소가 완전히 고갈되도록 한다. 그런 다음에 시스템을 재포기하고, 산소농도를 측정한다. 이때 일정시간이 경과하면 활성슬러지에 의한 산소 소모율과 산소 전달율이 평형을 이루게 된다. 따라서 식 (11.9)는 다음과 같이 나타낼 수 있다.

$$\frac{dC}{dt} = \left[K_L a\, C_s - r_M\right] - K_L\, a\, C \tag{11.25}$$

총괄산소전달계수 $K_L a$ 값은 식 (11.25)를 이용하여 실제 산소 소모율을 측정하지 않고 평가할 수 있다. $K_L a$ 값을 산정하기 위하여 활성슬러지 혼합액의 산소를 완전히 고갈시킨 후, 재포기를 수행하여 DO 농도 변화를 [그림 11.7]과 같이 나타낸다.

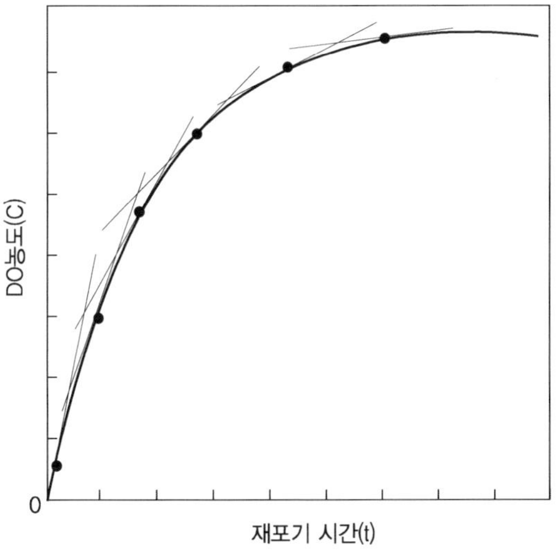

[그림 11.7] 재포기에 의한 활성슬러지 혼합액의 DO 변화

곡선상의 여러 지점에서 곡선의 기울기를 구함으로써 DO 농도(C)값에 상응하는 dC/dt 값을 결정할 수 있다. 이들 값을 [그림 11.8]과 같이 식 (11.25)에 따라 다시 그려서, 직선의 기울기로부터 K_La 값을 결정할 수 있다. 이 접근법의 한 가지 이점은 정확히 결정하기 어려운 산소 소모율이 절편에 포함되어 물리적으로 측정하지 않아도 된다는 점이다.

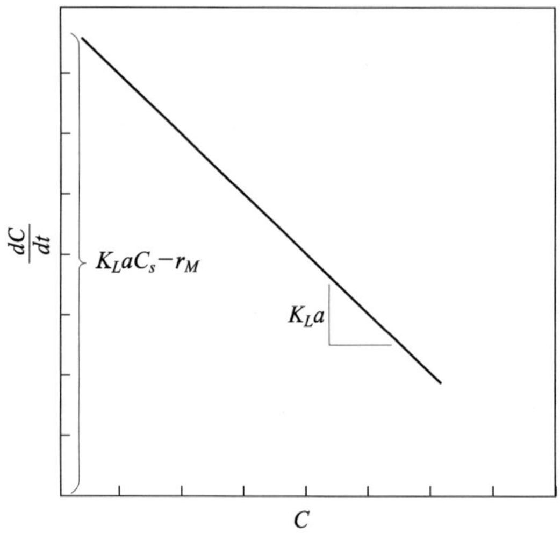

[그림 11.8] 활성슬러지 혼합액의 재포기로부터 K_La의 도해적 해석

예제 11.2

〈표 11.4〉와 [그림 11.9]은 활성슬러지 포기조에서 비정상상태(현장 측정) 포기실험 자료이고, 〈표 11.5〉는 [그림 11.9]로부터 C와 dC/dt를 계산한 결과이다. K_La 값을 구하시오.

〈표 11.4〉 활성슬러지 포기조의 재포기로부터 DO 측정 결과

시간(min)	C(mg/L)
0.0	0.52
0.5	0.70
1.0	0.93
2.0	1.23
3.0	1.55
4.0	1.80
5.0	2.00
10.0	2.20

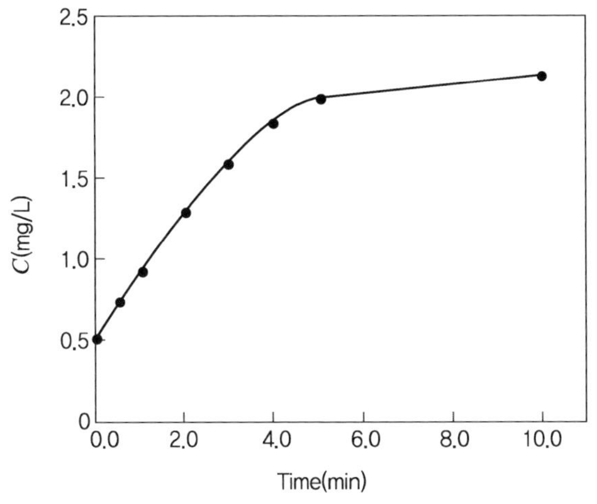

[그림 11.9] 표 (11.4) 결과의 도해

〈표 11.5〉 [그림 11.9]로부터 C와 *dC/dt*의 계산 결과

t(min)	C(mg/L)	*dC/dt*
0	0.51	0.43
1	0.91	0.37
2	1.25	0.32
3	1.55	0.27
4	1.80	0.22
5	1.99	0.17

풀이

식 (11.9) : $\frac{dC}{dt} = K_L a(C_s - C) - \gamma_M$ 을 변형하면 식 (11.25)와 같다.

식 (11.25) : $\frac{dC}{dt} = [K_L a\, C_s - r_M] - K_L a\, C$ 을 이용하여 $K_L a$ 값을 구한다.

C와 dC/dt에 대하여 [그림 11.10]을 그리면 직선이 되며, 이 직선 기울기의 (-)값이 $K_L a$이다. dC/dt는 <표 11.4>의 자료를 그린 [그림 11.9]에서 구하였다. 따라서 $K_L a$ 값은 10.3 hr^{-1}이다.

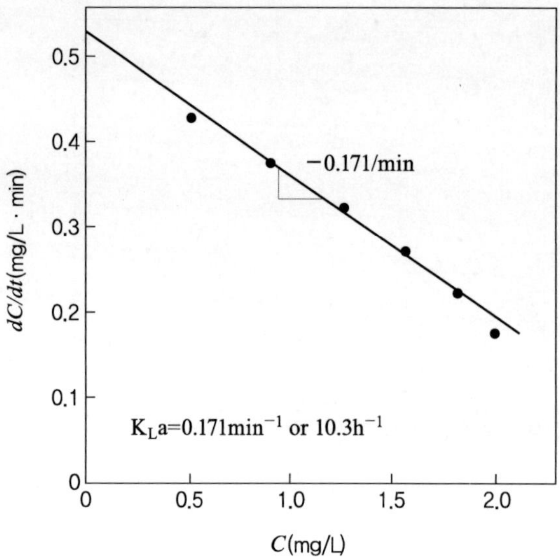

[그림 11.10] 현장 측정 K_La의 산정 결과

11.5.3. α를 결정하기 위한 실험

α를 결정하는 과정에 이용되는 실험 장치는 다음과 같다.

① DO 측정 장치

② 포기 공급원 : 기계식 포기장치 또는 산기식 포기장치. 기계식 포기조에는 타코미터 (유속계)가 필요하고, 산기관 시스템에는 로타미터(액체 유량 측정계)또는 습윤 시험 미터가 필요하다.

③ 2∼200 l 용량을 가진 물탱크 : α 평가시험에 요구되는 크기에 따른다.

④ 탈산소화 장치 : 산기식 질소공급장치 또는 탈산소화를 위한 화학물질 (Na_2SO_3 + 코발트 촉매)

산소전달계수 α와 산소 포화계수 β를 결정하기 위한 실험 과정은 다음과 같다.

① [그림 11.11]에 나타낸 용기와 비슷한 용기를 이용할 수 있다. 기계식 또는 산기식 포기장치 등을 사용하기 위해 관련 조건을 제어할 수 있는 부속 장비를 설치한다.

② 용기에 정해진 양의 수돗물을 채우고 온도를 기록한다. 그 다음 물은 아황산나트륨과 염화코발트 촉매를 이용하여 화학적으로 탈산소화하거나(mg/L 용존산소당 대략 8∼12 mg/L의 아황산나트륨) 질소와 같은 불활성가스를 이용하여 용액으로부

터 산소를 탈기한다.

③ 일단 내용물이 탈산소화되면 물은 기계식(또는 산기식) 포기장치에 의하여 재포기된다. 일정한 시간 간격에 따른 산소농도를 측정하여 기록한다. 여러 포기 시간에서의 산소 결핍을 반대수 그래프지에 그리고, 기울기로부터 $K_L a$값을 계산한다. 이 단계는 여러 가지 혼합강도와 온도에 대해 반복할 수 있다.

④ 여러 시험조건에서 수돗물의 탈산소화를 재포기에 이어 같은 용량의 폐수로 ②, ③ 단계를 반복한다.

⑤ ④단계에서 결정된 $K_L a$ 값을 같은 온도와 혼합조건에서의 수돗물에 대한 $K_L a$ 값과 비교하여 α를 식 (11.13), β를 식 (11.14)에 따라 계산한다.

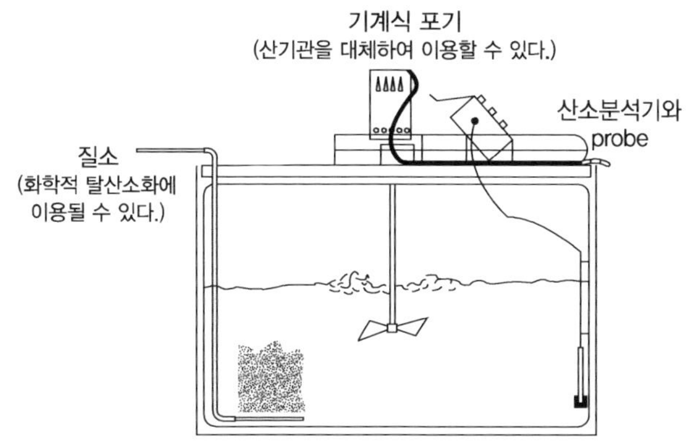

[그림 11.11] α를 결정하기 위한 실험장치

CHAPTER

12 활성슬러지 공정

Activated Sludge Process

활성슬러지 공정은 1914년 Ardern과 Lockett가 개발한 이래 폐수처리장에서 가장 폭넓게 이용되고 있는 생물화학적 처리방법이다.

활성슬러지 공정은 호기성 미생물이 폐수와 혼합된 다음 중력 침전조에서 분리되는 연속 시스템이며, 농축된 슬러지의 일정 부분이 재순환되어 유입되는 폐수와 혼합된다. 이 공법은 초기에 회분식으로 운전되었으나 연속식 운전의 필요성이 증가하면서 회분식 운전은 연속식 운전으로 바뀌었다. 그러나 회분식 공법도 소규모 시설에서는 여전히 사용되고 있다.

12.1 활성슬러지 공정의 원리

활성슬러지 공정은 정화기능을 가진 플록 형태의 호기성 미생물을 공정 내에서 계속 순환시키면서, 포기조 내에서 기질과 호기성 미생물의 비율이 항상 일정하도록 인위적으로 조작하고, 용존산소의 존재 하에서 기질과 미생물로 구성된 플록을 충분히 접촉시켜서 기질을 호기성 조건 하에서 산화 · 분해하는 처리공정이라 정의할 수 있다.

[그림 12.1]에 나타난 바와 같이 표준활성슬러지 공정은 포기조에서 유출된 활성슬러지 혼합액이 최종침전지에서 고액분리 되어 유출수와 미생물 플록이 공정의 외부로 배출되고, 농축된 활성슬러지의 일부는 연속적으로 포기조에 반송시켜 새로이 유입된 기질과 혼합된다.

따라서 활성슬러지 공정이 성립하기 위해서는 다음과 같은 조건이 필요하다.

① 포기조의 슬러지 부하가 항상 일정하도록 조작할 것

② 산소의 공급이 BOD 제거의 한계 성장인자가 되지 않도록 산소를 공급하여 포기조 내 MLSS에 일정치 이상의 용존산소를 유지할 것

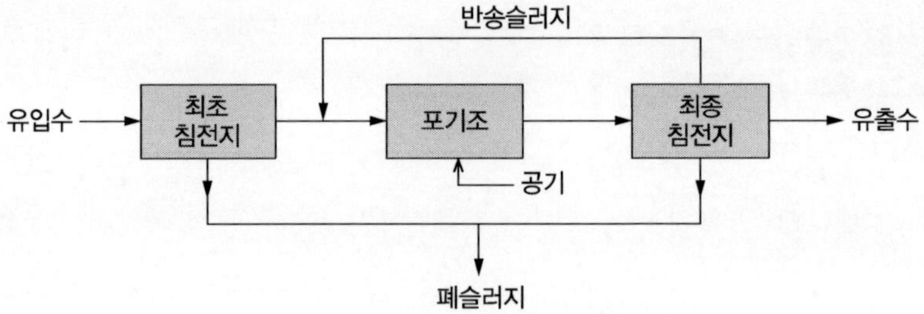

[그림 12.1] 표준 활성슬러지 공법의 공정도

③ 최종침전지에서 처리수와 활성슬러지가 완전히 분리되고, 분리된 활성슬러지는 포기조의 활성슬러지 농도보다도 높게 농축할 것

④ 농축된 활성슬러지는 포기조의 슬러지 농도를 항상 일정하게 유지시켜 주기 위하여 연속적으로 포기조에 반송할 것. 폐수 중의 유기물 분해에 관여하는 정화미생물의 증식속도는 보통 포기조에서 주어진 미생물의 평균 체류시간보다 늦기 때문에 농축한 활성슬러지를 반송하지 않으면 정화미생물은 반응계 외로 완전히 세류된다.

⑤ SS 제거, BOD 제거에 의해서 증식한 정화미생물은 포기조 내 슬러지 일령을 일정하게 유지시키기 위하여 반응계 외로 배출하여 별도로 처리할 것

정화미생물을 위하여 적당한 영양 밸런스(balance)를 가진 폐수를 포기조에 유입시켜 일정시간 포기하면 다양한 호기성 미생물이 폐수 중의 유기물을 먹이로 하여 증식하면서 포기, 교반, 혼합에 의하여 미생물과 유기물 및 무기물의 부유입자가 응집해서 폐수처리에 유효한 활성슬러지가 얻어진다. 이 슬러지는 다수의 호기성 미생물을 포함한 gelatine 형태의 플록으로 구성되어 유기물의 산화력과 응집 흡착력이 아주 강하고, 침강분리성이 우수하다. 이러한 과정을 거쳐서 생성된 활성슬러지에 의하여 폐수 중의 유기물은 흡착되고, 슬러지 중의 정화미생물에 의하여 산화 및 동화되어 최종적으로 폐수가 정화된다.

12.2 유기물 제거

완전혼합 활성슬러지 공법에서 유출수의 용해성 BOD는 포기조 내 용해성 BOD 농도와 동일하며, 활성슬러지 공법에서 부유고형물 형태의 BOD는 생물학적 플록을 형성하

여 물리적인 단위조작으로 제거되며, 콜로이드성 유기물은 생물학적 플록으로 응결되어 흡착 제거된다.

회분식 조건에서 유기물 제거는 식 (12.1)로 표현된다.

$$\frac{S_e}{S_o} = e^{-k\,X_v\,t\,/\,S_o} \tag{12.1}$$

여기서 S_o = 유입수의 BOD, COD, TOC(mg/L)

S_e = 유출수의 용해성 BOD, COD, TOC(mg/L)

X_v = MLVSS의 평균 농도(mg/L)

t = 포기시간(day)

k = 유기물 제거상수(day^{-1})

완전혼합 반응조에서 물질수지는 식 (12.2)로 표현된다.

$$\frac{S_o - S_e}{X_v\,t} = k\,S_e \tag{12.2}$$

식 (12.2)로부터 유기물 제거상수(k)는 [그림 12.2]와 같이 $(S_o - S_e)/X_v\,t$와 S_e의 그래프를 그려서 기울기로부터 구한다(여기서 $S_r = S_o - S_e$).

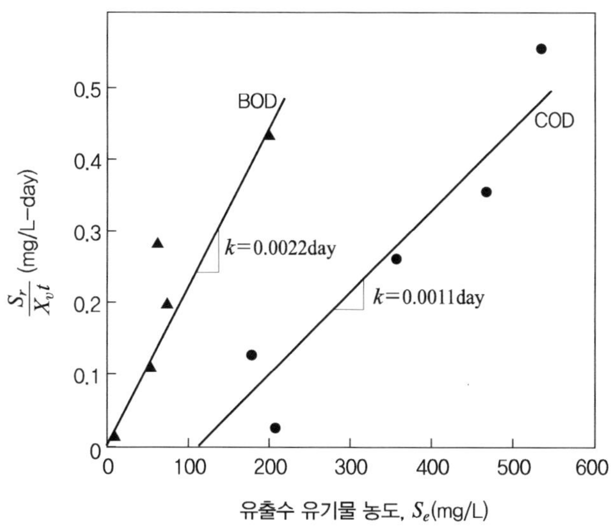

[그림 12.2] 유기물 제거상수의 산정

온도 변화에 대한 유기물 제거상수(k)의 보정은 식 (12.3)과 같다.

$$k_2 = k_1\ \theta^{(T_2 - T_1)} \tag{12.3}$$

여기서 k_2, k_1 = 각각 온도 T_1, T_2 에서의 유기물 제거상수(day^{-1})

θ = 온도 보정계수

12.3 산소필요량

생물학적 시스템에서 총산소 필요량은 합성에 필요한 에너지를 제공하기 위하여 소비된 산소와 내호흡에서 소비된 산소와 관계가 있다.

시스템에 공급되어야 할 산소요구량은 다음 조건을 만족할 수 있도록 해야 한다.

① 생물학적 유기물 제거 ($a' S_r$)

② 세포가 용해되고, 용해성 산화 가능한 유기화합물을 방출하는 내호흡 ($b'\ x\ X_v$)

③ 순간 산소요구량에 의해 측정된 화학적 산화 (R_c)

④ 질산으로 산화되는 암모니아 (R_n)

$$R_r = a' S_r + b' x\ X_v + R_c + R_n \tag{12.4}$$

여기서 R_r = 총산소 이용량(mg O_2/day)

S_r = 제거된 BOD(mg/day)

a' = 합성을 위한 산소이용계수

b' = 내호흡을 위한 산소이용계수

R_c = 산화, 환원 등에 필요한 화학적 산소요구량(mg O_2/day)

R_n = 암모니아를 질산으로 산화하는 데 이용된 산소량(mg O_2/day)

X_v = 포기조 내의 평균 MLVSS

x = MLVSS의 생물학적 분해 가능한 분율

식 (12.4)에서 BOD 제거에만 산소가 이용된다고 하면(R_c & R_n = 0), 식 (12.5)로 표현된다.

$$R_r = a' S_r + b' x X_v \tag{12.5}$$

이 식을 정리하면 식 (12.6)과 같다.

$$\frac{R_r}{x X_v} = a' \frac{S_r}{x X_v} + b' \tag{12.6}$$

따라서 산소이용계수 a'와 b'는 비산소 섭취율 $(R_r / x X_v)$과 BOD 제거속도 $(S_r / x X_v)$의 관계를 [그림 12.3]과 같이 그려서 산정할 수 있다.

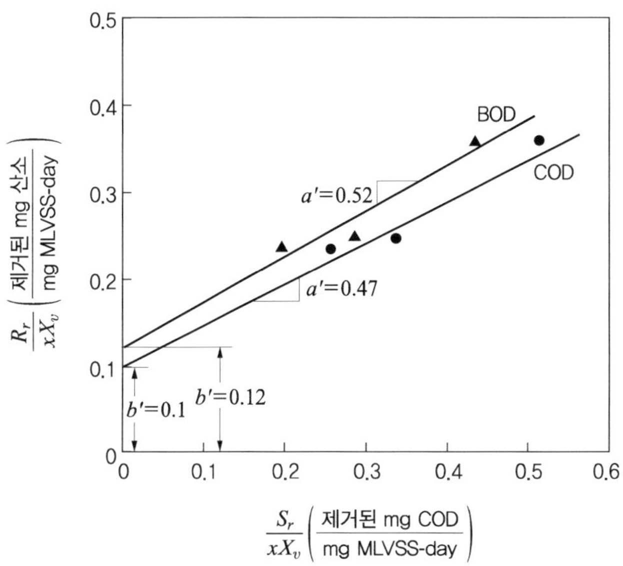

[그림 12.3] 산소이용계수의 산정

12.4 슬러지 생산량

유기물의 생물학적 산화 및 합성으로 미생물이 증식하게 되고, 동시에 미생물은 자산화에 의하여 일정 비율이 감소된다.

활성슬러지 시스템에 있어서 미생물에 대한 물질수지를 산정하기 위한 구성요소는 다음과 같다.

① 유입수 중의 생물학적 분해 불가능한 물질에 의한 슬러지의 증가 ($f\,X_i$)

② 세포의 합성에 의한 슬러지의 증가 ($a\,S_r$)

③ 내호흡의 세포산화에 의한 슬러지의 감소 ($b\,x\,X_v$)

④ 유출수 SS에 의한 슬러지의 감소 (X_e)

총 잉여슬러지 생산량(ΔX)은 식 (12.7)과 같이 계산한다.

$$\Delta X = f\,X_i + (\Delta X_v / f') - X_e \tag{12.7}$$

잉여 생물학적 휘발성슬러지 생산량(ΔX_v)은 식 (12.8)과 같다.

$$\Delta X_v = a\,S_r - b\,x\,X_v \tag{12.8}$$

여기서 ΔX = 총 잉여슬러지 생산량(mg SS/day)
f = 유입수 중 부유고형물의 난분해성 분율
f' = 포기조 내 MLSS의 휘발성 분율(mg MLVSS/mg MLSS)
X_i = 유입수의 부유고형물 농도(mg SS/day)
ΔX_v = 잉여 생물학적 휘발성슬러지 생산량(mg VSS/day)
X_e = 유출수의 부유고형물 농도(mg SS/day)
a = 슬러지 합성계수(제거된 mg 유기물/ 생성된 mg VSS)
b = 슬러지 자산화계수(산화된 mg VSS/포기조 내 mg MLVSS)
S_r = $S_o - S_e$
x = MLVSS의 생물학적 분해 가능한 분율

식(12.8)을 변형하면, 식 (12.9)와 같다.

$$\frac{\Delta X_v}{x\,X_v} = a\,\frac{S_r}{x\,X_v} - b \tag{12.9}$$

식 (12.9)로부터 [그림 12.4]를 그려서, 슬러지 생산계수 a와 b를 구할 수 있다.

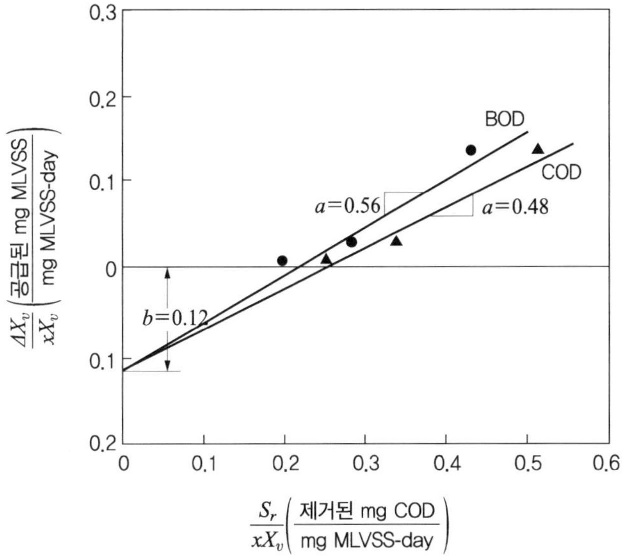

[그림 12.4] 슬러지 생산계수의 산정

12.5 유기물 부하

활성슬러지 공정에서 유기물 부하(또는 F/M 비)는 식 (12.10)으로 정의된다.

$$F / M = \frac{S_o}{X_v \, t} \tag{12.10}$$

여기서 F/M = (먹이 / 미생물)의 비(적용된 mg BOD / mg VSS day)

S_o = 유입수 BOD(mg / L)

X_v = MLVSS의 평균농도(mg / L)

t = 체류시간(day)

그리고 슬러지 일령은 식 (12.11)과 같다.

$$G = \frac{X_v}{\Delta X_v} = \frac{X_v}{a\, S_r - b\, x\, X_v} \tag{12.11}$$

여기서 G = 슬러지 일령(day)

S_r = BOD 제거량(mg /day)

12.6 생물학적 질산화

생물학적 질산화는 암모니아와 유기질소가 미생물(Nitrosomonas & Nitrobacter)에 의해 아질산염이나 질산염 형태로 전환되는 것을 말한다. 이들 미생물은 대사활동을 위하여 필요한 탄소원을 이산화탄소와 중탄산염과 같은 무기원으로부터 얻는 호기성 독립영양미생물로서 유기물을 동화하는 미생물과는 대사과정이 다르다.

질산화는 1단계에서 암모니아성 질소가 아질산염으로 산화하고, 2단계에서 아질산염이 질산염으로 산화한다.

$$NH_4 + \frac{3}{2}O_2 \xrightarrow{\text{Nitrosomonas}} NO_2^- + 2H^+ + H_2O \qquad (12.12)$$

$$NO_2^- + 0.5\,O_2 \xrightarrow{\text{Nitrobacter}} NO_3^- \qquad (12.13)$$

질산화 미생물은 유기물 동화 미생물보다 활성도가 낮으며, 같은 환경에서 경쟁성이 떨어진다. 고율 활성슬러지 공정에서 질산화 미생물은 낮은 활성도 때문에 새로운 세포를 형성하는 것보다 빠르게 공정으로부터 폐기되어 성공적인 질산화를 방해받게 된다. 따라서 질산화 미생물이 순응할 때까지 폐기속도를 늦추지 않으면 질산화는 불충분할 수밖에 없다. 폐기속도는 요구되는 질산화를 위해서 공정 내 충분한 슬러지 일령을 유지하도록 조절해야 한다.

실제 설계에서 체류시간과 MLVSS 농도에 근거하여 질산화의 변동 정도를 예측하려면 pilot 실험을 수행하는 것이 바람직하며, 질산화율은 식 (12.14)로 산정할 수 있다.

$$\frac{N_e}{N_o} = e^{-K_n X_v t} \qquad (12.14)$$

식 (12.14)를 변형하면, 식 (12.15)와 같다.

$$\ln \frac{N_e}{N_o} = -K_n X_v t \qquad (12.15)$$

여기서 N_e = 요구되는 유출수의 암모니아 농도(mg/L)

N_o = 유입수의 암모니아 농도(mg/L)

K_n = 총 질산화 속도계수(L/mg day)

X_v = 포기조내 MLVSS 농도(mg/L)

t = 수리학적 체류시간(day)

식 (12.15)로부터 [그림 12.5]를 그려서, 질산화 속도계수(K_n)을 산정할 수 있다.

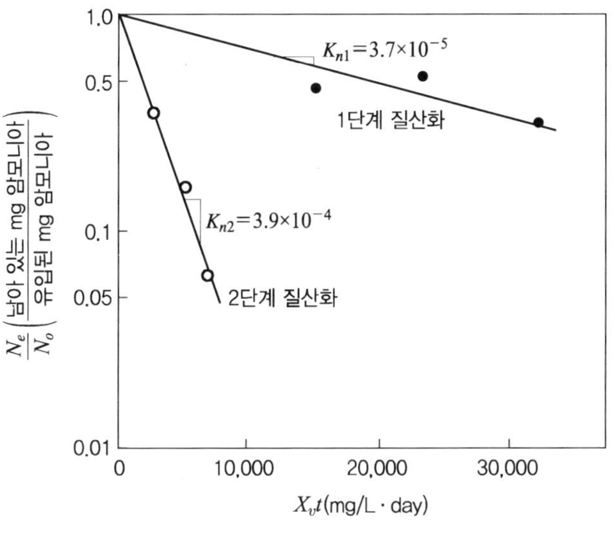

[그림 12.5] 질산화 속도계수의 산정

질산화 미생물의 효율은 pH, 용존산소 농도, 방해물질의 존재 등 많은 인자들의 영향을 받으며, 속도계수는 각 상황에 맞도록 결정해야 한다.

생물학적 질산화에 기초한 이론적인 산소 필요량은 4.57(mg 산소 필요량 / mg 질산화된 암모니아성 질소)로 정의된다. 질산화에 필요한 산소량과 유기물(BOD) 산화에 필요한 산소량을 실험적으로 구별하는 것은 매우 어렵다. DO 미터에 의하여 측정된 산소량은 암모니아와 유기물(BOD) 산화에 대한 전체적인 총 산소요구량을 나타내므로, 각각의 산소이용량을 구별하기 위해서는 다음과 같은 모델이 필요하다.

$$\frac{(\text{mg O}_2)}{\text{day}}\text{total} = a''\left[\frac{\text{mg BOD}_r}{\text{day}}\right] + c\left[\frac{\text{mg N}_r}{\text{day}}\right] \tag{12.16}$$

$$\frac{(\text{mg O}_2)\,\text{total}}{\text{mg BOD}_r} = a'' + c\left[\frac{\text{mg N}_r}{\text{mg BOD}_r}\right] \tag{12.17}$$

$$\frac{R_r}{S_r} = a'' + c\,\frac{N_r}{S_r} \tag{12.18}$$

여기서 a'' = 단위 BOD 제거당 총 산소요구량(mg O_2/mg BOD_r)

c = 산화되는 단위 암모니아당 산소요구량(mg O_2/mg 산화된 암모니아)

식 (12.18)으로부터 [그림 12.6]을 그려서, 질산화를 위한 산소요구량을 산정할 수 있다. [그림 12.6]에서 기울기는 계수 c 이고, Y축 절편은 계수 a''이다.

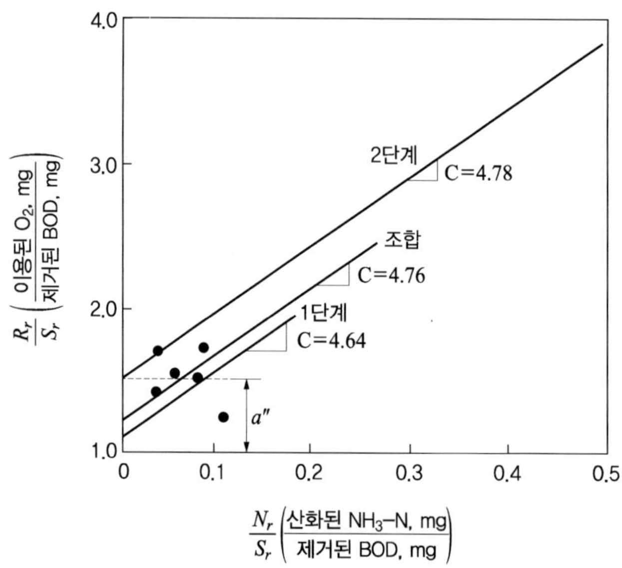

[그림 12.6] 질산화를 위한 산소요구량의 산정

12.7 활성슬러지 공정의 종류와 변법

활성슬러지 공정은 거의 모든 종류의 생물학적 폐수처리에 적용할 수 있다.

12.7.1. 재래식 플러그 흐름(Conventional plug flow) 활성슬러지 공정

침전된 폐수와 반송슬러지가 포기조의 앞부분으로 주입되고, 산기식(또는 기계식) 포기에 의하여 혼합된다. 일반적으로 공기는 포기조에 균등하게 공급된다. 포기시간 동안 유기물의 흡착, 응결, 산화가 일어나고, 최종침전지에서 활성슬러지의 고액분리가 진행된다. 이 공정은 저농도 도시하수의 처리에 적합하나, 충격부하에 취약하다.

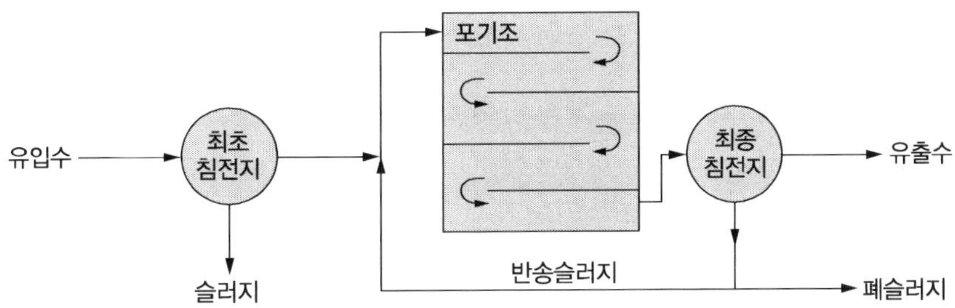

[그림 12.7] 재래식 플러그 흐름 활성슬러지 공정

12.7.2. 완전혼합식(Complete mix) 활성슬러지 공정

이 공정은 연속흐름 혼합 반응조를 응용한 것이다. 침전된 폐수와 반송슬러지가 포기조의 여러 지점에 주입된다. 포기조 내의 유기물 부하와 산소요구량은 전체 반응조에 걸쳐 균일하며, 충격부하에는 강하나 사상균 성장에는 취약하다.

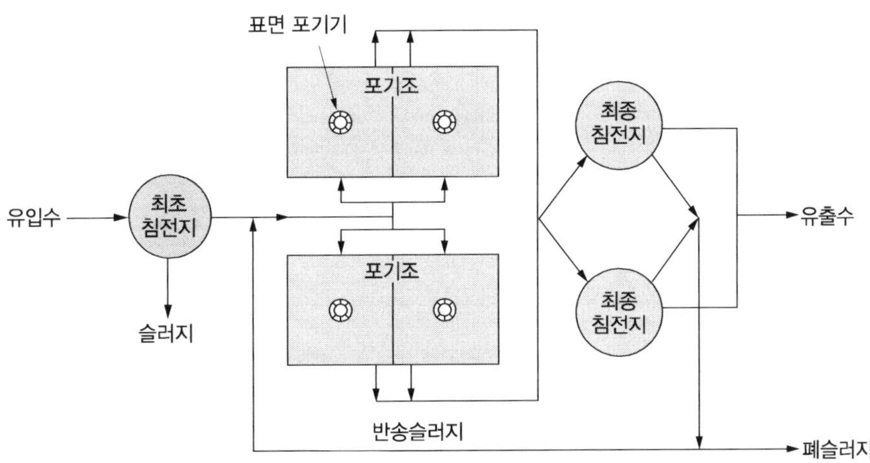

[그림 12.8] 완전혼합식 활성슬러지 공정

12.7.3. 점감포기식(Tapered aeration) 활성슬러지 공정

점감포기식은 재래식 플러그 흐름 활성슬러지 공정의 변법이다. 포기조 내 산소요구량은 포기조 입구에서 최대이고 유출구 방향으로 갈수록 감소한다. 따라서 포기조 길이 방향으로 앞부분에 다량의 공기가 공급되고, 유출부에 가까워질수록 공기량은 감소한다. 점감포기는 대개 포기조 길이 방향으로 산기기의 배치 폭을 달리하여 운영한다.

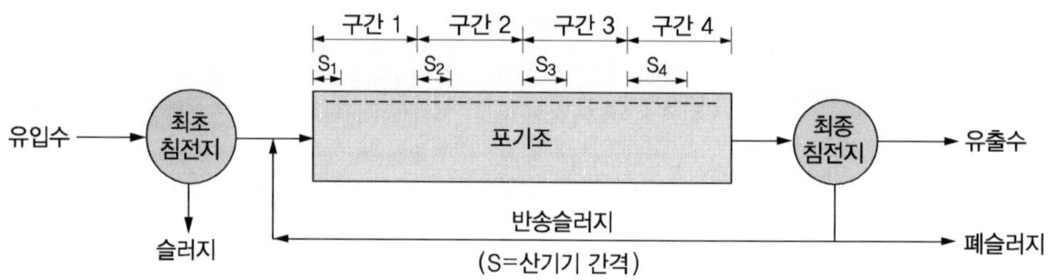

[그림 12.9] 점감포기식 활성슬러지 공정

12.7.4. 단계주입식 포기(Step-feed aeration) 활성슬러지 공정

단계주입식은 재래식 플러그 흐름 공정의 변법으로 침전된 폐수를 포기조의 여러 지점(4곳 이상)에 주입함으로써 F/M 비를 균일하게 유지시켜 최대 산소요구량을 감소시킨다. 일반적으로 3개 또는 그 이상의 수로를 사용하며, 운전의 유연성이 있기 때문에 여러 종류의 폐수에 적용할 수 있다.

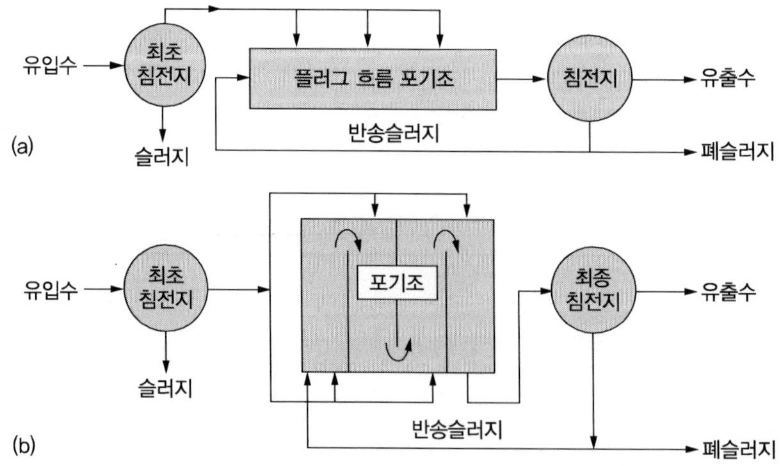

[그림 12.10] 단계주입식 포기 활성슬러지 공정

12.7.5. 접촉안정식(Contact stabilization) 활성슬러지 공정

접촉안정법은 폐수처리와 활성슬러지의 안정을 위하여 2개로 분리된 포기조나 격실을 사용한다. 안정화된 활성슬러지는 유입폐수와 접촉조에서 혼합된다. MLSS는 최종침전지에서 침전되고, 반송슬러지는 유기물의 안정화를 위하여 재포기조(안정화조)에서 별도로 포기된다. 포기조의 크기는 재래식 플러그 흐름에 비하여 50% 이하이다.

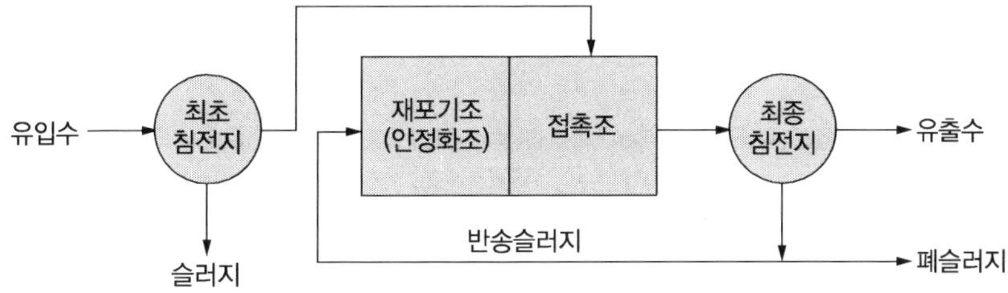

[그림 12.11] 접촉안정식 활성슬러지 공정

12.7.6. 장기포기식(Extended aeration) 활성슬러지 공정

장기포기식 활성슬러지 공정은 재래식 플러그 흐름 공정과 유사하나, 미생물 성장곡선상의 내생호흡단계로 운전되므로 낮은 유기물 부하량과 긴 포기시간이 필요하다. 이 공정은 일반적으로 최초침전지가 생략되고 있으며, 질산화가 필요한 소도시 폐수처리나 package형 처리장에 사용된다.

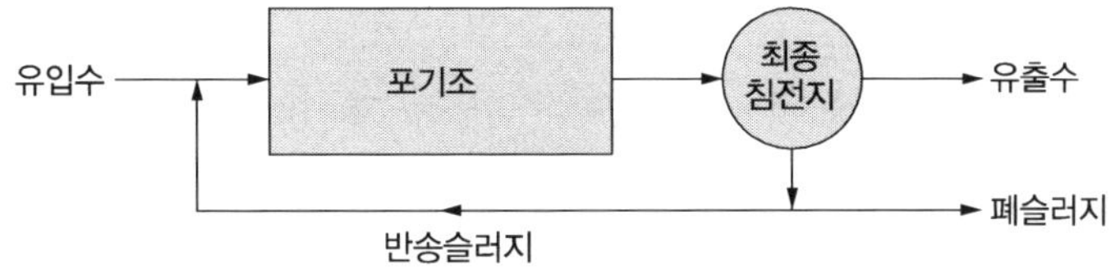

[그림 12.12] 장기포기식 활성슬러지 공정

12.7.7. 순산소식(High-purity oxygen) 활성슬러지 공정

순산소식 활성슬러지 공정은 공기 대신에 산소를 사용한다. 덮개를 씌운 포기조에 산소를 산기시켜 재순환시킨다. 가스의 일부분은 탄산가스 농도를 감소시키기 위하여 폐기시킨다. 토지가 부족한 고농도 폐수처리에 이용하는데 pH 조정이 필요하며, 전달되는 산소량은 재래식 포기장치를 사용하는 것보다 4배 이상 많고, 충격부하에도 강하다.

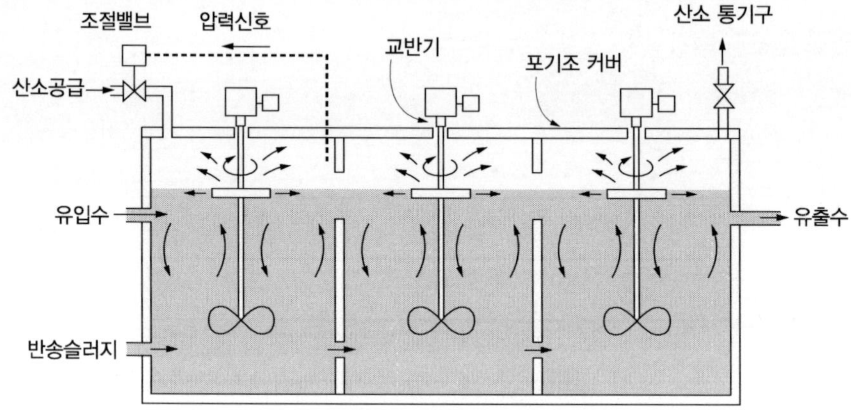

[그림 12.13] 순산소식 활성슬러지 공정

12.7.8. 고율포기식(High-rate aeration) 활성슬러지 공정

고율포기식 활성슬러지 공정은 고농도 MLSS를 높은 용적부하와 결합시킨 변법으로, 높은 F/M 비와 비교적 짧은 수리학적 체류시간에 긴 평균 미생물 체류시간으로 운전하는 방식이다. 산소전달과 플록의 크기 조절을 위한 포기장비가 필요하며, 충분한 혼합이 아주 중요하다.

12.7.9. 산화구식(Oxidation ditch) 활성슬러지 공정

산화구는 원형 또는 타원형의 수로로 되어 있으며, 기계식 포기장치(Rotor)를 설비하고 있다. 걸러진 폐수가 산화구로 주입되어 포기되고, 약 0.25～0.35 m/sec의 속도로 순환된다. 산화구는 일반적으로 긴 HRT 및 SRT의 장기포기식으로 운영된다. 토지가 부족한 소규모 폐수처리에 적용되고, 공정의 유연성이 높다.

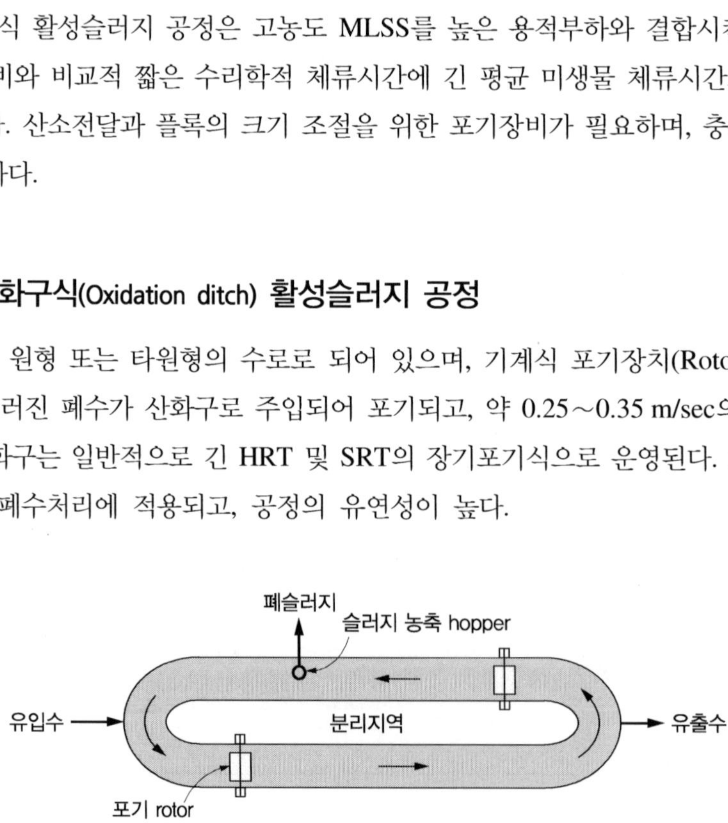

[그림 12.14] 산화구식 활성슬러지 공정

12.7.10. 연속회분식 반응조(Sequencing Batch Reactor : SBR)

연속회분식 반응조는 주입 및 제거(Fill and draw) 형식의 반응장치로 하나의 완전혼합식 반응조에서 활성슬러지 공정의 모든 과정이 일어난다. MLSS는 모든 운전과정 중 반응조 내에 남아 있어서 별도의 최종침전지가 필요 없다. 토지가 부족한 소규모 폐수처리에 적용되고, 공정의 유연성이 높고, 질소와 인의 제거가 가능하다.

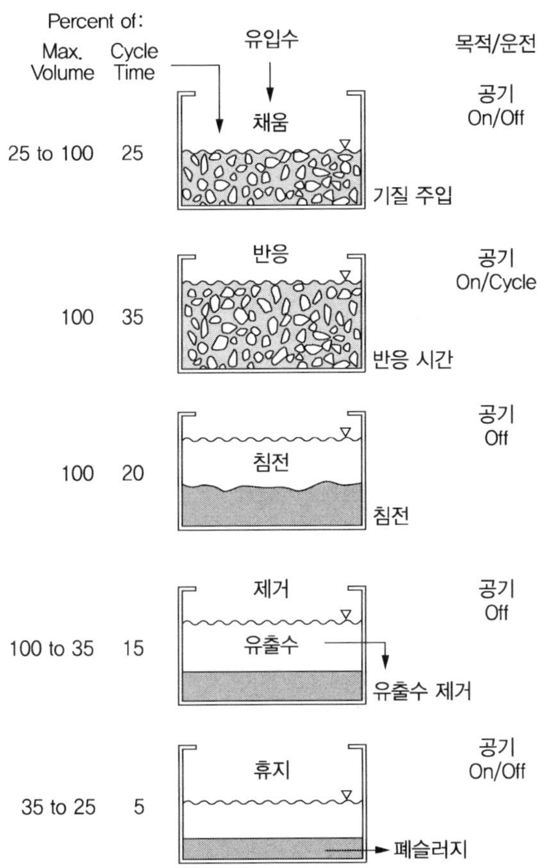

[그림 12.15] 연속회분식 활성슬러지 반응조

12.7.11. 심층포기식 반응조(Deep shaft reactor)

심층포기식 반응조는 깊이 약 120∼150 m의 수직 반응조가 최초(1차)침전지와 포기조를 대신한다. 이 반응조의 내부는 철재로 되어 있으며, 환상의 반응조를 만들어 동심형의 관을 꼭 맞게 설치하였다. MLSS와 공기는 반응조의 중심으로 가압 하강된 후, 중심과

바깥 관 사이로 상승하게 된다. 고농도 폐수처리에 적용되고, 충격부하에도 강하다.

MLSS가 고농도(10,000 mg/L)일 경우에는 용존공기 부상법으로 고액분리를 수행하고, MLSS 농도가 낮을 경우에는 진공탈기(Digasification) 및 재래식 중력 침전법으로 고액분리한다.

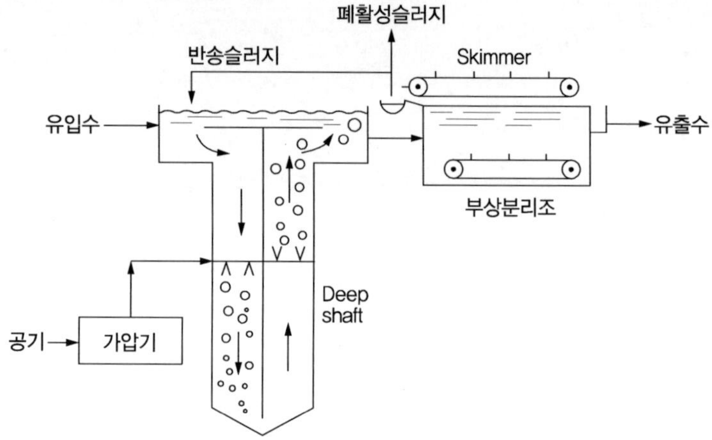

[그림 12.16] 심층포기식 활성슬러지 공정

12.8 운전특성 및 설계변수

활성슬러지 공정의 운전 특성은 <표 12.1>, 설계변수는 <표 12.2>에 나타내었다.

〈표 12.1〉 활성슬러지 공정의 운전특성

공정	흐름 모델	포기설비	BOD 제거효율(%)
재래식	플러그 흐름	산기식, 기계식	80~95
완전혼합식	완전흐름식 혼합조	산기식, 기계식	85~95
단계주입식 포기	플러그 흐름	산기식	85~95
접촉안정식	플러그 흐름	산기식, 기계식	80~90
장기포기식	플러그 흐름	산기식, 기계식	75~95
고율포기식	연속흐름식 혼합조	기계식	75~90
순산소식	연속흐름식 혼합조의 직렬연결	기계식	85~95
산화구식	플러그 흐름	기계식	75~95
연속회분식	간헐흐름식 혼합조	산기식	85~95
심층포기식	플러그 흐름	산기식	85~95

〈표 12.2〉 활성슬러지 공정의 설계변수

공정	체류시간(day)	F/M 비	MLSS (mg/L)		V/Q (h)	Q_r/Q
재래식	5~15	0.2~0.4	1,500~3,000		4~8	0.25~0.75
완전혼합식	5~15	0.2~0.6	2,500~4,000		3~5	0.25~1.00
단계주입식 포기	5~15	0.2~0.4	2,000~3,500		3~5	0.25~0.75
접촉안정식	5~15	0.2~0.6	a	100~3,000	0.5~1.0	0.5~1.5
			b	4,000~10,000	3~6	
장기포기식	20~30	0.05~0.15	3,000~6,000		18~36	0.5~1.5
고율포기식	5~10	0.4~1.5	4,000~10,000		2~4	1.0~5.0
순산소식	3~10	0.25~1.0	2,000~5,000		13	0.25~0.50
산화구식	10~30	0.05~0.30	3,000~6,000		8~36	0.75~1.50
연속회분식	-	0.05~0.30	1,500~5,000		12~50	-
심층포기식	-	0.5~5.0	-		0.5~5.0	-

a = 접촉조, b = 안정화조(재포기조)

12.9 실험방법

활성슬러지 공법은 포기조, 침전조 및 슬러지 반송시설로 구성된다. 즉, 폐수를 지속적으로 포기조에 주입시켜 미생물이 유기물을 섭취 분해하여 성장한 미생물로 응결되게 한다. 응결된 미생물은 최종침전지에서 침전되고, 침전된 슬러지의 일부는 반송되며, 나머지는 폐슬러지가 된다.

활성슬러지 공법은 포기조의 운전이 중요하며, 포기조 내 먹이가 과잉이면 플록형성이 잘 안 되며, 먹이가 감소되면 플록형성과 침강성이 좋아진다. 그러나 과도한 산화는 세포의 활성을 감소시키므로 세포가 적절한 성장단계에 있고, 흡착과 산화의 균형이 이루어지도록 포기조를 운전해야 한다. 이러한 활성슬러지 공법의 설계변수는 유기물 부하의 변동에 따른 제거효율에 관련된 변수에 따라 실험으로 결정해야 한다.

12.9.1. 실험기구

(1) 활성슬러지 연속 실험장치([그림 12.17])

① 포기조
② 반송슬러지 펌프
③ 포기장치 및 교반장치
④ 온도 조절장치
⑤ 침전지

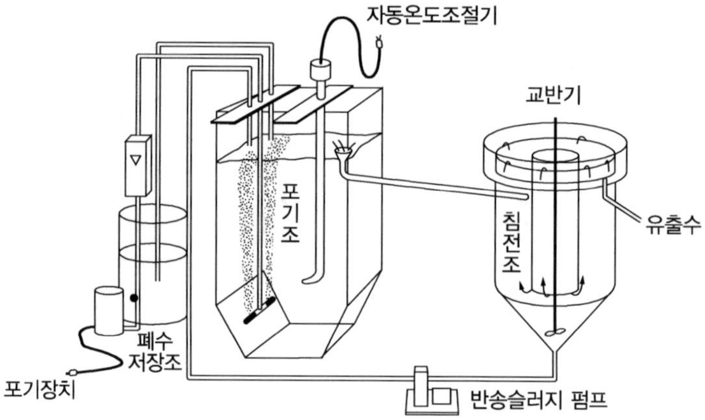

[그림 12.17] 활성슬러지 연속 실험장치

(2) 시료분석 기구

12.9.2. 실험과정

① 순양된 활성슬러지를 실험 장치에 넣고, MLSS를 2,000 mg/L로 조절한다.
② 체류시간에 맞도록 폐수량을 주입하면서 포기시킨다(체류시간은 식 (12.10)을 이용하여 결정한다).
③ 1일 1회 MLSS 농도를 측정하여 포기조에서 배출시킬 잉여슬러지량을 계산한다(보통 포기조 용적의 10%정도를 배출한다).
④ 수시로 유입수 및 유출수의 수질(BOD, COD, SS 등)을 측정하여 포기조가 정상상태가 되면, 포기시간에 따라 최저 1주일 이상의 시료를 채취하여 측정한다.
⑤ 측정이 완료되면 체류시간을 변경하여 ①~④의 조작을 반복한다.

⑥ 포기조의 DO는 0.5 mg/L이상 존재하도록 해야 하며, 3회 이상 반복 실험하여 결과를 산출한다.

12.9.3. 결과정리 및 계산

① 실험결과를 정리한다.

② 운전기간 동안의 유입수와 유출수의 관계를 그래프로 그려서, 포기조의 정상상태 운전 여부를 판단한다.

③ 식 (12.2)로부터 [그림 12.2]의 그래프를 그려서, 기울기로부터 유기물 제거상수(k)를 산정한다.

④ 식 (12.6)으로부터 [그림 12.3]의 그래프를 그려서, 산소이용계수 a'와 b'을 구한다.

⑤ 식 (12.9)로부터 [그림 12.4]의 그래프를 그려서, 슬러지 생산계수 a와 b를 구한다.

CHAPTER

13 살수여상

Trickling Filter

살수여상은 막미생물을 이용하는 공법 중 가장 대표적인 폐수(하수)처리 공법으로, 미생물의 부착이 용이하고, 통수를 원활히 할 수 있는 여재로 충전된 여상에 폐수를 살수하는 방법이다.

살수여상은 관계처리를 대신하여 활성슬러지 공법보다 먼저 개발되어 유럽을 중심으로 보급되어 왔으나, 활성슬러지 공법에 비하여 단위면적당 처리능력이 낮고, 여상의 폐쇄가 빈번하고, 악취가 심하다는 이유 등으로 발전이 늦어지게 되었다.

그러나 이후 기존의 저율 살수여상보다 살수량을 증대시킨 고율 살수여상과 단위면적당 비표면적이 큰 플라스틱 여재가 개발됨에 따라 여재의 폐쇄나 악취는 어느 정도 방지할 수 있게 되었으며, 단위면적당 처리능력이 향상되어 폐수처리 공법으로 기대할 수 있게 되었다.

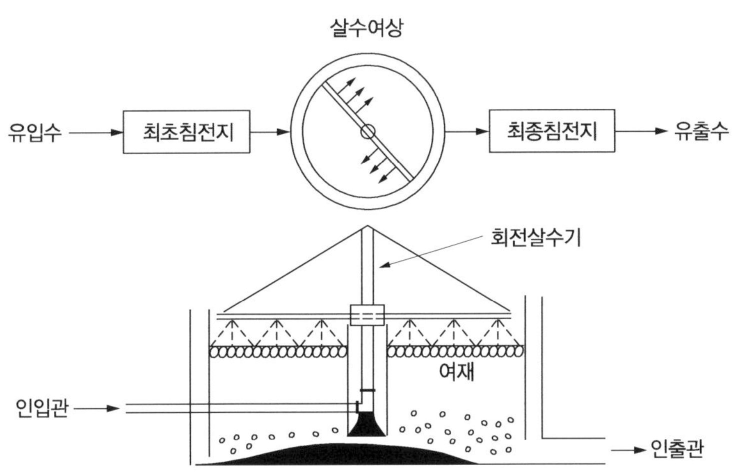

[그림 13.1] 살수여상의 공정도

13.1 살수여상의 원리

살수여상은 여재(매질, 메디아), 살수시설(폐수 분배장치), 하부배수시설로 구성된다. 살수여상은 정화미생물을 고정된 여상에 부착시켜 상부에서 폐수를 살포함으로써 폐수가 여재표면을 유하하는 동안 유기물의 흡착, 생물막 내 산소의 확산, 생물산화 등의 작용에 의하여 오염물질이 분해된다. 폐수가 여재표면을 얇은 막상으로 유하함으로써 분산 플록이 존재할 여지가 없고, 고정 생물막에 의하여 정화되기 때문에 근래에는 살수여상을 고정 생물막법(Fixed biofilm process)이라 부르기도 한다.

살수여상은 여재 표면에 혼합 미생물군이 부착, 성장하여 생물막층을 이루고 있는 여재(매개체)로 구성되고, 폐수는 박테리아, 원생동물, 기타 미생물이 형성되어 있는 여상을 통과한다. 생물막층의 두께가 두꺼워질수록 산소는 생물막층 깊숙이 침투하지 못하는데, 산소가 결핍되면 여재 표면 근처에서 혐기성 최종부산물이 생성되고, 여상에 수리학적 부하가 걸리게 되면 생물막의 탈리가 발생한다. 그 결과 탈리가 발생된 여재 표면은 다시 새로운 생물막층이 형성되며, 이러한 과정이 살수여상 운전과정에서 지속적으로 반복된다. 살수여상 처리에서 살수장치의 분사 노즐이 폐쇄되는 것을 막기 위해서는 최초침전지에 설치된 스컴 제거장치에서 스컴이 충분히 제거되도록 해야 한다.

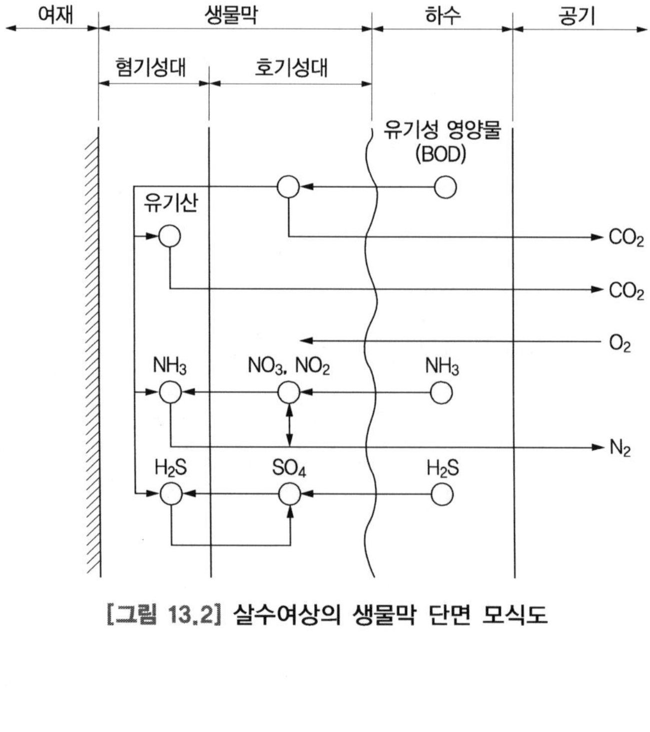

[그림 13.2] 살수여상의 생물막 단면 모식도

13.1.1. 여재

이상적인 여재는 단위면적당 비표면적이 크고, 가격이 저렴하며, 내구성이 좋고, 쉽게 폐쇄되지 않은 물질이 바람직하다. 여재는 쇄석, 자갈, 깨진 돌, 슬래그, 안트라사이트 등이 사용되며, 여재의 최소 직경은 25 mm 이상이 바람직하다.

최근에는 개발된 PVC로 만들어진 여재나 기타 합성여재는 단위체적당 최대 비표면적을 가지도록 설계된다. 이러한 합성여재는 일반여재에 비하여 깊게 충전할 수 있어서 살수여상의 부지면적을 줄일 수 있다.

[표 13.1] 살수여상용 여재의 종류와 특성

여재의 종류	공칭규격 (mm)	단위중량 (kg/m^3)	비표면적 (m^2/m^3)	공극율 (%)
화강암 쇄석	25～75	1440	60	46
용광로 슬랙	50～75	1080	65	49
Bulk형 플라스틱	40×80	65	100～200	93～96
모듈형 플라스틱	600×500×1000	35～60	80～200	94～97
Redwood 모듈	1200×1200×500	150～175	45～50	70～80

13.1.2. 살수시설

회전식 살수기는 유지관리가 용이하고 신뢰성이 높기 때문에 가장 널리 이용되고 있다. 회전식 살수기는 여상의 중심부에 2개 또는 그 이상의 회전암을 장착한 수직회전축으로 되어 있는데, 각 회전암에는 폐수를 살수하기 위한 노즐 및 오리피스가 설치되어 있다. 노즐은 암(Arm)에 똑같은 방향으로 위치하고 있어 노즐을 통하여 살수된 폐수의 반발력에 의해 암이 회전하게 된다.

살수장치와 여상 상층부의 간격은 15～25 cm 정도로 유지되는데, 그 이유는 노즐로부터 분사된 폐수를 여상에 균일하게 살수시키고, 또한 겨울철에 결빙으로부터 살수장치를 보호하기 위한 것이다.

13.1.3. 하부배수시설

살수여상의 배수시설은 여상을 통과한 폐수와 여상으로부터 탈리된 고형물을 최종처리 공정까지 운반하고, 여상을 호기성 상태로 유지하기 위하여 공기를 통풍시키는 역할을 한다. 하부배수시설은 점토성 블록에 특별히 고안한 집수공을 설치하여 폐수가 집수되도록 되어 있으며, 여재를 지지하는 역할도 한다. 하부배수시설을 통한 통풍은 폐수의 수온과 대기와의 온도차에 의해서 발생하는 대류현상에 의하여 이루어지며, 여상의 깊이가 깊거나 부하가 큰 경우에는 강제통풍을 실시하는 것이 바람직하다.

13.2 살수여상의 분류

살수여상에서 처리할 수 있는 부하량은 여상생물의 유기물 분해능력과 관계된다. 그러나 여상의 생물량 측정이 곤란하여 실용적이 아니다. 생물량 대신에 여재량을 이용하여 유입 BOD량을 여재 체적으로 나눈 값을 살수여상의 BOD 부하라 한다.

$$L_A = \frac{Q\ S_o + R\ S_e}{V} \times 10^{-3} \tag{13.1}$$

여기서 L_A = 살수여상의 BOD부하(kg/m^3/day)

Q = 유입수량(m^3/day)

S_o = 유입수의 BOD(mg/L)

R = 순환유량(m^3/day)

S_e = 순환수의 BOD(mg/L)

V = 여재 체적(m^3)

살수 부하는 유입폐수의 BOD를 고려하여 결정하는데, 살수량이 적당하면 폐수는 여재표면을 막상으로 둘러싸서 흐르나, 유량이 많게 되면 생물막에 접촉하여 유하하는 부분이 많게 되어 유효접촉 시간이 짧게 된다. 또한 살수량이 과대하면 여재의 공극에 폐수가 충만하여 연못화를 일으키므로 살수량은 상한이 존재한다.

$$L = (1 + r)\ \frac{Q}{A} \tag{13.2}$$

여기서 L = 살수 부하(m^3/m^2/day)

r = 순환비(R/Q)
A = 여상 면적(m^2)

살수여상은 유기물 부하나 살수 부하에 따라 저율 및 고율 살수여상 등으로 분류한다.

13.2.1. 저율 살수여상

저율 살수여상은 유입수의 강도가 변화하여도 일정한 유출수의 수질을 유지할 수 있는 비교적 간단한 처리공정이다. 유기물 부하가 0.07~0.22 kg-BOD/m^3-day로 낮아 BOD 제거효율이 80~90%로 높고, 처리수의 농도는 12~25 mg/L 정도이며, 질산화도 잘 이루어진다. 폐수의 반송은 원칙적으로 실시하지 않으며, 폐수의 유입이 없는 야간에만 운전하고, 동력비가 적게 소요된다.

대부분의 저율여상에서는 여과상 여재의 상부 0.6~1.2 m에서만 감지할 수 있을 정도의 생물막층이 형성된다. 그러므로 여상의 저층부는 질산화 박테리아가 성장하게 되어 질산화가 잘 이루어진다. 살수여상 파리(Psychoda)는 효과적인 제어가 이루어지지 않으면 여상에서 번식한다.

13.2.2. 고율 살수여상

고율 살수여상은 저율 살수여상에 비하여 살수 부하나 유기물 부하가 높은 여상으로 BOD 부하가 높고, 여상 표면적당 많은 폐수량을 적용시킬 수 있다. 폐수를 100~200% 정도 반송하여 처리수질의 개선, 여상파리의 번식을 억제하거나 살수량의 조절을 꾀할 수 있다. 폐수의 반송은 여상 유출수나 침전지 유출수를 이용할 수 있는데, 침전지 유출수를 이용할 경우에는 침전지의 월류 부하를 상승시킬 수 있으므로 대부분 여상 유출수를 이용한다.

13.2.3. 초고율 살수여상

초고율 살수여상은 플라스틱 여재를 주로 이용하며, 여상의 높이는 3~12 m 정도이고, 보조처리 또는 전처리 시설로 이용되기도 하며 초벌여상과 유사하다.

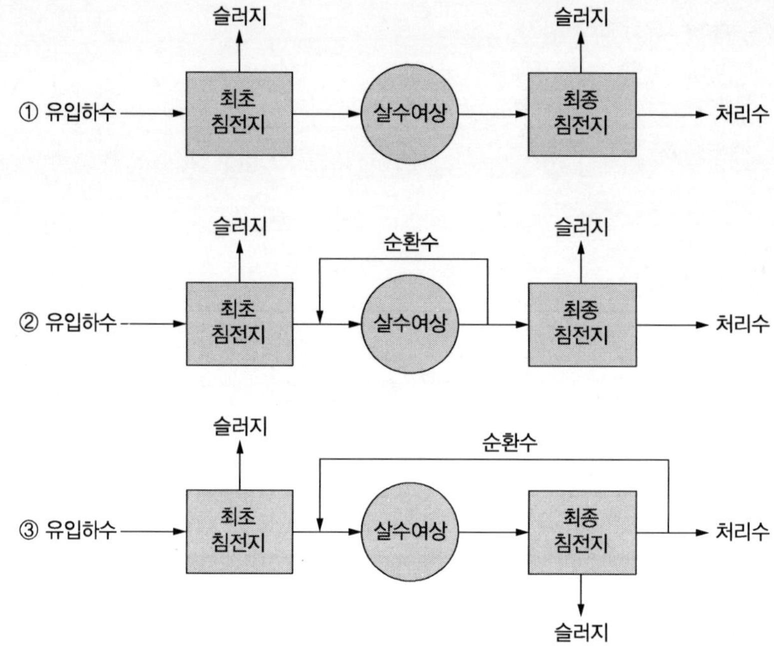

(a) 단일여상의 흐름도

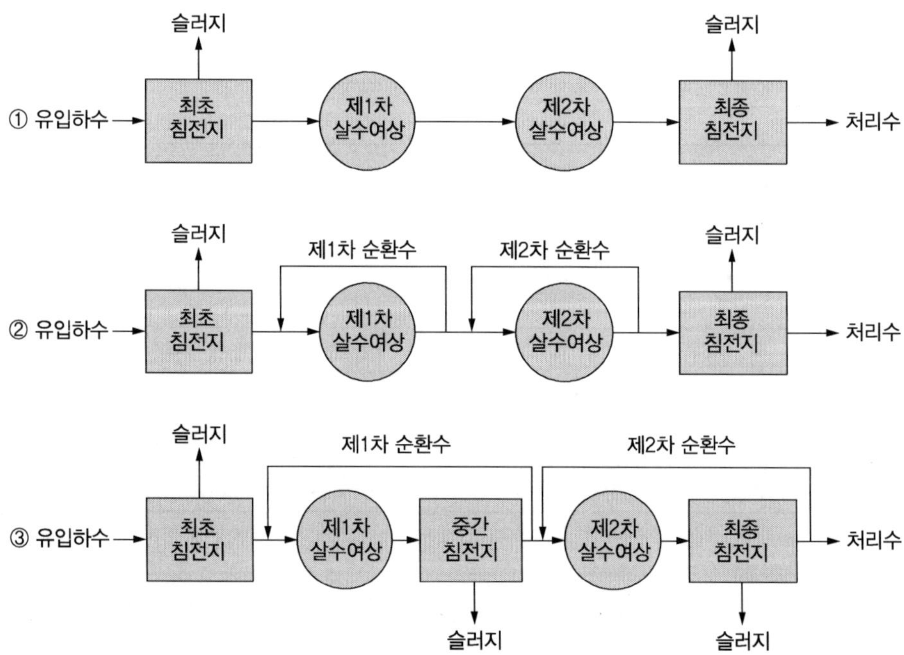

(b) 이단여상의 흐름도

[그림 13.3] 전형적인 살수여상의 공정도

13.2.4. 초벌여상

초벌여상은 고율 살수여상으로 2차 처리 이전의 폐수를 처리하기 위하여 사용된다. 초벌여상은 대부분 플라스틱 여재를 사용하며, 활성슬러지 포기와 비교할 때 고농도 폐수의 BOD 제거에 에너지가 적게 필요하다는 이점이 있다.

〈표 13.2〉 살수여상의 전형적인 설계자료

설계인자	저율 (표준율)	중간율	고율	초고율	초벌여상
여재 종류	쇄석	쇄석	쇄석	플라스틱	쇄석/ 플라스틱
살수 부하 ($m^3/m^2/day$)	1∼4	4∼10	10∼40	10∼75	40∼200
유기물 부하 ($kg \cdot BOD/m^3 \cdot day$)	0.07∼0.22	0.24∼0.48	0.4∼2.4	0.6∼3.2	>1.5
재순환율	0	0∼1	1∼2	1∼2	0∼2
여상 파리	많음	다양	적음	적음	적음
깊이(m)	1.8∼2.4	1.8∼2.4	1.8∼2.4	3.0∼12.2	0.9∼6.0
BOD 제거효율(%)	80∼90	50∼80	50∼90	60∼90	40∼70
유출수 수질	질산화 잘됨	부분적 질산화	질산화 안됨	질산화 안됨	질산화 안됨
전력소모(kw/m^3)	2∼4	2∼8	6∼10	6∼10	10∼20
생물막 탈락	간헐적	간헐적	연속적	연속적	연속적

13.3 유기물 제거

살수여상의 효율에 영향을 미치는 인자에는 여재의 깊이와 구조, 기질의 특성, 여재의 비표면적, 수리학적 표면부하, 온도 등이 있다. 살수여상의 유기물 제거를 플러그 흐름(Plug flow) 반응기로 가정하고, 1차반응의 동역학적 계수를 적용하여 해석하면 식(13.3)과 같다.

$$\frac{S_e}{S_o} = e^{-k A_v t} \tag{13.3}$$

여기서 S_e = 용해성 기질의 유출수 농도(mg/L)

S_o = 용해성 기질의 유입수 농도(mg/L)

k = 유기물 제거상수

A_v = 여재의 비표면적(m^2/m^3)

t = 여상 깊이를 통한 운전시간(day)

식 (13.3)에서 부하 유량이 깊이에 독립적이라 가정하면, 여상여재의 단위면적당 유량으로서 시간을 다시 정의할 수 있다.

$$t = C\left(\frac{D}{q^n}\right) \tag{13.4}$$

여기서 C, n = 여재를 특성화하는 상수

D = 여재 깊이

q = 수리학적 표면부하($m^3/m^2/min$)

식 (13.3)을 적절하게 변형하면 식 (13.5)와 같다.

$$\frac{S_e}{S_o} = e^{-k_1 A_v \left(\frac{D}{q^n}\right)} \tag{13.5}$$

여기서 $k_1 A_v = k$로 나타내면, 식 (13.5)는 식 (13.6)과 같다.

$$\frac{S_e}{S_o} = e^{-k\left(\frac{D}{q^n}\right)} \tag{13.6}$$

유기물 제거상수(k)는 온도에 따라 변동하므로 효율을 예측하려면, 식(13.7)로 보정해야 한다.

$$k_2 = k_1\ \theta^{(T_2 - T_1)} \tag{13.7}$$

여기서 k_1 = 온도 T_1에서 유기물 제거상수

k_2 = 온도 T_2에서 유기물 제거상수

T_1, T_2 = 물의 온도(℃)

θ = 온도계수 (θ = 1.035～1.072)

실험 자료로부터 여재와 유기물 제거상수를 구하기 위한 도해적 방법을 사용하기 위해서, 식 (13.5)를 변형하면 다음 식과 같다.

$$\ln \frac{S_o}{S_e} = k_1 A_v \left(\frac{D}{q^n} \right) \tag{13.8}$$

$$\log\left(\ln \frac{S_o}{S_e} \right) = \log\ k_1 + \log A_v\ D - n \log q \tag{13.9}$$

살수여상의 일정한 깊이와 비표면적에서 수리학적 부하의 관계를 [그림 13.4]에 제시하였고, 식 (13.9)에 따라 직선의 기울기는 n을 나타낸다.

유기물 제거상수(k_1)은 계수 A_v와 D를 알면 [그림 13.4]의 절편으로부터 계산할 수 있으나, 식 (13.8)에 의하여 [그림 13.5]를 그려서 기울기로부터 k_1을 구할 수 있다.

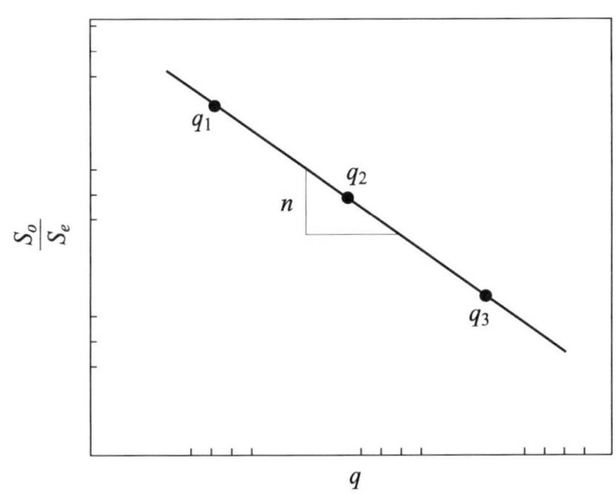

[그림 13.4] 양대수지 그래프에서 계수 n의 산정

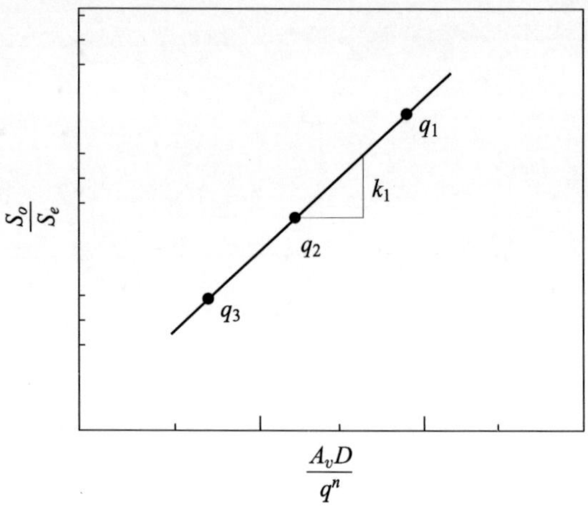

[그림 13.5] 반대수지 그래프에서 k_1의 산정

예제 13.1

온도가 20℃인 조건에서 살수여상을 운전하여 다음 표와 같은 실험 결과를 얻었다.
식 (13.6) $\left[\frac{S_e}{S_o} = e^{-k\left(\frac{D}{q^n}\right)}\right]$의 상수 k와 n값을 구하시오.

살수 부하($m^3/m^2/day$) / 깊이(m)	여상 깊이별 BOD 제거효율(%)			
	0.5	1.0	1.5	2.0
1.5	19	16	13	7
3.0	35	27	21	17
4.5	49	38	31	25
6.0	58	46	38	31

풀이

상기 표에 제시된 BOD 제거효율, 여상의 깊이, 살수 부하로부터 k와 n값을 구하기 위하여 식 (13.6)을 정리하면 $\ln\left(\frac{S_o}{S_e}\right) = k(D/q^n)$이다. 이 식에서 $\ln\left(\frac{S_o}{S_e}\right) = y$, $k\frac{1}{q^n} = a$, $D = x$ 로 놓고, 최소자승법으로 기울기 a를 구하면 다음 표와 같다(참고로 S_e/S_o값은 표의 여상 깊이별 BOD 제거효율$(=(S_o - S_e)/S_o)$로부터 구한다).

	살수 부하($m^3/m^2/day$)							
	0.5		1.0		1.5		2.0	
	x	y	x	y	x	y	x	y
	1.50	0.21	1.50	0.17	1.50	0.14	1.50	0.07
	3.00	0.43	3.00	0.31	3.00	0.24	3.00	0.19
	4.50	0.67	4.50	0.48	4.50	0.37	4.50	0.29
	6.00	0.87	6.00	0.62	6.00	0.49	6.00	0.37
a	0.148		0.10		0.08		0.07	
$a=\dfrac{N\Sigma xy-\Sigma x\Sigma y}{N\Sigma x^2-\Sigma x\Sigma x}$								

따라서 $k\dfrac{1}{q^n}=a$ 이므로,

각각의 살수 부하에 대하여 계산하면 : $\dfrac{k}{0.5^n}=0.148$, $\dfrac{k}{0.10^n}=0.10$, $\dfrac{k}{1.5^n}=0.08$, $\dfrac{k}{2.0^n}=0.07$ 이므로 각 식을 연립하여 풀면, 평균 $k=0.1$, $n=0.54$ 정도이다.

13.4 살수여상 운영의 문제점 및 대책

살수여상의 구조는 장방형, 정방형, 원형 등이 있으며, 일반적으로 원형이 주로 채용된다. 살수는 장방형이나 정방형의 경우에는 주행살수기나 고정노즐을 이용하며, 원형의 경우에는 회전식 살수기를 이용한다.

여상 내 생물상은 활성슬러지 공법과 같이 세균, 진균, 조류, 원생동물 및 각종 유충으로 구성되어 있다. 미생물은 여상 내 막의 형태로 존재하므로 세대기간이 긴 고등한 포식자가 활성슬러지 공법에 비하여 많이 존재한다. 이 결과 먹이연쇄의 고리가 잘 발달하여 기질의 슬러지 전환율은 매우 적다. 그러나 하등한 세균류의 감소로 활성슬러지 공법과 같이 양호한 처리수를 기대하기는 어렵다.

13.4.1. 연못화

연못화(Ponding)란 여재 표면에 물이 고이는 현상으로, 그 원인은 다음과 같다.

① 여재가 너무 작고 균일하지 않을 경우

② 여재가 견고하지 못하여 온도차에 의하여 부서지는 경우

③ 최초 침전지에서 현탁고형물이 충분히 제거되지 않을 경우

④ 유기물 부하량이 과도할 경우
⑤ 미생물 점막이 과도하게 탈리되어 공극을 폐쇄시키는 경우

이에 대한 대책은 다음과 같다.
① 여상 표면의 여재를 잘 긁어주거나, 고압 수증기로 세척할 것
② 물이 고인 표면에 살수를 중단하고, 계속적으로 폐수를 유입시킬 것
③ 여상을 1일 이상 폐수에 담가둘 것
④ 잔류농도 5 mg/L 정도의 고농도 염소를 1주 간격으로 적용할 것
⑤ 별도의 처리시설이 있을 경우에는 유입폐수를 그쪽에서 처리하고, 연못화된 여상을 1일 이상 건조할 것
⑥ 최종적으로 여상의 여재를 새로운 것으로 교체할 것

13.4.2. 파리의 번식

여름철에는 크기가 작은 Psychoda종의 여상 파리가 발생하여 작업에 불편을 주거나 인근 주택가로 날아가 불쾌감을 조성한다. 그 원인으로는 여재의 미생물막이 과도하게 성장했거나, 간헐적인 살수의 영향이다. 이에 대한 대책으로는 계속적인 살수, 미생물 점막의 과도한 성장 방지, 1주 간격으로 여상을 24시간 침수, 1～2주 간격으로 유입폐수의 잔류염소 농도를 0.5～1.0 mg/L로 유지, 4～6주 간격으로 살충제 살포 등의 방법이 있다.

13.4.3. 냄새

여상에 충분한 산소공급이 이루어지지 않아 혐기성이 될 경우에는 냄새가 발생된다. 이 경우에는 순환수를 증가시켜서 유입되는 유기물의 농도를 감소시키거나, 통풍로를 청소하여 환기가 잘 되도록 하여 호기성을 유지해야 한다.

13.4.4. 동결

동절기에 여상 표면이 동결되면 폐수의 유통을 방해하여 운전에 어려움을 준다. 이 경우에는 순환수량을 감소 또는 중단하거나, 2단 여상인 경우에는 각 여상을 병렬로 배치하여 운전하거나, 여상에 균등하게 폐수를 살수하거나, 방풍벽, 방풍림 등으로 바람을 막아 동결을 방지해야 한다.

13.5 고정여재 시스템의 변형

13.5.1. 회전원판법(Rotating Biological Contactor : RBC)

회전원판법은 1950년대 독일에서 연구가 시작되어 미국으로 전파되었으며, 고정생물막 반응기의 또 다른 형태이나 공정의 성격은 살수여상과 비슷하다.

RBC는 회전중심축에 원판을 부착하여 원판이 원형조 내에 약 40% 정도가 침수할 수 있도록 설치되어 있으며, 원판은 침수 시 폐수가 원판과 원판을 통과할 수 있는 충분한 간격으로 설치되어 있다. 원판이 반응조 내에서 회전하게 되면 원판 표면에 미생물이 부착 성장하게 되어 서서히 원판의 모든 습윤 표면에 생물막이 형성된다. 원판이 주기적으로 회전(1.0～1.6 rpm)하게 되면, 미생물막은 폐수 내의 유기물과 접촉하게 될 뿐만 아니라 대기 중의 산소를 흡수하게 된다. 이러한 원판의 회전으로 산소가 전달되고, 미생물은 호기성 조건을 유지하게 된다. 원판의 회전에 의한 전단력에 의하여 원판으로부터 잉여 고형물을 제거하고, 탈리된 고형물을 부유상태로 유지시켜 반응조로부터 침전조로 전달하는 기능을 한다.

RBC는 2차 처리수의 질산화 또는 낮은 용해성 BOD 부하에서 BOD 제거와 함께 질산화가 동시에 일어나는 생물막 공법으로 사용될 수 있고, 3차 처리를 위한 질산화 과정의 설계에도 사용될 수 있다.

RBC의 특성에는 운전이 용이하고, 적은 슬러지 발생량, 휴지기간에 대한 대응력, 낮은 운전유지비, 낮은 처리효율과 처리수의 높은 탁도 등이 있다.

RBC공정의 설계에서 고려해야 할 사항에는 회전원판조의 단계구분, 부하기준, 유출수의 성상, 최종 침전지 설치여부 등이 있다.

(1) RBC의 영향인자

RBC 공정에 영향을 미치는 인자에는 온도, 산소공급, 원판의 회전속도, 조의 용적 등이 있다.

RBC는 온도의 변화에 매우 민감하기 때문에 눈, 비, 직사광선으로부터 잘 보호해야 하며, 폐수 온도가 13℃ 이하로 유지되면 유기물 제거효율이 감소될 수 있으므로 저온의 영향을 보정하기 위하여 요구되는 표면적을 증가시킬 필요가 있다.

산소공급은 살수여상과 동일하게 RBC의 설계에서도 고려되어야 한다. 만약 산소공급이 제한된다면 처리성능에 문제가 발생하고, 최악의 경우에는 유기물이 급격이 증가하게 되어 기질을 제거하는 미생물의 증식을 저해하게 된다. 따라서 산소공급이 제한되는 상태를 방지하기 위한 한 방법으로 단위표면적당 기질제거 속도를 산소공급이 제한되는 값 이하로 유지시킬 필요가 있다.

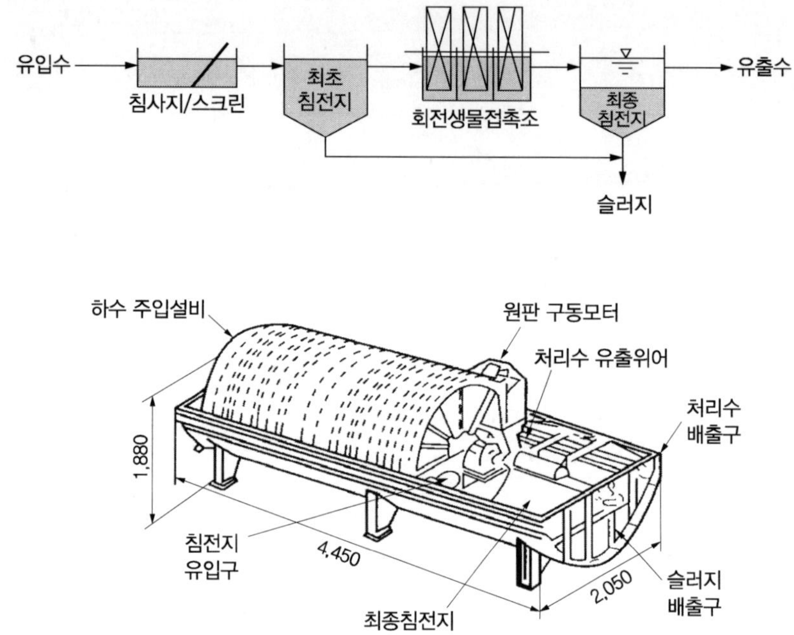

[그림 13.6] 회전원판 여상

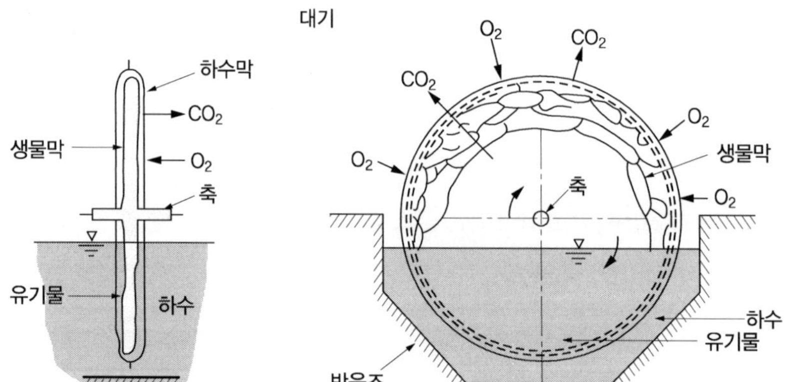

[그림 13.7] 회전원판 표면과 정화기구 모식도

원판의 회전속도는 반응기의 질량 전이특성에 영향을 미치고, 조의 용적은 폐수의 체류시간을 결정하는 중요한 영향 요소이다.

(2) RBC의 장단점

RBC의 장점은 살수여상의 장점과 유사하나, 주요한 장점에는 약간의 차이가 있다. 생물막은 폐수가 생물막 위를 통과하는 것보다 폐수를 관통한다. 이것은 유입수의 수량에 관계없이 모든 미생물이 충분히 젖게 되므로 재순환할 필요가 없다. 또한 생물막과 폐수 사이의 접촉강도는 원판의 회전속도로 조절할 수 있으므로 생물막의 두께를 인위적으로 조절할 수 있다. 산소공급 속도는 몇몇의 경우에는 추가 포기가 유리하지만, 회전속도를 변경하면 조절이 가능하다.

RBC 처리에서는 고형물의 재순환이 필요하지 않으므로, 불활성 고형물이 반응조 내에 축척되지 않아 최종침전지에서 고형물의 높은 질량부하에 대응할 필요가 없다. 또한 콜로이드성 부유물질의 산화가 발생하지 않기 때문에 슬러지 생산량은 활성슬러지 처리와 거의 같으나 슬러지 처분 비용은 클 수도 있다.

RBC의 문제점으로는 구동축의 파손, 원판 파손, 베어링 파손, 악취 등이 있다.

(3) BOD 부하와 체류시간

BOD 부하는 수리학적 부하 및 체류시간과 함께 RBC 처리에 관계되는 변수이다. BOD 부하는 회전원판 단위면적당 1일 BOD 양으로 정의한다.

$$L_A = \frac{Q_s\ C_s}{A} \tag{13.10}$$

여기서 L_A = BOD 부하(g/m^2 · day)

Q_s = 계획폐수량(m^3/day)

C_s = 반응조 유입수의 평균 BOD 농도(mg/L)

A = 유효 원판면적(m^2)

회전원판의 소요면적은 BOD 부하를 기초로 식 (13.10)으로 계산한다. BOD 부하는 유입수의 BOD 농도와 처리목표 수질에 따라 정한다. 그러나 회전원판의 소요면적을 수리학적 부하를 기초로 설계할 경우도 있다. 수리학적 부하는 회전원판 단위면적당 1일

공급되는 폐수량으로 정의하고, 식 (13.11)과 같이 표현할 수 있다.

$$I = \frac{Q_s}{A} \times 10^3 \tag{13.11}$$

여기서 I = 수리학적 부하($l/m^2 \cdot day$)

식 (13.10)과 식 (13.11)에서 BOD 부하에 대하여 정리하면, 식 (13.12)와 같다.

$$L_A = C_s \, I \times 10^3 \tag{13.12}$$

또한 체류시간은 식 (13.13)과 같다.

$$T = \frac{V}{Q_s} \times 24 = 24{,}000 \, \frac{V}{A} \frac{1}{I} = 24 \, G \frac{1}{I} \tag{13.13}$$

여기서 T = 체류시간(hr)
V = 반응조의 실용적(반응조의 용적에서 회전원판의 침전부 체적을 뺀 값, m^3)
G = 액량면적비(l/m^2)

액량면적비는 반응조의 실용적과 회전원판 면적과의 비이다. 일반적으로 회전원판의 액량면적비는 5 l/m^2이상이 많다.

13.5.2. 호기성 침지여상(Aerobic Submerged Biofilter)

침지여상의 전체 공정은 [그림 13.8]과 같이 최초침전지, 침지여상(생물반응조), 최종침전지로 구성되어 있다. 침지여상은 수중에 여재를 충전하여 침지시킨 생물반응조이며, 호기성과 혐기성 여상으로 분류된다. 호기성 여상의 산소공급 방식은 여상의 하부에서 직접 공급하는 직접포기식과 별도의 조에서 유입폐수를 미리 포기하여 공급하는 간접포기식이 있다.

폐수의 흐름은 일반적으로 상향류이며, 산소공급이나 처리수의 개선을 위하여 순환류

방법을 주로 채용한다. 운전이 지속됨에 따라 두꺼워진 생물막은 수류의 속도나 공기의 부상에 따른 전단력에 의하여 연속 탈리되는 것이 원칙이지만, 그렇지 못한 경우에는 순환유량을 증가시키거나 공기 공급량을 증가시켜 탈리시키며, 탈리된 슬러지는 최종침전지에서 제거된다.

침지여상에 충전된 여재는 살수여상의 충전재와 같이 견고하고, 미생물 부착이 용이한 표면특성과 다량의 미생물이 부착할 수 있도록 비표면적이 커야 한다. 또한 공극율이 크고, 통수저항이 크며, 경제적으로 쉽게 구할 수 있어야 한다. 일반적으로 사용되는 여재는 벌집형이나 망상(網狀)의 모듈, net-ring형 또는 bulk형의 플라스틱 제품, 돌 등이 있다.

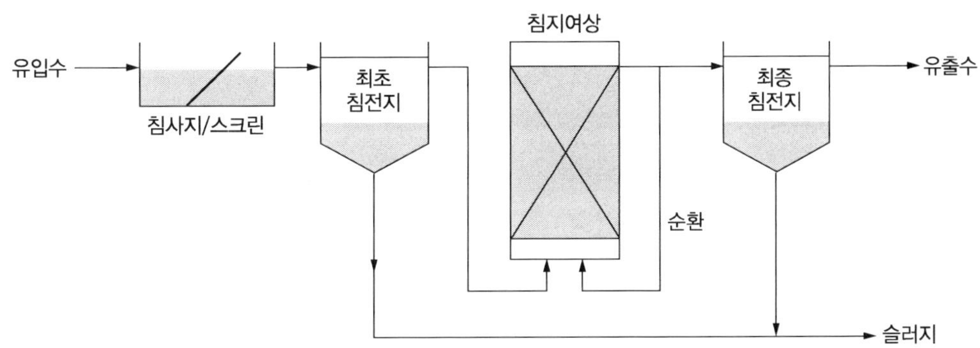

[그림 13.8] 침지여상의 공정도

13.5.3. 유동상(Fluidized Bed)

유동상은 반응조 내에 모래와 같은 작은 입자를 충전하고, 폐수를 상향류로 흐르게 하여 이들 입자를 유동시키고, 유동입자의 표면에 형성된 미생물막을 이용하여 폐수를 처리하는 공법이다.

유동상은 1970년대 초에 고정층 반응기의 폐색현상(Clogging)과 큰 손실수두 문제를 해결하기 위하여 연구되었다. 현재 유동상은 질소제거뿐만 아니라 혐기성, 호기성 조건에서 유기탄소원의 제거, 슬러지 소화 등에도 이용되고 있다.

유동상 공정은 [그림 13.9]과 같이 최초침전지, 유동상, 최종침전지로 구성된다. 생물막이 두꺼워지면 조 외에 설치된 탈리장치를 이용하여 연속적으로 탈리하며, 생물막이 탈리된 여재(메디아)는 조 내로 재충전된다. 이 경우 탈리된 생물막은 SS로 유출되는데 그 농도가 매우 낮다. 따라서 최종침전지에서 소거할 수도 있으며, 처리수는 산소공급이나 여재의 유동을 위하여 재순환시키는 것이 일반적이다.

이 공법은 막미생물을 이용하는 다른 공정에 비하여 매우 작은 여재를 이용하므로 미생물 부착에 제공되는 비표면적이 매우 크며, 단위용적당 미생물의 농도는 8,000~14,000 mg/L정도로 매우 높다. 따라서 폐수의 처리속도가 매우 빠르고, 소규모 처리장에 유리하다.

유동상에 충전되는 여재는 입경이 작은 모래, 활성탄, 안트라사이트(무연탄) 등이 이용되는데, 이들 여재는 미생물의 부착 및 부착된 미생물의 탈리가 용이해야 한다. 생물막의 탈리는 탈리전용의 원심력 펌프를 이용할 수 있는데 활성탄이나 안트라사이트는 모래에 비하여 생물막이 형성되기 쉬운 반면 생물막의 탈리 시 여재가 손실되는 단점이 있다.

유동상은 공기 공급의 유무에 따라 혐기성 유동상과 호기성 유동상으로 분류할 수 있다. 또 호기성 유동상은 산소원의 유무에 따라 순산소식과 공기식, 공기의 공급방식에 따라 직접포기식, 간접포기식, 직접포기에 간접포기를 가미한 병용식이 있으며, 그 외에 공기부상식, 압축공기식 등 다양한 유형이 있다.

유동상은 막미생물 공법의 안정성과 부유미생물 공법의 처리 효율성을 동시에 나타내며, 다음과 같은 특성을 가진다.

① 모래와 같이 입경이 작은 여재를 이용하므로 미생물 부착에 제공되는 비표면적이 매우 크고, 상대적으로 미생물막이 얇아 부유미생물과 같은 고활성 미생물을 유지할 수 있다.

② 고부하 운전이 가능하고, 순환유량이 많기 때문에 운전이 가능한 부하범위 내에서 고농도 폐수를 처리할 수 있으며 처리시간도 짧다.

③ 설치면적이 재래식 활성슬러지 공법의 1/5 정도로 적어서 경제적이며, 최종침전지의 용적을 대폭 줄일 수 있고, 저부하 시에는 침전지를 소거할 수도 있다.

④ 충전입자의 직경, 충전밀도, 상승유속 등을 조절함으로써 미생물막의 두께나 미생물 농도를 쉽게 조절할 수 있어 운전이 용이하고, 상의 폐색이나 bulking의 우려가 없고, 역세척이 필요하지 않다.

⑤ 긴 SRT로 인하여 고등미생물이 대량 번식하며, 이들의 포식작용으로 슬러지 발생량이 적다.

⑥ 폐수가 유입되지 않을 경우에는 처리수의 순환만으로 별 문제없이 상당기간을 운전할 수 있다.

⑦ 다른 막공법에 비하여 높은 처리효율을 나타내며, 처리수의 탁도도 낮다.

⑧ 생물막의 형성과 유지를 위하여 여재의 균일한 유동이 요구되는데, 유동상을 대형화할 경우에는 상 전체를 균일하게 유동시키기 어려워 실용화에 지장이 있다.

⑨ 낮은 상승유속으로 bioparticle의 합체현상이 발생하여 생물막의 비표면적이 감소

할 수 있으므로 일정치 이상의 순환유량이 요구된다.

⑩ 상의 저부에서 입자 간의 마찰 또는 탈리과정에서 여재의 손상 및 손실이 크다.

이와 같이 유동상을 처리효율과 장치의 규모로 판단하면, 대규모 처리장보다는 소규모 처리장에서 그 활용이 기대된다.

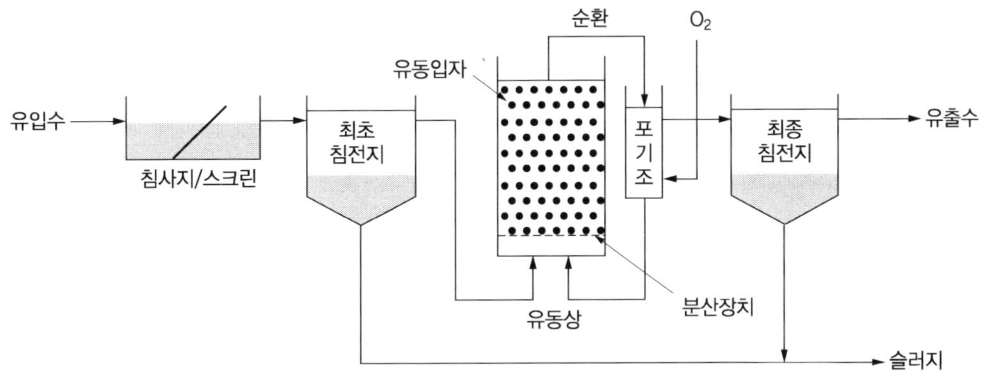

[그림 13.9] 유동상의 공정도

13.6 실험방법

살수여상은 폐수가 생물막으로 덮힌 여재층(자갈, 쇄석, 플라스틱 등) 위에 살수되고 생물막층을 통과하여 흐른다. 이때 폐수 중의 유기물 및 무기영양소는 미생물막 내의 박테리아에 의하여 흡착되어 산화, 분해된다. 유기물의 제거는 여재층 상부에서 가장 높고, 하층으로 갈수록 용존유기물이 감소하기 때문에 제거효율도 감소된다. 또한 하층에서는 암모니아를 산화시키는 질산화 박테리아가 있어 질산화 반응이 일어난다.

살수여상의 유기물 제거효과는 여재의 깊이와 종류, 기질의 성질, 여재의 비표면적, 살수부하(수리학적 부하), 온도 등에 따라 달라진다.

13.6.1. 실험기구

(1) 살수여상 실험장치([그림 13.10])

① 기질 공급펌프

② 순환펌프
③ 유량 측정장치
④ 여재
⑤ 침전지 및 폐수 저장조

(2) 시료 분석기구

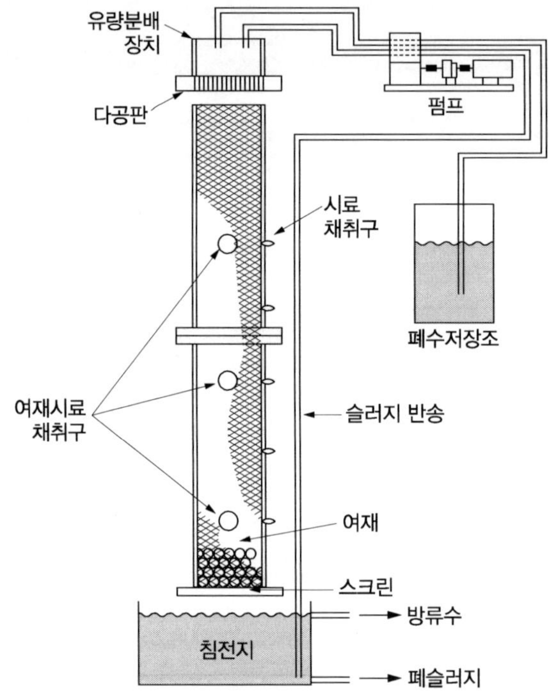

[그림 13.10] 살수여상 실험장치

13.6.2. 실험과정

① 살수여상 실험 장치에 여재를 채운다.
② 폐수를 일정 유량(40 $l/m^2 \cdot min$ 이하)으로 여상에 살수하여 순양된 미생물막을 여재층에 부착시킨다.
③ 최소한 3가지 살수 부하를 선택하여, 부하 수량이 거의 균일한 상태가 될 때까지 여상에 살수한다.
④ 균일한 상태에서 각 유량에 대한 시료를 최소 3개의 시료채취구에서 채취하여 수질을 측정한다(BOD, COD, pH, 알칼리도/산도, 질소, 온도 등).

⑤ 여재의 종류, 여재층의 깊이, 폐수의 종류 및 농도, 순환비 등의 변화에 따라 ①~④의 조작을 반복한다.

⑥ 같은 방법으로 3회 이상 실험을 실시한다.

13.6.3. 결과정리 및 계산

① 측정한 값을 정리한다.

② q와 $\frac{S_o}{S_e}$의 관계를 양대수그래프지에 그려서 기울기로부터 상수 n을 구한다.

③ $\frac{A_v D}{q^n}$와 $\frac{S_o}{S_e}$의 관계를 반대수그래프지에 그려서 유기물 제거 속도상수(k_1)를 구한다.

④ 각 유기물 부하량과 방류수의 농도 관계를 그래프로 그려서 방류수 농도에 따른 유기물 부하량을 구한다.

⑤ 살수부하량(수리학적 부하)과 유기물 제거효율의 관계를 그래프로 그려서 가장 효과적인 살수부하량을 구한다.

⑥ 3회 이상 실험해서 산술평균값을 구한다.

CHAPTER

14 혐기성 처리

Anaerobic Treatment

유기물의 혐기성 처리 대상은 주로 침전지에서 발생한 1차, 2차 슬러지로 규정할 수 있으나, 호기성 처리와 연계된 혐기성 처리는 고형물 소화 이외에도 탈질에 이용되기도 한다. 혐기성 처리는 비교적 낮은 에너지의 소요로 50~70%의 유기물을 분해할 수 있기 때문에 호기성 처리 전에 용해성 유기물이 함유된 폐수를 전처리하는 데 매우 효과적이다.

슬러지란 부유물질이 함유된 액체가 침전지에서 침전 제거된 고형물을 말한다. 일반적으로 많이 이용되는 슬러지 처리방법은 혐기성 처리인데, 이것은 혐기성 조건 하에서 미생물에 의해 분해 가능한 유기성 슬러지를 생물학적으로 산화시키는 것이다. 일반적으로 생분해 가능한 COD의 농도가 높고, 온도가 높은 산업폐수의 경우에 혐기성 처리가 경제적일 수 있다.

혐기성 처리를 호기성 처리와 비교하여 보면 <표 14.1>과 같다.

〈표 14.1〉 혐기성 처리의 장단점

장점	① 에너지 요구량이 적다. ② 슬러지 생산량이 적다. ③ 적은 양의 영양소를 요구한다. ④ 반응조의 부피가 작다. ⑤ 장기간 동안 기질이 유입되지 않았어도, 기질이 유입되면 빨리 정상화될 수 있다.
단점	① 필요한 양의 미생물을 얻기 위해서는 오랜 초기 운전시간이 요구된다. ② 알칼리도의 보충이 필요하다. ③ 유출수 허용기준을 맞추기 위해서는 호기성 처리와 같은 추가적인 처리를 필요로 한다. ④ 생물학적 질소와 인의 제거가 불가능하다. ⑤ 낮은 온도에서도 반응속도가 보다 민감하게 작용한다. ⑥ 독성물질에 대한 시스템 파괴가 발생할 가능성이 높다. ⑦ 악취와 부식성 가스의 잠재적인 생산 가능성이 있다.

14.1 유기성 폐수의 혐기성 처리

혐기성 처리는 유기성 고형물(슬러지) 또는 용해성 유기물을 가스 상태의 최종산물로 전환하는 데 이용된다. 혐기성 처리는 [그림 14.1]에 나타낸 바와 같이 유기산 생성단계와 유기산 발효에 의한 메탄과 이산화탄소의 생성단계로 나눌 수 있다. 성공적인 혐기성 처리를 위해서는 산 생성속도와 메탄 형성속도 사이에 적절한 균형이 필요하다.

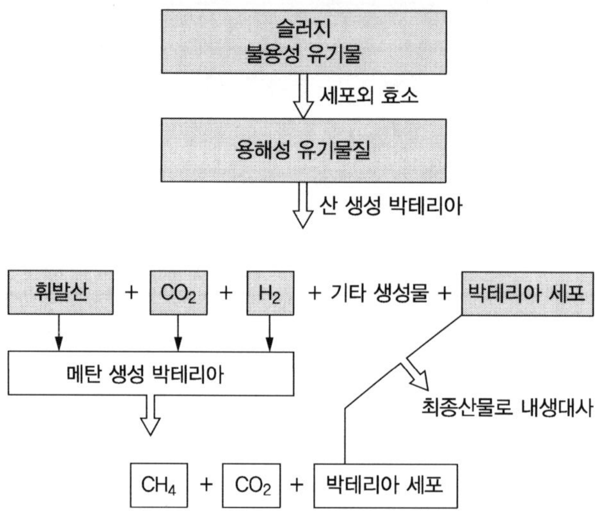

[그림 14.1] 유기물의 혐기성 분해 메커니즘

유기산 형성 종속영양 미생물은 탄수화물, 단백질, 지방, 기름 등을 이용하여 유기성 지방산인 초산, 프로피온산, 낙산, 발레르산(Valeric) 등을 생산한다.

탄수화물의 분해 : 탄수화물 → 단당류 → 알코올, 알데히드 → 유기산

단백질의 분해 : 단백질 → 아미노산 → 유기산 + NH_3

동식물성 지방과 기름의 분해 : 지방과 기름 → 유기산

이와 같이 탄수화물, 단백질, 지방과 기름의 최종 분해산물은 휘발성산(VA)이라고 불리는 유기성 지방산이다. 유기산 형성 박테리아의 대부분은 토양 미생물이며, 통성 혐기성 미생물이다.

메탄 형성 종속영양 미생물은 산 형성 박테리아에 의해 생성된 유기산을 기질로 이용

하고 메탄과 이산화탄소를 생성한다. 메탄 형성 미생물은 산 형성 미생물보다 느리게 성장하고, 적정 pH는 약 6.7~7.4 범위이다.

$$\text{유기산} \rightarrow CH_4 + CO_2 \tag{14.1}$$

혐기성 처리공정에서 생성된 가스는 메탄(55~75%), 이산화탄소(25~45%), 소량의 황화수소, 수소, 질소 가스로 구성되며, 메탄발효에 필요한 최적의 환경조건은 <표 14.2>에 나타낸 바와 같다.

메탄 유기체(혐기성 박테리아)의 슬러지 일령은 반응조 내에서 공정 밖으로 씻겨 내려가지 않도록 충분히 길어야 하므로, 공정 내 체류시간은 메탄 유기체의 성장속도보다 길어야 한다. 혐기성 공정에서 운전조건이 일정하여도 폐수의 체류시간이 변동하면 메탄 유기체의 종 및 성장속도가 변화한다.

〈표 14.2〉 메탄발효를 위한 환경조건

변수	최적	극값
pH	6.8~7.4	6.4~7.8
ORP (mV)	(-520)~(-530)	(-490)~(-550)
VA (mg/L)	50~500	>2,000
Alkalinity (mg/L)	1,500~5,000	1,000~3,000
염		
NH_4-N (mg/L)	-	3,000
Na (mg/L)	-	3,500~5,500
K (mg/L)	-	2,500~4,500
Ca (mg/L)	-	2,500~4,500
Mg (mg/L)	-	1,000~1,500
가스 생성 (*l*/kg of VS)	1,060~1,370	-
가스 조성 (% CH_4)	65~70	-
온도 (℃)	30~35	-

혐기성 처리에서 유기물 구성성분 간의 분해과정을 [그림 14.2]에 나타내었다.

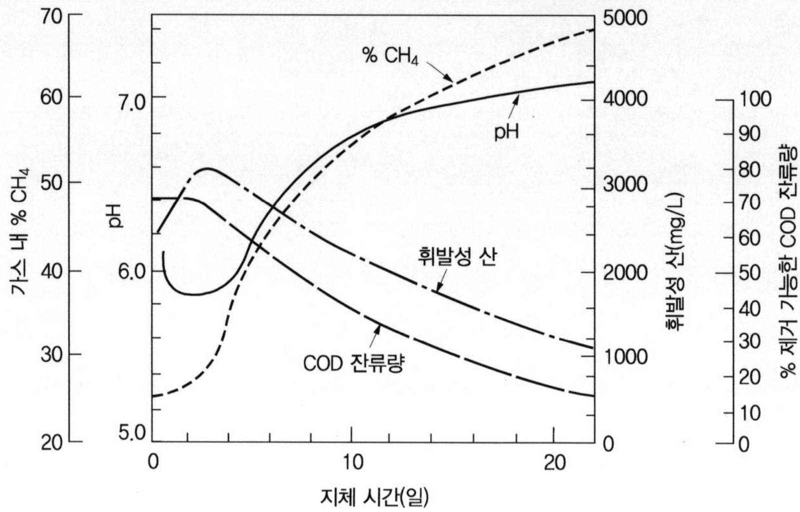

[그림 14.2] 유기성 폐수의 혐기성 분해

유기성 폐수의 혐기성 처리는 호기성 활성슬러지 처리와 유사하므로, 유기물의 산화공정을 식 (14.2)로 나타낼 수 있다.

$$\frac{S_o - S_e}{X_v\ t} = k\ S_e \tag{14.2}$$

여기서, S_o = 유입수의 BOD(mg/L)

S_e = 유출수의 용해성 BOD(mg/L)

X_v = 혼합액의 VSS(mg/L)

t = 수리학적 체류시간(day)

k = BOD 제거 속도상수(L/mg -day)

식 (14.2)로부터 유출수 COD(S_e)와 $[(S_o - S_e)/X_v\ t]$의 관계를 [그림 14.3]과 같이 그려서, 기울기로부터 유기물 제거속도 상수(k)를 산정한다.

재순환을 하는 완전혼합 혐기성 반응조의 슬러지 생산량은 활성슬러지 공정과 같이 산정할 수 있고, flow-through 반응조의 경우에 반응조 내 고형물의 물질수지는 다음과 같다.

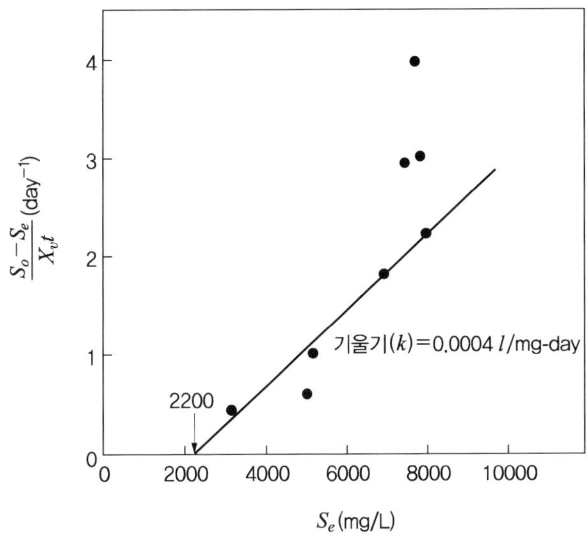

[그림 14.3] 유기물 제거속도 상수의 산정

$$X_v = \frac{a\,(S_o - S_e)}{1 + b\ t} \tag{14.3}$$

여기서, X_v = VSS

a = BOD 합성으로 인한 슬러지 생산계수(생산된 mg -VSS/제거된 mg -BOD)

b = 내생호흡에 의한 생물학적 슬러지 분해계수(분해된 mg -VSS/공정 내 mg -VSS-day)

식 (14.3)을 변수 분리하여 정리하면, 다음과 같다.

$$\frac{S_o - S_e}{X_v} = \frac{1}{a} + \frac{b}{a}\ t \tag{14.4}$$

식 (14.4)으로부터 체류시간(t)과 [$(S_o - S_e)/X_v$]의 관계를 [그림 14.4]와 같이 그려서, 슬러지 생산계수 a와 b을 산정할 수 있다.

[그림 14.4]에 나타난 바와 같이 메탄 발효는 산 발효보다 현저하게 적은 슬러지를 생산한다. 일반적으로 혐기성 처리는 호기성 처리에 비하여 적은 슬러지를 생산하는데, 이것은 호기성 처리에서는 제거된 탄소의 약 40~60%가 세포물질로 전환되나, 혐기성 처리에서는 4~10%만이 세포로 전환되기 때문이다.

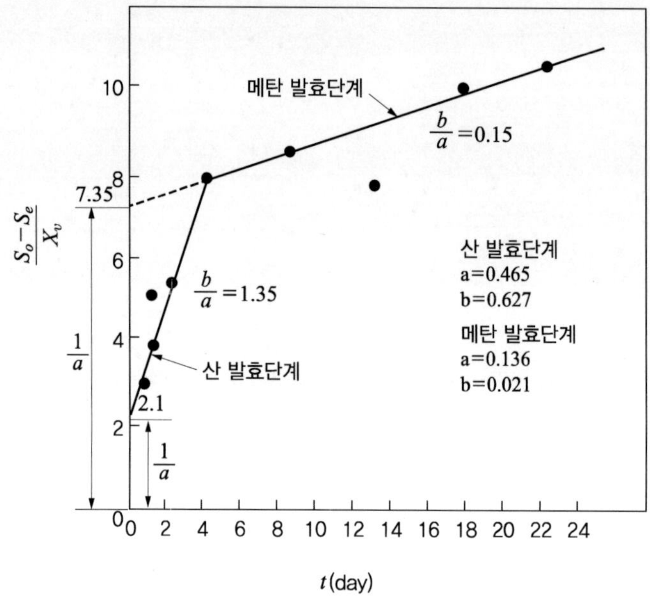

[그림 14.4] 슬러지 생산계수의 산정

고농도 폐수는 처리되는 폐수부피당 더 많은 메탄을 생산하는데, 혐기성 조건에서 전환되는 COD당 생성되는 메탄의 양은 표준상태(0℃, 1 atm)에서 0.35 l CH_4/g COD 이다. 표준상태 이외의 조건에서 발생되는 메탄의 양은 이상기체법칙에 의하여 결정되며 이것은 주어진 온도에서 메탄 1몰이 차지하는 부피를 결정하는 것이다.

$$V = \frac{n R T}{P} \tag{14.5}$$

여기서 V = 가스의 부피(l)

n = 가스의 몰수(mole)

R = 이상기체상수(0.082 atm l/mole˚K)

P = 절대압력(atm)

따라서 메탄 1몰이 35℃에서 차지하는 부피는 25.29 l이다

$$V = \frac{(1\ \text{mole})(0.082\,\text{atm}\ l/\text{mole}^\circ\text{K})[(273.15+35)^\circ\text{K}]}{1.0\ \text{atm}} = 25.29\ l$$

메탄 1몰의 COD는 64 g에 해당하므로 35℃의 혐기성 조건에서 전환되는 단위 COD 당 생성되는 메탄의 양은 0.40 l이다.

$$(25.29\,l) / (64\text{ g COD} / \text{mole CH}_4) = 0.40\,l\text{ CH}_4 / \text{g COD}$$

폐수의 조성을 알고 있고, 세포합성에 사용된 양을 무시하면, 식 (14.6)에 의해서 혐기성 반응에서 생성되는 메탄, 이산화탄소, 암모니아, 황화수소의 발생량을 예측할 수 있다.

$$C_vH_wO_xN_yS_z + \left(v - \frac{w}{4} + \frac{x}{2} + \frac{3y}{4} + \frac{z}{2}\right)H_2O \rightarrow \left(\frac{v}{2} - \frac{w}{8} + \frac{x}{4} + \frac{3y}{8} + \frac{z}{4}\right)CH_4$$
$$+ \left(\frac{v}{2} - \frac{w}{8} + \frac{x}{4} + \frac{3y}{8} + \frac{z}{4}\right)CO_2 + yNH_3 + zH_2S \qquad (14.6)$$

생성되는 가스 상태의 암모니아는 이산화탄소와 반응하여 암모늄이온과 중탄산염으로 전환된다.

$$NH_3 + H_2O + CO_2 \rightarrow NH_4^+ + HCO_3^- \qquad (14.7)$$

식 (14.7)은 단백질(즉, 질소)을 포함한 유기화합물의 전환으로 인하여 혐기성 조건 하에서 발생하는 알칼리도의 생성을 나타낸 것이다.

이산화탄소, 메탄, 황화수소의 몰 분율은 식 (14.8)~(14.10)으로 예측할 수 있다. 황화수소의 몰 분율은 금속과의 착화합물 형성과 침전에 의하여 계산된 값보다 종종 작게 나타난다.

$$M_{CO_2} = \frac{4v - w + 2x - 5y + 2z}{8(v - y + z)} \qquad (14.8)$$

$$M_{CH_4} = \frac{4v + w - 2x - 5y - 2z}{8(v - y + z)} \qquad (14.9)$$

$$M_{H_2S} = \frac{z}{8(v - y + z)} \qquad (14.10)$$

예제 14.1

완전혼합 혐기성 연속실험 장치를 이용하여 실험한 결과는 다음 표와 같다. COD 제거를 위한 설계식과 슬러지 생산에 관한 설계식을 구하시오.

특성	체류시간 (day)							
	0.75	1.28	1.68	2.87	4.33	8.81	13.2	22.5
유입수 COD(mg/L)	9,820	10,410	10,410	10,500	10,500	10,430	10,370	10,070
유출수 COD(mg/L)	7,780	7,500	7,720	7,930	6,790	5,220	5,060	3,210
혼합액								
MLSS (mg/L)	780	792	621	525	527	627	752	740
MLVSS (mg/L)	683	747	528	477	467	597	680	648
Gas, CH_4(%)	25.4	26.1	27.1	24.6	41.6	52.7	56.7	68.7
Feed (l/day)	42.6	43.2	33.0	28.0	15.3	8.71	4.99	3.42

풀이

① 상기 표의 실험결과를 다음 표와 같이 환산한다.

t(day)	S_o	S_e	S_o-S_e	X_v (MLVSS)	$\frac{S_o-S_e}{X_v}$	$\frac{S_o-S_e}{X_v t}$
0.75	9820	7780	2040	683	2.99	4.00
1.28	10410	7500	2910	747	3.90	3.05
1.68	10410	7720	2690	528	5.10	3.04
2.87	10500	7930	2570	477	5.38	1.88
4.33	10500	6790	3710	467	7.93	1.83
8.81	10430	5220	5210	597	8.70	0.98
13.2	10370	5060	5310	680	7.80	0.59
22.5	10070	3210	6860	648	10.58	0.47

② [그림 14.3]과 같이 COD 제거효율[$(S_o-S_e)/X_v t$]과 유출수 COD(S_e)의 관계를 그래프로 그려서, 기울기로부터 유기물 제거속도 상수(k)를 산정한다. 이 경우 k값은 0.0004 l/mg·day이다. 그림 (14.3)에서 X축 절편은 난분해성 COD를 나타내므로, 식 (14.2)에 포함시켜야 한다. 따라서 COD 제거를 위한 설계식은 다음과 같다.

$$\frac{S_o-S_e}{X_v\ t} = 0.0004\,(S_e-2200)$$

③ 식 (14.4)에 의하여 [그림 14.4]를 그려서, 슬러지 생산계수를 산정한다. 슬러지 생산계수 a와 b는 설계를 조절하기 위한 메탄 발효단계에서 각각 0.136, 0.021이다.
따라서 슬러지 생산에 대한 설계식은 다음과 같다.

$$\frac{S_o-S_e}{X_v} = \frac{1}{0.136} + \frac{0.021}{0.136}\,t$$

14.2 생물학적 탈질화

생물학적 탈질화는 용존산소 부재 하에서 질산염의 질소가스 환원과 산화질소와 같이 적은 양의 기타 질소화합물이 합해진 것을 의미한다. 이 공정의 경로는 <표 14.3>과 같다. 생물학적 탈질화를 수행하는 유기체는 임의성 활성슬러지 공정과 같이 호기적으로 수행된다. 용존산소 부재 하에서 유기체는 혐기적으로 기능하는데, 최종 수소 수용체로서 황산염 및 질산염과 같은 화학적으로 결합된 산소를 이용한다. 임의성 유기체는 종속영양 미생물이므로 성장을 위해 유기 탄소원을 필요로 한다.

탄소원으로 메탄올을 가장 많이 이용하는데, 공정에서 제거되는 mg -질산염당 약 2.9 mg의 메탄올이 필요하다.

〈표 14.3〉 용존산소 부재시 발생하는 탈질화의 경로

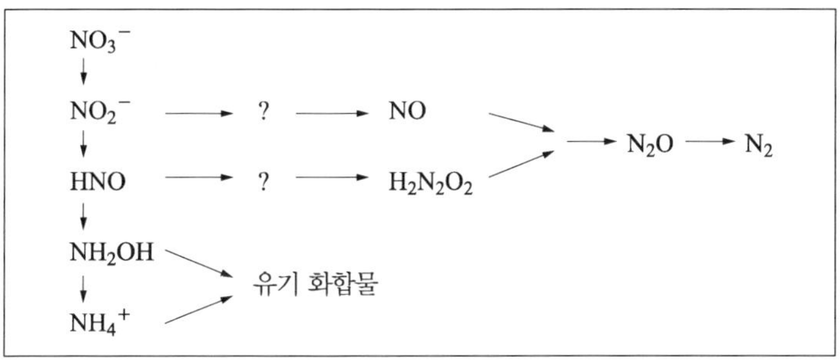

혐기성 탈질화의 원리는 유기성 폐수의 혐기성 처리와 같고, 탈질화율 및 탄소 필요량의 산정은 [그림 14.5] 및 [그림 14.6]에 나타낸 바와 같다.

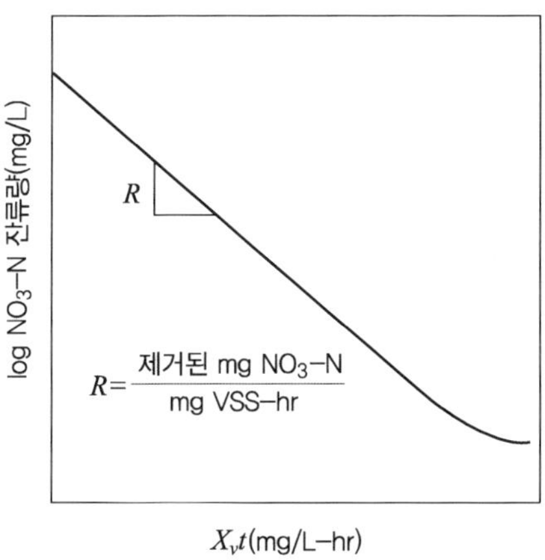

[그림 14.5] 탈질화율 산정

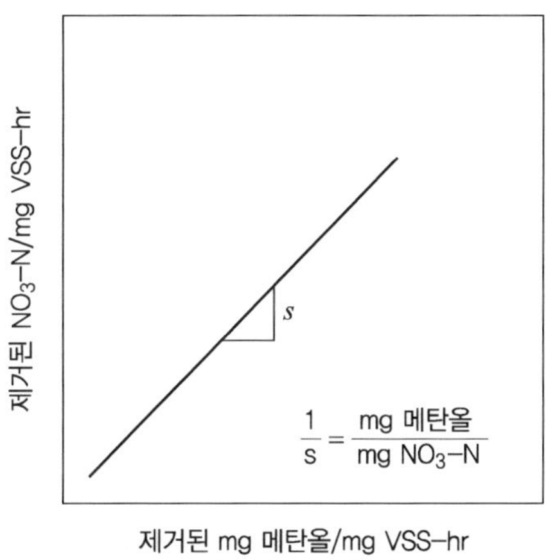

[그림 14.6] 탄소 필요량 산정

14.3 혐기성 반응에 영향을 미치는 인자

혐기성 반응은 산 생성균과 메탄균의 활동에 의하여 이루어진다. 산 생성균에 비하면 메탄균은 증식이 느리고, 온도, pH, 중금속 함유량 등 환경조건에 민감하여 메탄균에 영향을 미치는 인자가 반응에 영향을 주는 인자 및 운전지표로 고려되어야 한다.

14.3.1. 온도

온도는 생물반응조의 미생물 활성에 가장 중요한 영향을 미치는 것 중 하나로서 30~40℃ 사이가 최적으로 확인되었다. 혐기성 미생물은 온도의 급격한 변화에 매우 민감하므로 시스템이 설계 과정에서 생물 반응조의 온도가 1℃/day 이상 변화하지 않도록 해야 한다.

혐기성 처리는 다음 3종의 온도범위 중에서 1종이 수행되는데, 온도범위에 따라 특정 형태의 미생물이 존재한다.

① 가장 낮은 온도(무가온식) 범위는 친냉성 박테리아가 이용되며, 슬러지 내부의 온도는 외부의 온도가 적용된다. 그러나 10℃ 이하에서는 박테리아의 활동이 거의 일어나지 않기 때문에 필요로 하는 휘발성 유기물의 감소가 일어나지 않는다. 온도가 10℃ 이상으로 증가할 때 박테리아의 활동이 적당한 비율로 증가하여 소화가 시작된다. 친냉성의 최대온도는 20℃ 부근으로 이 범위 내에서의 소화기간은 요구되는 처리정도에 따라 50~180일 정도가 필요하다. 현재 이 범위의 온도에서 가동되는 소화조는 거의 없지만 임호프조나 혼합장치가 없는 무가온식 소화조는 여전히 사용되고 있으나 소화효율은 낮다.

② 친온성 박테리아는 20~45℃ 사이에서 잘 성장하며, 최적 온도범위는 30~38℃이고, 대부분 혐기성 소화에서는 약 35℃로 유지한다(중온소화). 이때 소화기간은 대개 25~30일 정도이다.

③ 친열성 박테리아는 45℃ 이상에서 잘 성장하며, 최적 온도범위는 49~57℃이고, 소화기간은 대개 5~12일 정도이다. 그러나 이 범위는 온도의 유지문제, 유기물의 온도에 대한 민감도, 고액분리 문제 등으로 인하여 실제로 친열성 소화(고온소화)로 운전되는 처리장은 별로 없다.

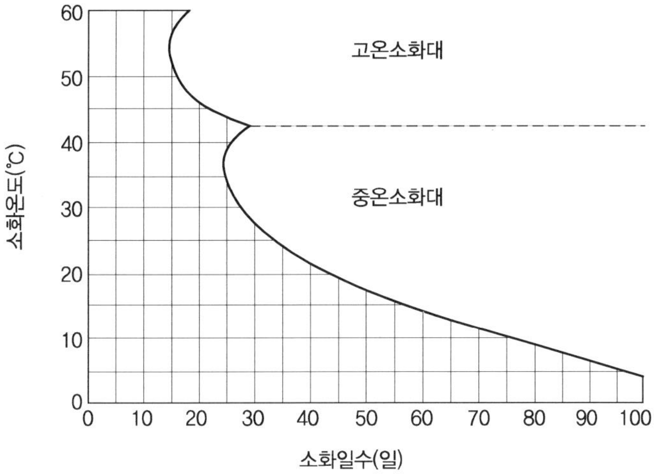

[그림 14.7] 혐기성 소화시 온도에 따른 소화일수

14.3.2. pH

혐기성 미생물들은 제한된 pH 범위 내에서 적절한 활동을 하는데, 산 생성균의 적당한 pH 범위는 5.0~6.5, 메탄 생성균은 pH 6.5 이상이다. 그러므로 1단과 2단 시스템에서 메탄 생성 반응조는 pH 6.5~7.5 범위로 조정된다. pH는 미생물에 직접 영향을 미치는 것 이외에 반응조의 pH가 낮으면 많은 유기 및 무기 저해물질의 독성과 저해특성을 증가시킬 수 있다.

시스템 내 pH가 조절되지 않으면 휘발성 유기산과 탄산의 생물학적 생산이 반응조 내 용물의 산도를 자연히 증가시키게 된다.

$$CH_3COOH \leftrightarrows CH_3COO^- + H^+ \qquad (14.11)$$

$$H_2O + CO_2(gas) \leftrightarrows H_2CO_3(liquid) \leftrightarrows HCO_3^- + H^+ \qquad (14.12)$$

혐기성 처리 중 형성된 산을 완충할 만한 알칼리도가 충분하지 않은 폐수에 대해서는 반응조의 pH를 자동감시 및 제어시스템을 통하여 알칼리 물질을 주입하여 조절할 수 있다. 그러나 혐기성 반응조의 알칼리도 조절을 위하여 화학약품을 사용할 경우에는 주의를 요한다. 석회는 알칼리 중 가장 싼 물질 중의 하나이지만 혐기성 처리에서 $CaCO_3$로 침전되어 스케일 형성과 고형물 축적 등의 문제를 야기할 수 있다. 더욱이 간단한 양이온(Na^+) 상당량을 pH 조절에 사용하면, 금속 양이온이 독성을 나타낼 가능성이 있으므로

$Ca(OH)_2$, NaOH, KOH 같은 pH 조절용 혼합체를 이용하는 것이 바람직하다.

일반적으로 소화조 내 pH 변화를 완충시켜주기 위해서는 중탄산염 알칼리도가 최소한 1,000 mg/L 이상이어야 하나 5,000 mg/L 미만에서 운전하는 경우도 있다. 소화조 내 휘발성 유기산(VA)이 매우 적은 경우, HCO_3에 기인한 중탄산염 알칼리도는 총알칼리도와 거의 같다.

14.3.3. 암모니아와 황화물

혐기성 처리중에 발생하는 암모니아와 황화수소는 혐기성 독성물질이다. pH에 따라 암모니아는 혐기성균에 독성을 띠고, 자유암모니아는 150 mg/L, 암모늄이온 농도는 3,000 mg/L이상을 초과하면 독성을 갖는다. 암모니아는 질소농도 기준으로 1,600 mg/L에서 공정을 파괴시킨다. 혐기성 반응조에서 pH가 증가하면 자유암모니아 형태로 존재하는 무기질소의 비율도 증가한다. 메탄 생성균은 자유암모니아 농도 50～80 mg/L에서 방해를 받을 수 있는데, 이것은 혐기성 미생물을 적응시킴으로써 일부는 해결할 수 있다. 그러나 이것이 불가능하다면 반응조의 pH를 감소시키거나 미처리된 폐수를 희석시킴으로써 완화시킬 수 있다.

황산염, 아황산염, 티오황산염과 같이 산화된 황화합물은 다양한 산업폐수에 매우 높은 농도로 존재하기도 하고, 도시하수에도 어느 정도 존재한다. 이러한 물질들은 혐기성 조건에서 유기화합물을 소비하고 황화수소를 생성하는 황산염 환원균의 전자수용체로서 작용할 수도 있다. 황산염 환원균들은 COD 성분에 대하여 메탄 생성균과 경쟁하므로 생성되는 메탄가스의 양이 적어질 수도 있다. 20 mg/L이하의 낮은 황화물 농도는 최적의 메탄 생성균 활성도를 위하여 필요하지만 높은 농도가 되면 독성을 야기한다. 황화수소 농도가 50～250 mg/L 범위에서 메탄 생성균의 활성도는 50% 이상 감소한다. 이온화되지 않은 황화수소는 이온화된 황화물보다 독성이 강한 것으로 알려져 있으므로 pH는 황화수소의 독성을 결정하는 데 매우 중요하다. 용해성 황화수소는 세포에 가용하기 때문에 독성을 갖는데 200 mg/L을 초과하면 메탄 생성균의 대사활성도를 파괴시킬 수도 있다. 황화수소 농도 100 mg/L는 세포에 축적되지 않고 내성을 갖으며, 100～200 mg/L 사이에는 축적된 후 내성을 갖는다. 황산염 자체는 메탄균에 대하여 상대적인 저해작용은 없다.

14.3.4. 영양소

미생물이 성장하기 위해서는 새로운 세포합성에 필요한 영양소(질소, 인)와 미량원소

양이 충분히 공급되어야 한다. 혐기성 증식을 위한 질소와 인의 필요량은 박테리아 세포물질($C_5H_7O_2N$)의 경험식으로 추정할 수 있다. 이 식으로부터 추정한 영양소는 COD : N : P = 580 : 7 : 1로 나타났다.

질소와 인 이외에도 여러 가지 다른 물질들이 메탄 생성균을 위한 미량원소들로 확인되었는데, 이중 중요한 것은 칼슘, 마그네슘, 철, 코발트, 니켈, 황화물 등으로 소량을 필요로 한다. 그러나 대체로 이러한 원소들은 폐수 중에 충분한 양이 존재한다. 그렇지만 반응조의 유출수를 분석하여 이러한 원소들의 잔류농도를 확인할 필요는 있다.

14.3.5. 독성물질

혐기성 처리는 생물학적 처리법이므로 혐기성 박테리아의 활성은 다양한 유기 및 무기화합물들의 독성 또는 저해작용을 받을 수 있다. 산업폐수는 혐기성 처리에 독성반응을 야기하거나, 공정의 실패를 일으키는 물질들을 자주 포함하고 있다.

혐기성 처리에서 독성을 일으키는 유기 및 무기화합물에 대한 자료는 <표 14.4>과 같다.

〈표 14.4〉 혐기성 처리시 미생물에 저해작용을 하는 무기 및 유기화합물

구분	물질	보통 정도의 저해농도(mg/L)	5% 정도의 저해농도(mg/L)
무기물	Na	3,500～5,500	-
	K	2,500～4,500	-
	Ca	2,500～4,500	-
	Mg	1,000～1,500	-
	NH_3-N	1,500～3,000	-
유기물	Acetaldehyde	-	440
	Chloroform	-	15
	에틸벤젠	-	340
	지방산(긴체인)	-	500
	Tannins	-	700
	포름알데히드	-	70

14.4 혐기성 반응조의 형태

혐기성 반응조의 기본적인 형태는 부유성장 반응조, 슬러지 브랭킷 반응조, 부착성장 반응조로 대별되고, 각 반응조의 특성을 요약하면 <표 14.5>와 같다.

〈표 14.5〉 부유성장, 슬러지 브랭킷, 부착성장 반응조의 혐기성 처리시스템 비교

항목	부유성장 반응조	슬러지 브랭킷 반응조	부착성장 반응조
미생물 성장속도	낮다	높다	높다
SRT	낮다	높다	높다
입자상 폐수의 적합성	좋다	부분 제거	나쁘다
고농도 폐수의 적합성	적합	부적합	부적합
희석된 폐수의 적합성	나쁘다	좋다	좋다
제거효율	제한적	높다	높다
독성물질과 운전조건 변화에 대한 저항성	짧은 SRT로 제한 받음	긴 SRT로 안정도 증가	긴 SRT로 안정도 증가
내부의 수리학적 특성	기계적인 혼합으로 인하여 간단함	유출수 반송과 발생된 생물가스의 혼합으로 대체적으로 만족함	과다한 미생물 축척이 반응조의 수리특성에 부정적인 영향을 미침
전력 요구량	대체로 낮다	유출수 반송에 따라 높아진다.	매체가 유동화 되면 높아진다.

14.4.1. 혐기성 부유성장 반응조(Anaerobic Suspended Growth Processes)

혐기성 부유성장 반응조는 일반 폐수처리장에서 사용되는 가장 오래된 형태의 공정이나 긴 수리학적 체류시간(HRT)이 요구되는 단점이 있다. 혐기성 부유성장 반응조에는 완전혼합 혐기성 반응조, 혐기성 접촉 반응조, 혐기성 연속회분식 반응조 등이 있다.

(1) 완전혼합 혐기성 반응조(Complete-mix Anaerobic Reactor)

완전혼합 혐기성 반응조의 경우, HRT와 슬러지 체류시간(SRT)이 같다. 반응조의 체류시간은 운전과 공정의 안전성을 고려하여 15~30일 정도의 범위에서 산정한다. 슬러지 재순환이 없는 완전혼합 반응조는 고형물 농도가 높거나 혹은 용해성 유기물 농도가 높은 폐수에 적합한데, 유출수 내 고형물의 침전이 어려워 반응조의 HRT와 SRT를 같게 운전하고 있다.

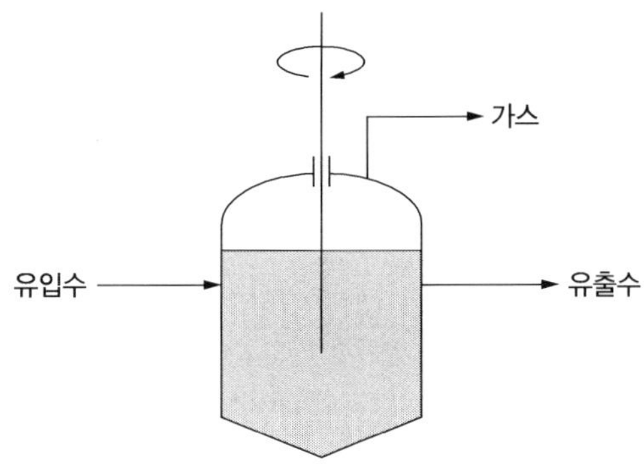

[그림 14.8] 완전혼합 혐기성 반응조

(2) 혐기성 접촉 반응조(Anaerobic Contact Reactor)

혐기성 접촉 반응조는 슬러지 순환이 없는 완전혼합 혐기성 반응조의 단점을 보완한 형태이다. 미생물이 분리되어 완전혼합 혹은 접촉조에 반송됨으로 인하여 공정의 SRT가 HRT보다 길어지게 된다. HRT와 SRT를 분리함으로써 혐기성 반응조의 부피를 감소할 수 있으나, 일반적으로 침강성이 나쁜 슬러지가 생성되므로 슬러지 분리를 위한 방법이 강구되어야 한다.

고형물의 분리는 공정의 배출가스를 가압하에서 용해시켜, 그 가스를 이용하여 분리하는 가스 부상법이 중력식 침전의 대안으로 사용되고 있다. 반응조 내 슬러지는 혐기성 공정에서 발생된 가스를 포함하고 있고, 가스 생산이 분리공정에서도 진행되기 때문에 고액분리는 비효율적이며 예측하기 어렵다.

슬러지가 침전단계에서 가스 기포의 영향을 받는 것을 최소화하기 위하여 교반에 의한 탈기, 진공 탈기, 경사판 분리기, 응집제 사용 등의 방법이 이용되고 있다.

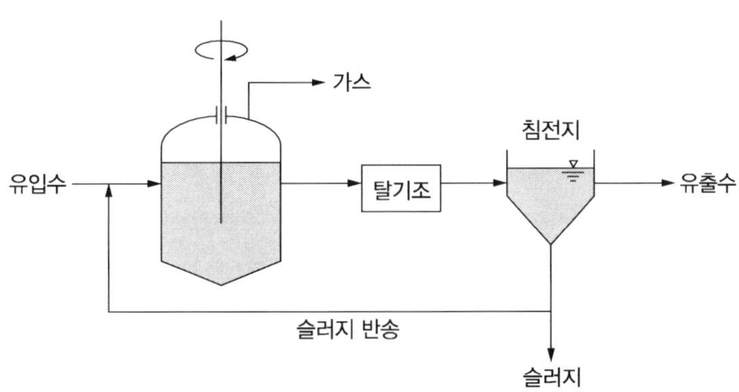

[그림 14.9] 혐기성 접촉 반응조

(3) 혐기성 연속회분식 반응조(Anaerobic Sequencing Batch Reactor : ASBR)

혐기성 연속회분식 반응조는 반응과 고액분리가 1개의 반응조에서 이루어지는 부유성장 반응조로 호기성 연속회분식 반응조(SBR)와 매우 비슷하다. ASBR의 운전은 주입, 반응, 침전, 상등수 제거/유출수 배출기간 동안, 각 시간마다 수분 정도의 간헐적인 혼합이 기질과 고형물의 균등한 혼합을 위하여 수행된다.

ASBR 공정은 충분한 운전시간이 경과된 후, 고액분리 효율이 향상되어 조밀하고 입상화된 슬러지가 형성된다. 유출수의 TSS농도는 50～100 mg/L정도이고, HRT가 6～24시간일 경우에 SRT는 50～200일 정도이다.

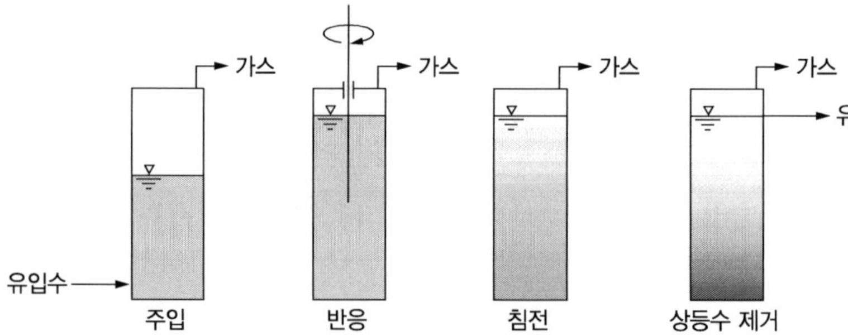

[그림 14.10] 혐기성 연속회분식 반응조

14.4.2. 혐기성 슬러지 브랭킷 반응조(Anaerobic Sludge Blanket Processes)

혐기성 슬러지 브랭킷 반응조의 주요 형태에는 상향류식 혐기성 슬러지 브랭킷 반응조, 혐기성 정류판 반응조, 혐기성 이동 슬러지 브랭킷 반응조 등이 있다.

(1) 상향류식 혐기성 슬러지 브랭킷 반응조(Upflow Anaerobic Sludge Blanket Reactor : UASB)

상향류식 혐기성 슬러지 브랭킷 반응조는 1970년대 후반 네덜란드의 Lettinga 등이 개발한 공정이다.

유입폐수는 UASB 반응조 하단에서 유입되어 슬러지 브랭킷을 통하여 상향류로 흐른다. UASB 반응조를 구성하는 요소에는 유입수 분배시스템, 가스－고형물 분리기, 유출수 배출부 등이 있다.

UASB 반응조는 고밀도의 입상슬러지를 형성하는 것이 중요하다. 입상화된 슬러지 플록으로 인하여 반응조 바닥의 고형물 농도는 50～100 g/L을 유지할 수 있고, 반응조 상단의 확산층에서는 5～10 g/L 정도를 유지할 수 있다. 입상슬러지의 크기는 1.0～3.0 mm의 범위이며, 20 mL/L 이하의 우수한 슬러지 침전성을 지니고 있다. 입상슬러지를 형성하기 위해서는 보통 수개월이 소요되며, 반응조가 정상상태에 도달되는 시간을 단축하기 위해서는 다른 UASB 시설에서 슬러지를 받아 식종하기도 한다.

입상슬러지의 형성은 폐수의 특성에 따라 영향을 받는데, 탄수화물이나 당이 많은 경우에는 입상화가 잘 형성되지만, 단백질 성분이 많은 경우에는 입상화가 잘 이루어지지 않는다. 슬러지의 입상화에 영향을 주는 요소에는 pH, 상향 유속, 영양소 공급 등이 있다. pH는 7.0 부근이 유지되어야 하고, 운전초기에 요구되는 COD : N : P의 비율은 300 : 5 : 1 정도이며, 정상상태에 도달하게 되면 600 : 5 : 1 정도로 운전할 수 있다. 밀도가 높은 입상슬러지의 형성을 위해서는 중성영역의 pH, 플러그 흐름 특성, 높은 수소 분압, 충분한 암모니아성 질소의 공급, 제한적인 amino acid cysteine 공급 등의 조건이 있다.

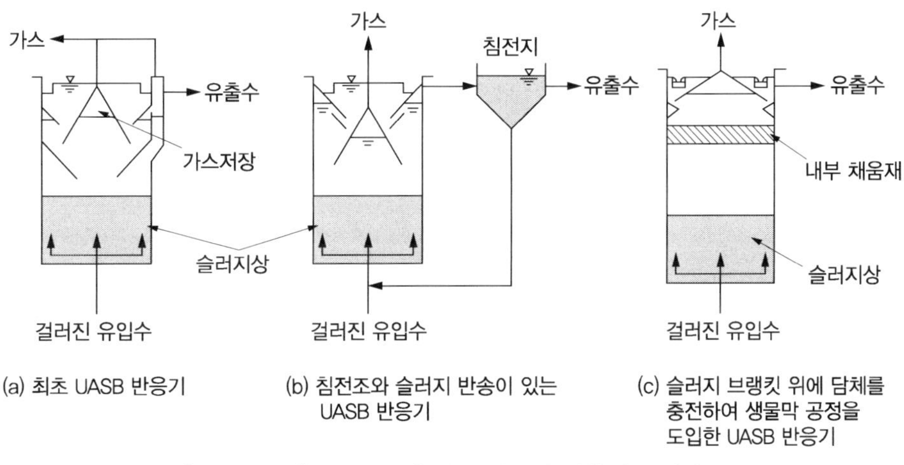

[그림 14.11] UASB 반응기와 개량된 반응기의 개략도

(2) 혐기성 정류판 반응조(Anaerobic Baffled Reactor : ABR)

혐기성 정류판 반응조는 1980년대 초반 미국의 McCarty 등에 의하여 개발되었고, 정류판은 슬러지 브랭킷 반응조를 직렬로 연결하였을 때 폐수의 상향흐름을 만들어 주기 위하여 사용된다. 반응조 내 슬러지는 가스 발생과 흐름에 따라 상승하고 하강하며 반응조 전체를 매우 느리게 이동한다. 대부분 6～24시간의 HRT로 운전되며, 휘발성 고형물 농도는 4～20 g/L 정도이다.

ABR 공정의 장점은 충전물질이 없고, 특별한 가스분리 방법, 움직이는 부분, 기계적인 혼합도, 막히는 문제도 없는 간단한 공정이다. 또 낮은 HRT에서 긴 SRT가 가능하고, 특별히 미생물 형성에 어려움이 없으며, 넓은 범위의 폐수 성상에도 적용이 가능하고, 충격부하에도 안정적이다.

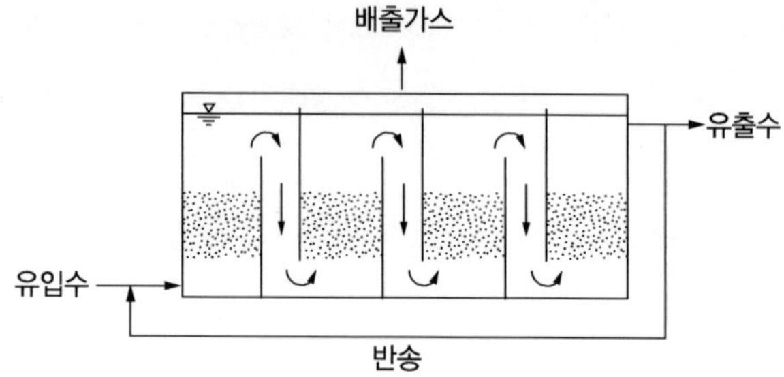

[그림 14.12] 혐기성 정류판 반응조

(3) 혐기성 이동 슬러지 브랭킷 반응조(Anaerobic Migrating Blanket Reactor : AMBR)

혐기성 이동 슬러지 브랭킷 반응조는 각 단계마다 기계적 혼합방식을 가지고 있다는 점과 추가적인 고형물 확보를 위한 침전지 혹은 채움재 없이 시스템의 슬러지를 유지하도록 운전된다는 점에서 ABR공정과 유사하다.

AMBR 반응조에서 유입수 주입구는 주기적으로 유출수 배출구로 바뀌고, 유출수 배출구 또한 바뀐다. 이런 방식으로 슬러지 브랭킷은 혐기성 반응조보다 균등하게 분포할 수 있다. 마지막 단계에서 고형물의 축척이 상당한 정도 이루어지면 유체의 흐름을 반대로 한다.

HRT를 4～12시간 정도로 운전하였을 때 유기물 부하율은 1.0～3.0 kg · COD/m^3 · day까지 변화한다.

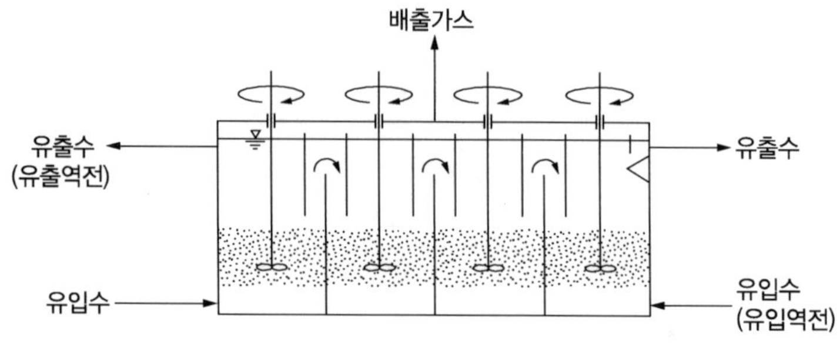

[그림 14.13] 혐기성 이동 슬러지 브랭킷 반응조

14.4.3. 혐기성 부착성장 반응조(Anaerobic Attached Growth Processes)

상향류식 혐기성 부착성장 반응조는 사용된 여재와 상(Bed)의 팽창정도에 따라 고정상 반응조, 팽창상 반응조, 유동상 반응조로 구분된다.

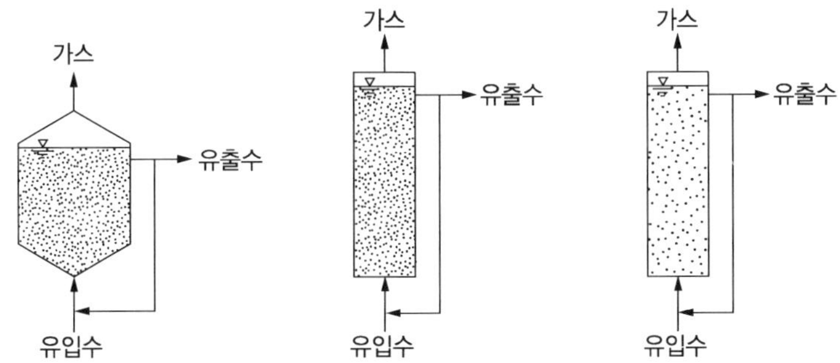

(a) 혐기성 고정상 반응조 (b) 혐기성 팽창상 반응조 (c) 혐기성 유동상 반응조

[그림 14.14] 혐기성 부착성장 반응조

(1) 혐기성 고정상 반응조(Upflow Attached Growth Anaerobic Packed-Bed Reactor)

상향류식 혐기성 고정상 반응조는 충전된 여재가 고정되어 있고, 폐수가 여재와 부착성장하는 미생물 사이의 공극을 통하여 위로 흘러 통과한다. 유출수 재순환은 고농도 폐수를 제외하고는 하지 않는다. 초기의 상향류식 혐기성 고정상 반응조는 암석을 여재로 사용하였으나, 현재는 플라스틱 여재가 다양하게 사용되고 있다. 이 공정은 부유고형물 농도가 낮은 폐수에 적합하다.

혐기성 고정상 반응조의 장점은 높은 COD 부하, 상대적으로 작은 반응조 부피, 운전의 단순성 등이다. 단점은 여재 비용, 운전상의 문제점, 고형물 축적과 관계된 유지관리 문제, 여재의 막힘 등이다.

(2) 혐기성 팽창상 반응조(Upflow Attached Growth Anaerobic Expanded-Bed Reactor)

혐기성 팽창상 반응조는 생물막 성장을 위하여 고운 모래를 사용한다. 상향유속(약 2 m/hr)을 확보하기 위하여 처리수가 재순환되는데, 약 20% 정도 슬러지층이 팽창한다. 충전여재는 지름이 0.2~0.5 mm 정도이며, 비중이 2.65 정도의 규산질 모래를 사용한다. 여재가 팽창되었을 때 공극의 비율은 약 50% 정도이며, 비표면적은 10,000 m^2/m^3 이내이다. 따라서 작은 여재와 공극 때문에 반응조의 운전에서는 막힘 방지가 필요하다. 팽창상 시스템은 완전히 유동화되지 않기 때문에 일부 고형물은 포획되어 어느 정도 분해가 일어난다. 팽창상 반응조는 대부분 도시하수 처리에 적용되어 왔고, 이 공정의 장단점은 유동상 반응조와 비슷하다.

(3) 혐기성 유동상 반응조(Attached Growth Anaerobic Fluidized Bed Reactor : FBR)

혐기성 유동상 반응조는 높은 상향유속을 유지하기 위하여 고운 모래가 사용된다. 유동상 시스템에서는 충전여재의 혼합과 유동화가 함께 일어난다. 여재의 크기는 팽창상 반응조와 비슷하나 FBR은 상(Bed)의 팽창을 100% 유도하기 위하여 약 20 m/hr 정도의 높은 상향유속에서 운전되며, 상향유속을 유지하기 위하여 유출수의 재순환이 필요하다. 반응조의 깊이는 4~6 m 정도, 여재는 모래 외에 규조토, 양이온과 음이온 교환수지, 활성탄 등이 사용된다.

혐기성 FBR은 얇은 생물막과 높은 난류의 형성으로 인하여 고형물의 확보가 낮기 때문에 주로 용해성 COD를 가진 폐수처리에 적합하다. 생물막으로부터 탈리된 고형물의 유출은 반응조의 생물막을 적절히 조정함으로써 최소화할 수 있다. FBR 여재에 미생물이 축척됨에 따라 여재 입자의 밀도가 감소되어 반응조 상부로 이동하게 된다. 이러한 고형물의 주기적인 제거는 생물막의 탈리를 조절하고 유출수의 TSS를 최소화할 수 있다. 반응조로부터 제거된 여재 입자는 기계적으로 모래로부터 미생물을 분리한 후 다시 FBR 반응조로 되돌려진다.

혐기성 FBR의 초기운전은 다른 고율 혐기성 반응조보다 주의를 기울여야 한다. 수리학적으로 높은 난류상태에서 여재에 보다 견고하게 부착하는 박테리아를 선택하기 위하여 높은 수리학적 적용율이 요구되며, 초기운전 기간은 3~6개월이 요구된다.

혐기성 FBR의 장점은 높은 미생물 농도를 유지할 수 있고, 상대적으로 높은 유기물 부하, 높은 물질전달 특성, 혼합과 유출수 재순환에 의한 희석효과에 의해 충격부하에 견딜 수 있는 능력, 소요공간이 적다는 점 등이다. 단점은 유동화를 위하여 에너지가 요구되고, 반응조 여재의 비용, 반응조 내 여재 농도와 미생물의 방출을 조절해야 하는 필요성, 긴 초기운전 기간 등이다.

(4) 하향류식 부착성장 반응조(Downflow Anaerobic Attached Growth Process)

하향류식 부착성장 반응조는 튜브형 플라스틱, 무정형 플라스틱, 석탄재를 이용한 블록 등 다양한 여재를 사용하여 고농도 폐수처리에 적용되어 왔다. 충전층의 높이는 2~4 m, 유출수를 재순환 할 수 있도록 설계되어야 하고, 비교적 분해하기 쉬운 폐수에 대하여 5~10 kg·COD/m^3·day정도의 유기물 부하로 운전될 수 있다. 충전여재로 인하여 발생하는 막힘 문제는 살수여상에서 사용되는 수직형 플라스틱과 같이 공극이 많은 여재를 사용하여 해결할 수 있다([그림 14.15]).

많은 공극을 가진 여재가 사용되었을 경우, 하향류식 부착성장 반응조의 장점은 간단한 유입수 분배장치, 막힘 문제 해소, 단순한 운전 등이 있고, 단점은 여재에 소요되는 비용, FBR 같은 처리효율을 얻기 위해서는 낮은 유기물 부하를 유지해야 한다는 점 등이 있다.

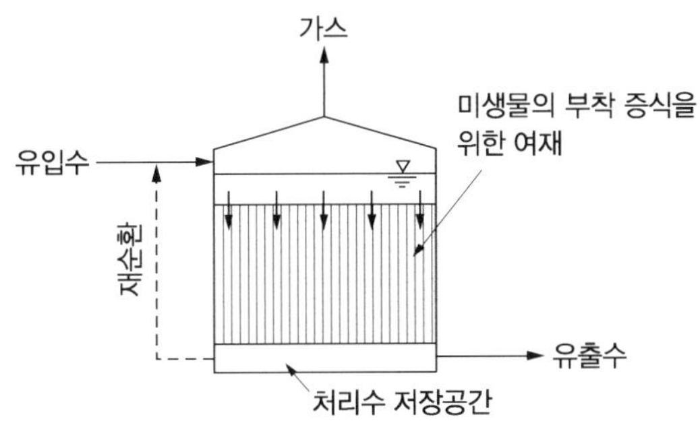

[그림 14.15] 플라스틱 여재를 사용한 하향류식 혐기성 부착성장 반응조

14.5 실험방법

유기물 농도가 높은 폐수의 경우에는 산소공급의 제한으로 인하여 혐기성 처리가 많이 사용된다. 혐기성 처리는 호기성 처리에 비하여 긴 반응시간이 필요하며, 불완전한 반응이기 때문에 유기물 제거효율이 높지 않다. 그러나 고농도 유기물을 처리할 수 있고, 산소공급이 필요 없으며, 반응 부산물로 메탄가스를 얻을 수 있다.

유기물의 혐기성 처리에서 유기물이 기체로 완전히 분해되기 위해서는 유기산의 생성속도와 메탄가스의 생성속도 사이에 균형이 바람직하게 유지되어야 하는데, 이것은 혼합강도에 따라 좌우된다. 그러므로 유기물 부하, 체류시간, 순환비 등에 따른 제거효과를 실험을 통하여 파악하고 평가해야 한다.

14.5.1. 실험기구

(1) 완전혼합 혐기성 연속실험 장치([그림 14.16])

① 소화조 용량 (1～10 l)

② 가스 응축조 (500 ml)

③ 습식 가스미터 및 펌프

(2) 시료분석 기구

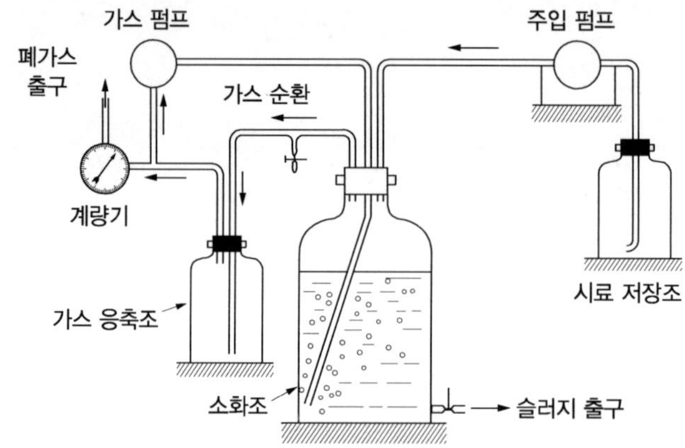

[그림 14.16] 완전혼합 혐기성 연속실험 장치

14.5.2. 실험과정

① 실험 장치에 기존 폐수처리장으로부터 소화슬러지를 인출하여 소화조에 넣고 온도를 35℃로 유지한다.

② 소화조 내 공기가 체류할 경우 내부가스나 헬륨가스로 제거시킨다.

③ 고형물 농도가 약 6,000～10,000 mg/L가 되도록 조정한 후, 합성폐수를 정해진 속도로 유입한다.

④ 가스 순환펌프의 유량을 조절하여 소화조를 완전히 혼합시킨다(기계식 교반기나 자석식 교반기를 사용할 수도 있다).

⑤ 실험장치의 가스누출 여부를 점검한다.

⑥ 가스가 일정하게 생성되면(0.35 mL · gas / mg · COD at STP) 시료(폐수)를 다음과 같이 주입시켜 순환시킨다. 처음에는 COD로서 폐수의 10%를 합성폐수에 희석하여 주입하고, 폐수의 분해성과 방해물의 존재에 따라 5～20일에 걸쳐 조금씩 폐수량을 증가시켜 마지막에는 100% 폐수를 주입한다. 순양기간 동안 유기물 부하는 1.0 mg·BOD / mg·VSS·day 이하가 바람직하다.

⑦ 시료를 주기적으로 채취하여 수질을 분석한다. (BOD, COD, pH, VSS, 산도 / 알칼리도, 휘발성산 등)

⑧ 운전 및 순양기간 동안 알칼리도는 pH 6.6~7.6의 범위로 유지시키고, 안정상태가 되면 실험조건에 따라 운전하여 매일 시료를 채취한 후 분석한다. (BOD, COD, VSS, pH, 가스발생량 등)

⑨ 같은 방법으로 3회 이상 실험한다.

14.5.3. 결과정리 및 계산

① 실험결과를 정리한다.

② 유출수의 COD 농도(S_e)와 기질제거 속도[$(S_o - S_e)/X_v t$]의 관계를 그래프에 그리고, 기울기로부터 유기물 제거속도 상수(k)를 구한다(식 14.2).

③ 체류시간(days)과 [$(S_o - S_e)/X_v$]의 관계를 그래프에 그리고, 슬러지 생산계수(a) 및 슬러지 분해계수(b)를 구한다(식 14.4).

④ 유기물 제거농도(g / day)와 가스발생량(m^3 / day)과의 관계를 그래프에 그리고, 유기물 제거농도(g) 당 가스발생량(m^3)을 기울기로부터 구한다.

⑤ 3회 이상 실험하여 각각 측정된 결과의 산술평균값을 구한다.

14.5.4. 관련 지식

① 혐기성 처리의 실험방법에는 완전혼합형 연속식 실험, 간헐식 실험, plug flow 실험 방법 등이 있다.

② 소화조의 최적온도는 35℃ 및 55℃의 2가지가 있는데, 대부분의 경우 30~35℃에서 소화조를 운영한다.

③ 메탄가스 발생량은 다음 식으로 추정한다.

$$C_vH_wO_x + \left(v - \frac{w}{4} - \frac{x}{2}\right)H_2O \rightarrow \left(\frac{v}{2} - \frac{w}{8} + \frac{x}{4}\right)CO_2 + \left(\frac{v}{2} + \frac{w}{8} - \frac{x}{4}\right)CH_4$$

여기서, v, w, x는 C, H, O의 원자수이다.

④ 혐기성 반응에서도 탈질화가 발생하는데, 이 경우 산소는 기질 중 화학적으로 결합된 산소가 이용된다. 탈질화 과정에 도달한 폐수는 유기물이 부족하므로 값싼 메탄올이 공급된다(2.9 g 메탄올/ g 제거된 NO_3-N).

참고도서

- Development of Design and Operational Criteria for Wastewater Treatment, Carl E. Adams, Jr. · Davis L. Ford · W. Wesley Eckenfelder, Jr., CBI Publishing Company, Inc., 1981.
- Principles of Water Quality Management, W.Wesley Eckenfelder, Jr., CBI Publishing Company, Inc., 1980.
- Unit operations of sanitary engineering, Linvil G, Rich, John Wiley & Sons, Inc., 1961.
- 기초 폐수처리, 유성환 · 이승목 · 이헌모 · 은종극 · 정용태 · 최석순 공저, 동화기술, 1999.
- 기초 폐수처리공학, 김병욱 · 권재혁 · 김동욱 · 김승섭 · 김재건 · 이용석 · 전성태 · 한동준, 신광문화사, 2011.
- 단위조작, 김승재 · 김진환 · 김영주, 동화기술, 1996.
- 물환경조사법, 박종관 역, 청문각, 1997.
- 산업폐수처리공학, 조영일 · 이수구 · 선용호 · 박철휘 · 권재역 역, 동화기술, 2002.
- 상수처리, 유명진 · 조용모 공역, 동화기술, 1995.
- 상하수도 공학, 강임석 · 권성현 · 김정숙 · 김종구 · 김창원 · 우혜진 · 유규선 공역, 동화기술, 2006.
- 상하수도공학, 양상현 · 정일광 · 최계운 공저, 동화기술, 2014.
- 상하수도공학, 이종형 · 신원욱 · 박영진 · 김이형 · 남일기 공저, 구미서관, 2013.
- 생물학적 폐수처리공정과 설계, 고석문 · 김오식 · 이상은 · 김동민 · 김환기 · 양병수 역, 동화기술, 1985.
- 수질측정 및 수처리 실험, 옥치상 · 백병천 · 박종웅 · 김동식, 지구문화사, 1995.
- 수처리공학, 신성의 · 김재걸, 동화기술, 1992.
- 용수 및 폐수처리공학, 양병수 편저, 동화기술, 2009.
- 위생공학실험 지도서(프로세스 편), 사단법인 일본토목학회편, 위생공학실험지도서제작 소위원회, 1972.
- 최신 상하수도공학, 박중현, 동명사, 1987.
- 폐수처리공학 Ⅰ&Ⅱ, 고광백 · 김영관 · 윤주환 · 임재명 · 한무영 · 강선홍 · 김동진 · 김진호 · 독고석 · 박철휘 · 송창수 · 조욱상 공역, 동화기술, 2004.
- 폐수처리공학, 김동민 · 김선희 · 신현곤 · 이병인 · 이상혁 · 이영신 · 최훈근 · 홍성철 공저, 동화기술, 2013.
- 하수의 고도처리기술, 김갑수 · 김동하 · 김주영 공역, 동화기술, 2000.

- 하폐수처리, 이정수, 동화기술, 2015.
- 환경수리학, 전일권 · 라덕관 공저, 동화기술, 1997.
- 환경인을 위한 수처리 실험, 김남천 · 선용호 · 송창수 · 이춘식 역, 동화기술, 2000.
- 환경화학, 김덕찬 · 유명진 공역, 동화기술, 1989.

찾아보기

• 가
가수분해 / 159
가압 부상법 / 201
가압여과기 / 145
간섭침전 / 111
간이 채수기 / 48
감쇄 여과법 / 128
개수로 / 63
거대 부상법 / 197
거름작용 / 120
거친모래여과지 / 126
경사판 / 102
계면장력 / 205
고온소화 / 292
고율 살수여상 / 265
고정 생물막법 / 262
고정전기이중층(Electrical double layer) / 82
고체 콜로이드 / 83
골탄 / 189
공기장애(Air binding) / 141, 142
과망간산칼륨 / 24
관수로 / 63
관정부식 / 32
광석 부상법 / 197
광유 / 29
교반 / 84
교반장치(Jar tester) / 74
교환흡착 / 173
균등계수 / 136
그리스 / 29
극소 부상법 / 197
급속교반 / 84
급속여과 / 123, 124
기포제 / 209

• 나
난류영역 / 99
내생호흡 / 16
녹반 / 86

• 다
다층여과법 / 126, 139
단계주입식 / 252
독립침전 / 98, 117
돌파현상 / 150

• 라
마찰저항력 / 98
막여과 / 130
멸균 / 151
무기 응집제 / 85, 92
무기탄소 / 25
물리적 흡착 / 173
미생물학적 부상법 / 196
미처리 슬러지 / 33

• 바
반데르발스 인력(van der Waals force) / 80

반돈 채수기 / 48
벤츄리 미터 / 51
벤토나이트(Bentonite) / 90
보정계수 α / 224
보정계수 β / 225
부상 / 195
부상제 / 209
부수두 / 141
부착 / 206
분산공기 부상법 / 195, 196
분산공기 부상장치 / 199
분자 부상법 / 197
분자체탄소 / 188
브러쉬 포기기 / 230
브롬화염소 / 165
비산소 섭취율 / 245
비흡착 / 173

• 사
사각위어 / 58
산도 / 31
산성 폐수 / 67
산소 포화값 / 233
산소 포화계수 β / 238
산소요구량 / 244
산소이용계수 / 245
산소전달계수 / 222, 238
산소전달효율 / 226
산화 / 16
산화구 / 254
살균 / 151
살수 부하 / 264
살수여상 / 261
삼각위어 / 58
상하향류 여과 / 129
상향류 여과법 / 127
생물 여과막 / 124
생물학적 처리슬러지 / 35
생슬러지 / 33
생물화학적 산소요구량 / 15
석회석 중화적정 곡선 / 71
석회석 층 / 67
세공확산 / 182
소독 / 151
소독법 / 151
소수성 콜로이드 / 83
소화슬러지 / 33
속도경사 / 84
수면부하율 / 102
수소이온 농도 / 30
수중흐름 / 60
수착 / 173
수화현상 / 79
순산소식 활성슬러지 공정 / 253
순환수 가압법 / 208
스컴 / 33
스크린 찌꺼기 / 33
슬라이딩 / 21
슬러지 / 33
슬러지 생산계수 / 246, 287
슬러지 일령 / 247
시료 보존방법 / 43
시료채취 / 39, 45
시료채취 방법 / 43

시료채취 빈도 / 42
식종 / 19
실리카겔 / 188
심층포기식 반응조 / 255

• 아
알칼리 보충제 / 89
알칼리도 / 31
알칼리성 폐수 / 69
암모니아성 질소 / 31
압밀침전 / 115
액체막 계수 / 220
약주여과 / 129
억제제 / 210
여과 / 119
여과방정식 / 131, 134
여과집진 / 119
여재 / 263
역세척 / 125
역입도구성여상 / 139
역입도여과지 / 126
연못화(Ponding) / 271
연속방정식 / 133
연속채취 / 40
연속회분식 반응조 / 255
염기도 / 87
염소 / 158
염소요구량 / 162, 169
염화제2철 / 87
오리피스 유량계 / 54
오일 / 29
오존 / 166
완속교반 / 84
완속여과 / 123
완전혼합 혐기성 반응조 / 296
완충용액 / 69
완충효과 / 69
용존 고형물 / 31
용존공기 부상법 / 195
원수분류 가압법 / 208
원심여과기 / 146
월류율(Overflow rate) / 102
위어 / 57
유기 고분자응집제 / 91, 93
유기물 / 15
유기물 부하 / 247
유기물 제거상수 / 268
유기물 제거속도 상수 / 286
유동상 / 277
유량측정 / 51
유량측정용 노즐 / 53
유수 분리장치 / 213
유효경 / 136
응결 / 79
응결작용 / 91
응집 / 79
응집 보조제 / 89
응집작용 / 92
응집제 / 79
응집침전 / 106, 118
이산화염소 / 164
이산화황 / 163
이상적인 침전지 / 100
이온 부상법 / 197

이온화 반응 / 159
이중막 이론 / 219
임의채취 / 40
입상층 여과 / 120
입자 내 확산 / 182
잉여슬러지 생산량 / 246
1차 슬러지 / 33
2방향류 여과 / 128

● 자

자기식 유량 측정기 / 56
자동감시 시스템 / 50
자외선 / 167
자유흐름 / 60
잔유염소 / 159
장기포기식 활성슬러지 공정 / 253
재분산(재안정화) 현상 / 81
저율 살수여상 / 265
전도 채수기 / 48
전원수 가압법 / 207
전이영역 / 99
전이침전 / 112
전해 부상법 / 196
절연 채수기 / 49
점감포기식 / 252
접촉안정법 / 253
제올라이트 / 188
제타전위(Zeta potential) / 80
종합채취 / 40
중량유량 / 51
중력여과기 / 144
중력침전 / 97
중크롬산칼륨 / 24
중화 / 67
중화적정곡선 / 74
중화제 / 70
중화칼럼 / 74
직접 여과 / 129
진공 부상법 / 201
진공여과기 / 146
질산화 / 18, 73, 248
질산화 미생물 / 248
질산화율 / 248

● 차

차단작용 / 121
채수지점 / 41
청징방정식 / 132
체적유량 / 51
초벌여상 / 267
초음파 / 65
초음파 유량계 / 66
총괄산소전달계수 / 221
총탄소 / 25
충돌작용 / 121
층류영역 / 99
친수성 콜로이드 / 79, 83
침전 / 97
침전 부상법 / 197
침전곡선 / 113
침전속도 / 99
침전슬러지 / 35
침전작용 / 121
침지여상 / 276

- 카

케이크 여과 / 120, 144
콜로이드 / 79
클로라민 / 160

- 타

탁질누출 현상(Break through) / 138, 141, 143
탈수슬러지 / 33
탈염소 공정 / 163
탈질화 / 291

- 파

파과곡선 / 183, 184
파과시간 / 185
파과점 / 161, 182
파과점 염소주입량 / 162
파샬 플룸 / 58
패러데이(Faraday)의 법칙 / 56
폐활성슬러지 / 33
포기 / 219
포말 부상법 / 197
포말 분별법 / 197
포집제 / 209
폴리염화알루미늄 / 87
폴리염화알루미늄규산 / 88
폴리염화알루미늄칼슘 / 88
폴리황산알루미늄 / 88
폴리황산알루미늄규산 / 88
표면부하율 / 102
표면세척 / 144
표면확산 / 182
플록형성(Flocculation) / 80
피토관 / 55
피흡착질 / 190

- 하

하부배수시설 / 264
하이로드 채수기 / 48
하전의 역전 / 81
하향류식 부착성장 반응조 / 302
합성 / 16
항력계수 / 99
혐기성 고정상 반응조 / 301
혐기성 부유성장 반응조 / 296
혐기성 슬러지 브랭킷 반응조 / 298
혐기성 연속회분식 반응조 / 298
혐기성 유동상 반응조 / 302
혐기성 접촉 반응조 / 297
혐기성 정류판 반응조 / 299
혐기성 처리 / 283
혐기성 팽창상 반응조 / 301
화학적 흡착 / 173
확산이중층(Diffused double layer) / 82
활성규산(Activated Silica) / 90
활성슬러지 / 33
활성슬러지 공정 / 241
활성알루미나 / 188
활성제 / 210
활성탄 / 164, 187
활성탄소섬유 / 188
황산반토 / 85
황산알루미늄 / 85
황산제1철 / 86
황화합물 / 32

회전식 살수기 / 263
회전원판법 / 273
회합성 콜로이드 / 84
휘발성산 / 284
흡수 / 173
흡착 / 173, 190
흡착 용량 / 185
흡착대 / 184
흡착등온식 / 175
흡착속도 / 182
흡착제 / 185, 190
흡착콜로이드 부상법 / 197
흡착평형등온식 / 176

• 영문

Allen Hazen의 실험식 / 136
Alum / 85
API 오일 분리기 / 213
B.E.T. 등온식 / 181
BDST / 192
BOD / 15
BOD 부하 / 264, 275
BOD 식종수 / 20
BOD 특성곡선 / 20
Chick의 법칙 / 152
Chlorophenol / 159
COD / 24
CPI 오일 분리기 / 214
Emulsion / 82
Fair-Hatch 식 / 135
Fly Ash / 90
Freundlich 등온식 / 178
Gouy층 / 82
Henry 등온식 / 181
$K_L a$ / 221
Langmuir 등온식 / 176
Micro floc 여과 / 129
Mud ball / 143
PAC / 87
PACC / 88
PACS / 88
PAS / 88
PASS / 88
pH / 30
pH 제어 시스템 / 71
pOH / 30
PPI 오일 분리기 / 213
Psychoda / 272
Reynolds수 / 99
Sol / 82
Stern-Gouy 이중층 / 82
Stern층 / 82
Stokes 법칙 / 99
Surface loading rate / 102
ThOD / 26
TOC / 25
TOD / 26
van't Hoff-Arrhenius 식 / 156

저 / 자 / 소 / 개

라 덕 관

- 전북대학교 토목공학과 졸업
- 전북대학교 대학원 토목공학과 졸업(공학박사)
- Visiting Professor, Hokkaido University, Japan
- Visiting Scholar, University of Missouri-Columbia, USA
- 한국환경기술학회 대표이사
- 현) 순천대학교 환경공학과 교수

▌폐수처리공학▐

2판 1쇄 발행 2019년 2월 28일

저 자 | 라덕관
발 행 인 | 서철종
발 행 처 | 도서출판 지우북스
주 소 | 경기도 고양시 일산서구 강성로 147 동문시티프라자 814호
전 화 | 031-915-6670(代)
팩 스 | 031-915-6671
이 메 일 | jwbooks@nate.com
홈페이지 | www.jwbooks.co.kr
출판등록 | 2017년 2월 16일 제 410-2017-000032 호

ISBN 979-11-88673-34-6

정가 20,000원